河南省自然科学基金(242300420221)资助
河南理工大学国家级重大科研成果培育基金(NSFRF240101)资助
河南省科技攻关项目(232102210093)资助
河南省高等学校重点科研项目(25A420002)资助
河南省博士后科研启动项目(202103072)资助
河南理工大学测绘科学与技术"双一流"学科创建高层次人才培育项目(GCCYJ202427)资助

U0324089

遥感图像处理与解译原理及方法

李长春　谷玲霄　马春艳
吴喜芳　崔颖琪　郭辅臣　陈伟男　著

中国矿业大学出版社
· 徐州 ·

内容简介

本著作根据作者多年来在遥感图像分割、变化检测等处理以及图像分类、识别等解译领域的研究成果撰写而成。全书依次介绍了遥感图像分割、变化检测、分类等的相关概念、应用和发展现状与趋势,重点论述了基于 MRF 模型的 SAR 图像分割、基于区域相似性的高分辨率遥感影像分割、基于 MRF 模型的 SAR 图像变化检测、基于 SVM 的遥感图像分类、基于 GEE 的冬小麦种植信息精确提取及变化分析等内容。

本书可以为从事遥感图像处理与应用研究的科技工作者、高校师生提供参考。

图书在版编目(CIP)数据

遥感图像处理与解译原理及方法 / 李长春等著.
徐州:中国矿业大学出版社,2024.11. — ISBN 978 - 7 -
5646 - 6528 - 9

Ⅰ. TP751

中国国家版本馆 CIP 数据核字第 20242XK442 号

书　　名	遥感图像处理与解译原理及方法
著　　者	李长春　谷玲霄　马春艳　吴喜芳　崔颖琪　郭辅臣　陈伟男
责任编辑	路　露
出版发行	中国矿业大学出版社有限责任公司
	(江苏省徐州市解放南路　邮编221008)
营销热线	(0516)83885370　83884103
出版服务	(0516)83995789　83884920
网　　址	http://www.cumtp.com　**E-mail**:cumtpvip@cumtp.com
印　　刷	苏州市古得堡数码印刷有限公司
开　　本	787 mm×1092 mm　1/16　**印张** 11.5　**字数** 294 千字
版次印次	2024 年 11 月第 1 版　2024 年 11 月第 1 次印刷
定　　价	58.00 元

(图书出现印装质量问题,本社负责调换)

前　言

　　图像分割是将图像划分为若干个子区域的过程,将图像划分成若干个均匀的子区域,可为图像后续解译奠定基础。SAR 图像存在斑点噪声,使得 SAR 图像分割存在很多困难,现有的 SAR 图像分割算法仅仅是针对某一具体问题在特定条件下的解决方案,但当条件发生变化时,分割效果很不理想。因此,图像分割已成为 SAR 图像解译过程中的一个难题,是制约 SAR 图像自动解译性能的一个瓶颈,是亟待解决的关键技术之一。随着遥感技术的发展和卫星空间分辨率的提高,高分辨率遥感影像开始广泛应用于各个领域。由于高分辨率遥感影像具有光谱信息丰富、地物种类多及细节清晰等特点,传统分割方法无法满足高分辨遥感应用需求。

　　利用同一地区不同时相的遥感图像数据,通过对比分析获取地物变化信息的过程称为变化检测。目前,变化检测已成为遥感领域中研究的热点之一,被广泛应用于国民经济和国防建设的很多领域。近年来,SAR 系统呈现出多波段、多模式和多极化的发展方式,获取地球表面信息的能力越来越强,为 SAR 图像变化检测创造了有利条件;另外,SAR 成像传感器能够不依赖天气条件和太阳光照射强度对地物进行成像,在事情发生前、发生中和发生后都能够提供数据,利用变化检测技术实现对事件发生过程的监测,同时对变化结果做出评估,因此 SAR 图像成为变化检测的首选数据源;同时,各种 SAR 图像处理技术的发展为 SAR 图像变化检测研究提供了技术支持。因此,SAR 图像变化检测已逐渐成为遥感领域日益重要的研究方向之一。然而,现有的 SAR 图像变化检测方法仅仅考虑不同图像的像素信息,而未考虑图像像素间的空间依赖关系,变化检测方法易受噪声影响,检测效果很不理想。

　　支持向量机(SVM)以结构风险最小化为原则,集成最大间隔超平面、Mercer 核、凸二次规划、稀疏解和松弛变量等技术,克服了传统学习机的局部最小、维数灾难和过学习问题,在遥感图像分类领域展现出优越的性能。冬小麦是我国的主要农作物之一,准确掌控冬小麦空间分布情况和种植信息,对国家部署粮食战略具有重要意义。

　　本书在自然资源部(原国家测绘地理信息局)公益专项、河南省科技攻关、河南省自然科学基金、河南理工大学基本科研业务费专项、河南省博士后科研启动项目、河南理工大学测绘科学与技术“双一流”学科创建高层次人才培育等项目支持下,经过多年产学研联合攻关,针对 SAR 图像和高分遥感影像分割、单通道和多通道 SAR 图像变化检测、遥感图像分类、冬小麦种植信息精确提取等问题,重点研究了基于单尺度和多尺度 MRF 模型的 SAR 图像分割、基于区域相似性的高分辨率遥感影像分割、基于单通道和多通道 SAR 图像变化检测、基于 SVM 的遥感图像分类、基于 GEE 的冬小麦精确提取等核心技术。

　　本书共有 5 章内容。第 1 章为绪论,重点介绍遥感图像分割、变化检测、分类等的定义、研究意义和研究现状,以及农作物种植信息精确提取研究现状,由李长春负责撰写。第 2 章为遥感图像分割,主要介绍基于 MRF 模型的 SAR 图像分割和基于区域相似性的高分辨率遥感影像分割，该部分由谷玲霄和吴喜芳撰写。第 3 章为基于 MRF 模型的 SAR 图像变化检测，主要介绍基于 MRF 模型的 SAR 图像变化检测流程、SAR 图像斑点噪声去除和 SAR 图像配准等图像预处理、基于 MRF 模型的单通道 SAR 图像变化检测和基于 MRF 模型的多通道 SAR 图像变化检测，该部分由吴喜芳和崔颖琪撰写。第 4 章为基于 SVM 的遥感图像分类，主要介绍遥感影像分类方法，重点论述支持向量机的基本理论和算法原理，并对最后分类结果进行分析评价，该部分由谷玲霄和马春艳撰写。第 5 章为冬小麦种植分布精确提取及变化分析，第一节首先介绍 GEE 云平台，其次介绍遥感影像去云、波段统一、镶嵌与裁剪等预处理，重点论述基于机器学习的冬小麦精确提取方法，该部分由马春艳和崔颖琪撰写；第二节分析了河南省冬小麦种植信息变化规律和驱动因素，本部分由马春艳、陈伟男和郭辅臣负责撰写。全书由李长春和马春艳统稿定稿。在数据处理和本书撰写过程中，我们得到了陈云浩、慎利、雷添杰、杨磊库、刘雪峰等老师的大力帮助，在此表示衷心感谢。

　　本书内容反映了近年来作者研究团队承担的科研项目研究成果，相关项目主要包括自然资源部（原国家测绘地理信息局）公益专项"新一代多平台多波段移动信息采集系统研制"、河南省自然科学基金"直升无人机载 SAR 数据采集系统设计与研制"和"基于马尔科夫随机场模型 SAR 图像分割研究"、河南省科技攻关"融合自适应波段选择和区域相似性的高分辨率遥感影像分割"、河南省自然科学基金"小麦氮营养无人机高光谱遥感诊断与施肥精准调控模型构建"、河南理工大学基本科研业务费重点科研成果培育基金"作物生长多源遥感监测关键技术与智能装备研制"等，同时已融入最新研究成果。本书也是作者研究团队与国内外科研、教学和示范应用单位长期合作成果的体现，在数据获取与处理、研究成果示范应用等方面提供了很多帮助，相关研究成果已反映在本书中，对此表示感谢。

　　本书部分内容已在国内外期刊公开发表。同时，本书在撰写过程中，参考了大量国内外学术著作、科研论文和网站资料，在此对相关文献作者表示感谢。虽然作者试图将参考文献全部列出，但是难免有遗漏，我们诚挚希望相关专家谅解。

　　随着大数据、人工智能、云计算等技术的飞速发展，遥感图像处理与解译技术将不断更新完善。在本书撰写过程中，我们力求打造一部高质量的学术著作奉献给读者，但是，深感水平所限，不足之处在所难免，敬请指正。

著　者

2024 年 4 月 8 日

目 录

第1章 绪 论

1.1 遥感图像分割的定义与方法

随着计算机技术的飞速发展,计算机视觉逐渐细化,形成了自己的科学体系。作为图像处理领域的重要分支,图像分割起着越来越重要的作用。图像分割是指把图像划分成各具特性的区域并提取出区域内感兴趣目标的过程。图像分割后的区域可以定义为互相连通、具有一致意义属性的像元集合。其中,一致意义是指每个区域具有相同或相近的特征属性,如图像的颜色、灰度以及像元的邻域统计特征或纹理特征等。我们可以利用集合的概念表示图像分割,描述如下:

令集合 R 表示整个图像区域,对 R 的分割可以描述为将 R 划分成若干个满足以下五个条件的非空子集 $R_1, R_2, \cdots, R_n$。

① $\bigcup\limits_{i=1}^{n} R_i = R$;

② 对于所有的 i 和 j,如果 $i \neq j$,则 $R_i \bigcap R_j = \varnothing$;

③ 对于 $i = 1, 2, \cdots, n$,满足 $P(R_i) = \text{True}$;

④ 如果 $i \neq j$,则 $P(R_i \bigcap R_j) = \text{False}$;

⑤ 对于 $i = 1, 2, \cdots, n$, R_i 是连通区域。

其中,$P(R_i)$ 表示在区域分割过程中所采用的一致性属性准则。条件①表示全部子区域的总和应包含图像的所有像素;条件②表示分割结果中,各个子区域不能相互重叠,即图像中的一个像素不能同时属于多个子区域;条件③表示每个子区域都有其独特的一致性;条件④表示不同的子区域具有不同的特性;条件⑤要求每个子区域是连通的。

图像分割广泛应用于智能安防、无人驾驶、卫星遥感、医学影像处理、生物特征识别等领域,通过提供精简且可靠的图像特征信息,可以有效地提高后续视觉任务的处理效率。在实际应用过程中,根据不同的应用场景,需要灵活地采用不同的图像分割方法,以满足不同分割任务的需求。

常用的图像分割方法包括阈值法、区域法、边缘检测法、聚类法、超像素法、语义分割法和深度学习法等。

(1)阈值法

阈值法指根据图像的灰度特征计算一个或多个灰度阈值,将图像中每个像素的灰度值与阈值进行比较,根据比较结果将像素划分到相应的类别,灰度值在同一个灰度范围内的像素被认为属于同一类并具有一定的相似性。

阈值法的关键是确定最优灰度阈值。典型的全局单阈值分割方法是由 Prewitt 等提出的直方图双峰法。该方法假设图像具有不同的目标和背景,并且其灰度直方图具有双峰分布特性,选择两个峰值之间的谷相对应的灰度作为阈值。通常,目标和背景之间的对比度在图像中的每个地方都各不相同,并且难以用一个全局阈值将目标与背景分离。因此,有必要根据图像的局部特征使用不同的阈值进行图像分割。在处理过程中,需要根据实际问题将图像划分为若干个子区域来求解阈值,从而进行图像分割。阈值法是一种经典的图像分割方法,具有简单易于计算的特点。然而,由于阈值的确定取决于灰度直方图,没有考虑图像像素空间位置的关系,如果图像的背景复杂且目标和背景灰度值差别不大,那么部分边界信息很容易丢失。

(2)区域法

区域法是目前应用较为广泛的图像分割方法之一。其实质是根据一定规则,将像素或者子区域不断聚合成更大区域,形成区域块,实现分割。区域法的基本思想是从一组生长点开始,将与该生长点性质相似的邻域像素与生长点合并,形成新的生长点,迭代生长点,直到其不能继续生长为止。初始生长点可以是一个像素,也可以是一个小区域。区域法是典型的串行划分区域方法,特点在于将分割过程分解为多个顺序的处理步骤,后续步骤的进行需要依据前序步骤的结果确定。区域法的关键有三点:初始生长点的选择;相似性准则(即生长准则)的确定;生长停止条件的设置。关于初始生长点,刚开始最简单的方法是手动确定种子,后来有人提出了不需要种子的自动分割算法。Law 等扩展了区域法的应用空间,提出了三维区域法。该方法利用模糊理论、滤波等思想改进和优化区域法。区域法结合了图像的局部空间信息,可有效克服图像分割时空间不连续的缺点,但同时会造成图像过分割。

(3)边缘检测法

边缘检测法是基于灰度值的边缘检测。边缘是图像中两个不同区域的边界线上连续像素点的集合,体现了图像特征的变化,如灰度、颜色、纹理。边缘检测法检测图像的结构或灰度级突然变化的位置,通常是一个区域的开始和另一个区域结束的区域。图像的灰度级变化可以通过图像灰度分布的梯度来表示,可以使用微分算子进行边缘检测,比较常用的有 Roberts 算子、Sobel 算子、Prewitt 算子、Laplace 算子和 Canny 算子等。在实际应用中,微分算子常利用小区域模板进行表示,微分运算则是利用小区域模板与图像进行卷积来实现。这些算子对噪声敏感,适用于低噪声且不太复杂的图像。

(4)聚类法

聚类法是一种常用的分割方法,它从像素基本特征出发,按照一定规则对图像进行区域划分,判断像素所属的区域,加以标记分割。聚类法包括硬聚类、概率聚类和模糊聚类等方法,最常用的是模糊 C 均值聚类算法,即 FCM 算法。FCM 算法是 HCM 算法的扩展和延伸,用隶属度来确定每个图像像素属于某个聚类的程度,它把 n 个像素划分为 c 个模糊组,求解每组的聚类中心,通过不断迭代使得目标函数达到最小。经过不断地改进和完善,FCM 算法相对传统的硬性聚类法,在聚类时提供了一种参考新输入样本分类结果可靠性的计算方法,有助于对分类结果进行合理评估。模糊聚类法对于图像的不确定性有较好的描述能力,适用于边缘、形状相对模糊,或者由于各种因素而导致图像具有不确定性的情况。

(5)超像素法

超像素法是将图论理论引入图像分割,将待分割图像映射为带权无向图,根据图的顶点以及边的信息构造代价函数并对其进行优化。图像分割转换为图的顶点标注,顶点标号相同像素属于同一个图像块,这些图像块称为超像素。另一种方法是根据图像中单个像素的信息以及像素之间的相互关系,借鉴无监督学习思想,结合聚类算法,将具有相似特征的相邻像素划分到同一超像素中。在超像素法中,具代表性的有 NCut、Graph Cuts、Meanshift、SEEDS、LSC、SLIC 等算法。

（6）语义分割法

语义分割是为图像中每个像素分配一个预先定义的表示其语义目标类别的标签。语义分割分为两种形式:自顶向下和自底向上。自顶向下是使用物体的形状模型在待分割图像中做匹配搜索,由于每种物体的形状具有很大的差异性,所以这种方法的适应性差。自底向上的方法不需要物体形状的先验知识,先从图中生成候选区域,然后对候选区域进行分类预测。在自底向上方法中的另一种思路是直接以图像像素或超像素为处理单位,提取其本身及领域的特征用于语义分割。该方法以大量带有像素级标注的图像为样本,训练诸如支持向量机、神经网络等分类器,然后对图像中每个像素进行分类。

（7）深度学习法

近年来,深度学习技术引起了各领域的广泛关注,也被应用于图像分割。深度学习法的基本思想是建立神经网络,通过对样本训练进行分割。这种方法需要大量的训练数据,网络结构选择是这种方法需要解决的主要问题。应用深度学习法进行图像分割时,一般先明确分割类型。根据分割任务不同,可分为普通分割、语义分割和实例分割。其中:普通分割是指将分属不同属性的像素区域分开;语义分割是指在普通分割的基础上,分类出每一块区域的语义;实例分割是指在语义分割的基础上,对每个区域编号。对不同的分割类型可以选取不同的神经网络进行训练。目前,Mask R-CNN、U-Net 和 FCN 网络是图像分割领域较常用的神经网络。

随着图像分割应用范围的不断扩大,对图像分割的质量要求越来越高。因此,到目前为止,没有任何一种分割算法可以适用于所有图像,而且随着应用的不断深入,算法的复杂性越来越高,需要解决的问题越来越多。因此,应该把图像分割的新理论、新技术相结合,图像分割技术将会向更精确、更快速的方向发展。

1.2　遥感图像变化检测的定义与方法

随着社会的飞速发展,人类的各种活动时刻都在改变着地表景观及其利用形式,尤其是人口的快速增长及城市化进程的加快,加速了这种变化。因此,快速有效地检测这些变化信息,分析这些变化的特点及其发生的原因,对于促进我国的可持续发展具有十分重要的意义。

利用同一地区不同时相的遥感图像数据,通过对比分析获取地物变化信息的过程称为变化检测。它是针对遥感图像数据的特点而建立的一种数据分析方法,主要用于识别一个物体或现象的状态是否变化。目前,变化检测已成为遥感领域中研究的热点之一,被广泛应用于国民经济和国防建设的很多领域,主要包括:① 民用上,包括资源与环境监测,如土地利用和覆盖变化、植被与森林变化、湿地变化、城市扩张、地形改变等动态信息的获取;测绘领域中的地理空间信息更新;农业中的农作物生长状况监测;自然灾害中的洪水、地震、滑坡、泥石流、森林大火等灾情监测与评估等。② 军事上,变化检测可以被应用于评估打击效果、感知战场信息动态、实时监测军事目标和兵力部署等。

许多专家研究了不同的变化检测方法。这些研究涉及城区、森林、农田、海洋和沙漠等多种类型。由于这些研究区域包括的地物类型各异以及图像类型、图像分辨率和研究目的的不同,往往得到的结论并不一致。并且研究区域大多分布在人类活动受到限制的沙漠、热带雨林,或者变化发生频繁的海岸线等地区,很难得到这些区域的地表真实情况,因而无法对检测性能进行定量分析。目前,大多数研究内容是针对一些特定区域的不同方法的评价。

随着遥感图像变化检测研究的发展,学者们提出了很多算法,下面对一些常用算法进行总结和简单评述。

（1）图像差值法

图像差值法是将两幅相同区域不同时相的图像经过严密配准,然后求相应波段的每个像素灰度值的差值。将差值结果与选取的阈值进行比较,判断像素是否发生变化。图像差值法简单,可以直接体现变化信息。但是该方法易受成像质量的影响,只注重变化像素的提取,不能提供变化类别信息。

（2）图像比值法

图像比值法通过计算不同时相图像对应像素灰度值的比值,如果比值接近 1,则该像素没有发生变化,如果比值远大于 1 或远小于 1,则该像素发生变化。图像比值法对图像噪声不敏感,比较适用于城区变化检测。

（3）图像回归法

图像回归法是将某一时相图像的像素灰度值视为另一时相图像对应像素灰度值的线性函数。通过以回归函数预测的像素灰度值与该像素的实际灰度值进行比较,来判断该像素是否发生变化。常常采用最小均方误差方法估计回归线性函数。

（4）主成分分析法

主成分分析法应用图像主分量分析和图像形态学进行图像变化检测。算法对向量化后的两图像组成的矩阵进行主分量分解,对次分量再进行二值化、腐蚀和膨胀等处理,最后得到图像的变化检测结果。该方法可以有效抑制图像噪声的影响,提高变化检测精度,且具有运算量小的优点。但是检测结果中没有分类信息,很难解释变化的实际意义。

（5）图像分割法

在像素级变化检测时,它易受图像噪声影响,一定程度上影响变化检测精度。图像分割法利用图像统计特性对图像进行分割,然后融合分割结果构成图像区域描述,最后通过计算各区域变化的距离函数,选择阈值确定图像是否变化。

（6）图像似然比法

图像似然比法是在区域变化检测思想的基础上提出的。该方法首先对多时相图像数据样本的统计模型提出未知和变化两种假设,然后采用似然比检验方法对这两种假设进行检验,从而获得区域的变化检测结果。通常,似然比检测的阈值由检测虚警率确定。该方法充分考虑图像数据的统计特征,因此受图像噪声影响非常小,是一种非常有效的区域变化检测方法。

（7）变化向量分析法

变化向量分析法的基本原理是将多通道图像看作向量,使用变化向量描述从一个时相到另一个时相变化的大小和方向。该方法通过计算变化向量的大小来检测是否发生变化。变化向量通过不同时相的对应向量相减得到。如果变化向量的幅值超过给定的阈值,则判断该像素发生变化。变化向量的方向包含变化类别信息。该方法可以利用较多甚至全部图像数据进行变化检测,检测精度较高,并可以提供像素的变化类型信息。

未来的遥感图像变化检测算法将集成已有算法优势,结合稳健统计方法、模糊逻辑方法、精细变化模型、模糊分类方法、数学动态规划以及人工神经网络等方法,朝着更精确、更实用的方向发展。

1.3 遥感图像分类的定义与方法

1.3.1 引言

遥感即遥远的感知,是在不直接接触目标物体的情况下,对目标或者自然现象远距离探测和感知的一种技术,通常有广义和狭义的理解。广义的遥感,泛指一切无接触的远距离探测,包括对电磁场、力场、机械波(声波、地震波)等的探测;狭义的遥感是指应用探测仪器,不与探测目标接触,从远处把探测目标的电磁波特性记录下来,通过分析,揭示出物体的特征性质及其变化的对地观测技术。遥感技术具有大尺度、快速、可同步、高频度动态甚至可适时观测、可历史追溯和节省投资等突出优势。

遥感图像是通过反映辐射强度的灰度值(DN 值)的高低以及空间变化而表示差异,如不同类型的植被、水体、土壤与居民地等,这是判断不同地物的物理依据。遥感图像中的同类地物在相同的条件下(纹理、地形、光照及植被覆盖等),应具有相同或者相似的光谱信息特征,从而表现出同类地物的某种内在相似性,即同类地物像素的特征向量将聚集在同一特征空间区域;不同地物的光谱信息和空间信息特征不同,将聚集在不同的特征区域。

在遥感信息技术的应用研究中,遥感影像分类在判读识别地物类别、提取专业信息、监测环境变化、制作专题地图以及建立遥感数据库等方面起着至关重要的作用。特别是随着计算机技术的不断提高,遥感影像的自动分类已经成为遥感技术应用研究的一个重要方向。遥感影像分类是遥感影像解译的关键技术之一,快速、高精度的遥感影像自动分类算法是实现环境的动态监测、评价、预报的关键。所谓遥感影像分类就是将遥感影像根据不同的光谱特征划分为多个不同的类别,它是一个将反映地物光谱特征的影像转变为反映地物属性特征的目标模式的过程。由于遥感影像的数据量大、数据维数高,且不同地物的光谱特征和影像分布特征千差万别,通常的分类方法受到较大的限制,因此探求适合遥感影像的分类方法是遥感影像应用需要重点研究的课题,许多研究者都在不断试用、改进乃至探索新的方法,不断提高遥感影像自动分类算法的精度和速度。

遥感图像分类是信息提取的重要手段,目前遥感图像分类主要有目视解译和计算机模式识别两种。目视解译方法既需要图像目视判读者具有丰富的地学知识和目视判读经验,又需要花费大量的时间去判读,其劳动强度大、信息获取周期长,即图像解译质量受目视判读者的经验、对解译区域的熟悉程度等各种因素制约。常用的计算机模式识别技术主要包括监督分类和非监督分类,这些常规的统计分类方法依据的都是数理统计学理论,如ISODATA、最大似然法等。由于基于的是数理统计理论,所以常规统计算法一般在样本数目趋于无穷大时,才能获得较好的分类精度,但是在实际工作中样本的数目往往是有限的,所以这些分类方法难以取得理想的分类效果。除无监督学习和聚类、最大似然估计等方法外,近年来贝叶斯决策、BP 神经网络这两类机器学习算法被广泛应用于遥感影像分类研究,取得了很好的结果。但这两种方法也存在一些固有的缺陷:贝叶斯决策法需要不同种类地物分布的先验概率;BP 神经网络方法需要精细复杂的网络结构,初始输入参数的微小变化对收敛速度的影响很大。

1.3.2 遥感图像分类特征

1.3.2.1 光谱特征

自然界中任何地物都具有自身的电磁辐射定律,具有反射、吸收外来的紫外线、可见光、红外线和微波的某些波段的特性,又都具有发射某些红外线、微波的特性,少数还具有透射电磁波的特性。这些特性称为地物的光谱特征。地球表面物体由于其电子、离子、分子及晶体的振动和转动等物理过程而具有光谱特征。不同的地物由于其成分组成、内部结构、表面形态以及所处时间、空间环境的不同,它们辐射、反射、吸收和透射电磁波的性能也不同。遥感对地物的探测以像元为单位,利用光子探测器或热探测器可检测地物对特定波长的电磁波的作用结果。光谱信息表示传感器所接收的反射或者辐射强度,在图像中以灰度值的形式表示。光谱信息是纹理信息、形状信息的基础,也是遥感图像分类最主要、最直接的信息源。目前遥感图像分类、融合以及一些其他遥感图像处理都主要针对光谱信息进行。

1.3.2.2 纹理特征

纹理是指在某一确定的图像区域中,相邻像素的灰度级服从某种统计排列形成空间分布,具有周期性。纹理在一定程度上反映了一个区域中像素的空间分布的属性。提取纹理的方法很多,其中应用最广泛、最经典的纹理提取算法当属灰度共生矩阵。灰度共生矩阵是对图像上保持某个距离的两个像素在某种方向上分别具有某灰度的状况进行统计得到的。假定灰度图像中某一个像素的灰度值标记为 i,而另外一个相关的灰度值记为 j,目标图像的灰度级为 L,那么灰度共生矩阵就由一个 $L \times L$ 矩阵组成,距离参数 $d=(d_x,d_y)$,则这两个灰度像素同时出现的联合概率密度 $P(i,j)$ 可定义为:

$$P(i,j)=\frac{\#\{[(x,y),(x+d_x,y+d_y)]\lim_{x \to \infty} \in S \mid f(x,y)=i \& f(x+d_x,y+d_y)=j\}}{\#S}$$

$$(1\text{-}1)$$

式中,x,y 是像素的坐标;$i,j=0,1,\cdots,L-1$ 是像素的灰度级系数;S 是具有某种特定关系的像素对的集合;$\#S$ 表示集合 S 中的元素个数;$P(i,j)$ 表示距离参数 $d=(d_x,d_y)$ 的两个灰度级分别为 i、j 的像素出现的联合概率密度。

式(1-1)的计算量比较大,较为复杂,在实际计算时只需要选择具有代表性的四个方向 $(0°,45°,90°,135°)$ 的概率密度来计算。

基于灰度共生矩阵,可以进一步通过使用不同的计算方法计算不同的特征参数。这里简要介绍基于灰度共生矩阵计算出来的比较常用的五种特征参数,即熵、能量、相关、局部平稳性和对比度。

(1) 熵

熵(Entropy)是对图像信息量随机性的度量和体现,同时描述了图像中灰度变化的复杂程度,其计算公式如下:

$$\text{Entropy} = \sum_{i=0}^{L-1} \sum_{j=0}^{L-1} P(i,j) \cdot \lg[P(i,j)] \tag{1-2}$$

如果共生矩阵中的值非常不均匀,随机性比较大,那么 ENT 值比较小;相反,当灰度共生矩阵中所有值都相等或者接近时,随机性比较小,图像区域平稳,此时 ENT 最大。由此得出,熵值越大表明图像的复杂程度越高,熵值越小则表明图像复杂程度越低。

（2）能量

能量(Energy)又称角二阶矩(Angular Second Moment,ASM),由灰度矩阵中各元素的平方和构造而成。能量主要度量图像纹理中灰度的变化均值,反映图像中纹理的灰度分布的均匀情况和纹理粗细程度,其计算公式如下:

$$\text{ASM} = \sum_{i=0}^{L-1} \sum_{j=0}^{L-1} P^2(i,j) \tag{1-3}$$

如果共生矩阵中的所有元素值均相等,则 ASM 值就小;相反,如果其中一些值比较大而其他值比较小,则 ASM 值就比较大。如果一幅图像从整体上有一致的灰度,那么该图像的灰度共生矩阵只有一个值,它相当于图像总像素个数,此时它的 ASM 值最大。能量值越大说明图像的纹理越细、图像越均匀,尤其当值为 1 时,表明图像灰度分布完全均匀;反之,值越小说明纹理越粗糙、灰度越不均匀。

（3）相关

相关(Correlation)反映了灰度共生矩阵中行和列上各元素的相似程度。由于在纹理方向上的值大于其他方向上的值,所以可以通过比较四个方向的共生矩阵的相关值的大小来得到纹理的方向,其计算公式如下:

$$\text{Correlation} = \frac{\sum_{i=0}^{L-1} \sum_{j=0}^{L-1} ij P(i,j) - \mu_x \mu_y}{\sigma_x \sigma_y} \tag{1-4}$$

式中,μ_x、μ_y 分别是 P_x、P_y 的均值;σ_x、σ_y 分别是 P_x、P_y 的标准差;P_x 是灰度共生矩阵中每行灰度总和;P_y 是灰度共生矩阵中每列灰度之和。

相关主要用于度量空间灰度共生矩阵在行或列的方向上的相似度,因此,相关值大小反映了图像中局部灰度的相关性。如果矩阵元素值比较大,那么相关值较小;相反,当灰度矩阵元素值都均匀相等时,相关值大。当一幅图像中相似性纹理区域有某种方向性时,其值较大。

（4）局部平稳性

局部平稳性是度量图像纹理局部变化的多少,其值越大,则说明图像纹理的不同区域间变化越小,局部非常均匀,其计算公式如下:

$$\text{IDM} = \frac{\sum_{i} \sum_{j} P(i,j)}{[1 + (i-j)]^2} \tag{1-5}$$

（5）对比度

对比度(Contrast)是灰度共生矩阵主对角线附近的惯性矩参数,表示图像的灰度变化情况,反映了纹理的强弱程度和图像的清晰程度,其计算公式如下:

$$\text{Contrast} = \sum_{i=0}^{L-1} \sum_{j=0}^{L-1} (i-j)^2 \cdot P(i,j) \tag{1-6}$$

对比度越大,表示相邻像素间的灰度差异越大,纹理越明显,沟越深,效果越好;对比度越小,表示纹理越不明显,沟越浅,效果越差;当对比度值为 0 时,图像没有纹理。

1.3.2.3 空间形状特征

空间形状是遥感图像非常重要的特征,通常与目标联系在一起才具有一定的语义特征,如对地面侦察和监视的任务,对地面人造物体如车辆、飞机等目标的识别。高空间分辨率遥感图像能够提供大量的地标特征,同一地物类别内部组成了要素丰富的细节信息,空间信息更加丰富,地物的尺寸、形状及相邻地物的关系得到更好的反映。

在遥感图像分类、目标提取、图像检索等应用中,形状因子作为一种有效的因子,特别是对道路、河流等线性地物以及建筑物、农田等具有相对规则形状特征的表达与描述,一般都能取得较好的效果。但是形状在旋转不变性、平移不变性以及尺度不变性等方面存在较大缺陷。因此,对目标形状的描述比对光谱信息或纹理信息表达要复杂得多。目前,随着遥感图像空间分辨率的不断提高,高分辨率遥感图像应用越来越广泛,综合考虑光谱特性、纹理特征、空间形状等信息的面向对象分类得到了快速发展和应用。

1.3.2.4 高程特征

由于受地形起伏的影响,地物的光谱反射特性会产生变化,并且不同地物的生长地域往往受到海拔或坡度、坡向的制约,所以将高程信息作为辅导信息参与分类将有助于提高分类的精度。比如,引入高程信息有助于针叶林和阔叶林的分类,这是因为针叶林与阔叶林的生长与海拔高度有密切关系。另外,像土壤类型、岩石类型、地质类型以及水系类型等都与地形有密切关系。

地形信息可以用地形图数字化后的数字地面模型生成地面的一个高程图像。地面高程图像可以直接和多光谱图像一起对分类器进行训练,也可以将地形分成一些较宽的高程带,将多光谱图像按高程带切片(或分层),然后分别进行分类。

高程信息在分类中的应用主要体现在不同高程出现的先验概率不同。假设高程信息的引入并不显著地改变随机变量的统计分布特征,则带有高程信息的贝叶斯判决函数只要用新的先验概率代替原来的先验概率即可,余下的运算相同。这种方法在实际处理时,根据地面高程图像确认每个像元的高程,然后选取相应的先验概率,根据一般的监督分类方法进行分类,而按照前述的高程带分层有所谓的"按高程分层分类法"。这种方法将高程的每一个带区作为掩模图像,并用数字过滤的方法把原始图像分割成不同的区域图像。每个区域图像对应某个高程带,并独立在每个区域图像中实施常规的分类处理,最后把各带区分类结果图像拼合起来形成最终的分类图像。

1.3.3 遥感图像分类方法总结

随着遥感技术深入广泛应用,许多专家与学者提出、改进了大量的遥感图像分类算法。目前,一般根据有无监督训练样本,可以将遥感图像分类算法分为监督分类和非监督分类两大类;按照分类研究的对象,可将遥感图像分类算法分为基于像元的分类算法、基于对象的分类算法以及混合像元分解算法三大类。

1.3.3.1 有无监督训练样本的分类方法

(1)非监督分类

非监督分类是在没有先验类别知识的情况下,根据图像本身的统计特征及自然点群的分布情况来划分地物类别的分类方法。非监督分类方法是以图像的统计特征为基础的,不需要具体地物的先验知识。非监督分类主要采用聚类分析的方法,先假定初始参量并通过预分类处理来形成聚群,再由聚群的统计参数来调整预制参量,接着再聚类、再调整,如此不断地迭代调整,最终得到符合要求的分类结果。

非监督分类方法不需要人工采集地物样本点数据,只要告诉计算机图像分类后的类别数,计算机按照某一标准自动进行,一般通过聚类的方法来自动分类。非监督分类方法主要有分级集群分析法(Hierarchical Clustering)和非分级集群分析法(Non-Hierarchical Clustering),其中以非分级集群分析法中的 K-均值聚类法(K-Mean)和 ISODATA (Iterative Self-Organizing Data Analysis Technique)算法效果较好,使用较多。非监督分类过分依赖计算机的自动分类,分类后的结果通常难以直接引用,需要人工给出具体的含义。在实际生产中,非监督分类很少使用。下面简单介绍几种非监督分类方法。

① K-均值聚类法

K-均值聚类法采用欧几里得距离作为相似度评价指标,两个像元的欧几里得距离越小,它们的相似度就越大,可以通过相似程度来判断是否把它们归为一类。在利用 K-均值聚类法进行分类时,相似的像元应尽可能地靠近,即减小类内距离,而差别较大的像元之间应尽可能地分开,即扩大类间距离,通过迭代,不断地移动各类别的聚类中心,直到得到最好的聚类结果为止。其算法流程框图如图 1-1 所示。

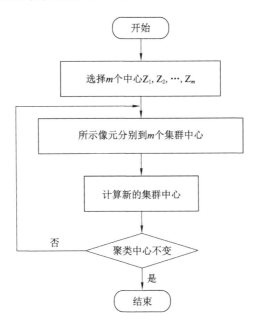

图 1-1 K-均值聚类法分类流程

K-均值聚类法存在如下不足:

a. 在 K-均值聚类法中 K 的值需要提前给出,而 K 的值在聚类之前很难通过估计得到。大多数情况下,分类之前并不知道待分类影像最合适的分类数目,这是 K-均值聚类法的一个缺点。

b. 在 K-均值聚类法中,首先需要根据初始聚类中心的位置来对影像进行初始划分,其次不断地优化这个初始划分,最后得到最佳的聚类结果。这个初始聚类中心的选择直接影响聚类的结果,如果初始聚类中心选得不好,聚类的结果就可能不满足要求。

c. K-均值聚类法需要不断循环迭代来调整样本的类别,并计算迭代后新的聚类中心的位置,因此当影像的像元数目比较多时,计算需要很长的时间,算法的时间复杂度非常大。

② ISODATA 算法

ISODATA 算法也称迭代自组织数据分析算法。其实质是首先生成初始类别种子,然后依据判别规则进行自动迭代聚类,最后生成分类结果。在进行一次迭代后就立即对迭代的聚类结果进行统计分析,并根据统计分析结果对样本进行分裂以及合并操作,然后继续进行下一次迭代,直至超过最大迭代次数或者满足分类精度。分布参数在不断的迭代中确定,最后得到判决函数。

ISODATA 算法和 K-均值聚类法相比有很多不同之处,首先 ISODATA 算法需要调整完所有的样本后才重新计算各类样本的均值,而 K-均值聚类法需要调整一个样本的类别就重新计算一次各类样本的均值;其次,ISODATA 算法不仅可以通过调整样本所属类别完成样本的聚类,而且可以自动进行类别的合并和分裂,从而得到类数比较合理的聚类结果。

(2) 监督分类

监督分类是遥感影像分类常用的一种方法,其基本思想是首先根据研究区域内地物的类别和该研究区的先验知识以及辅助数据,确定判别函数和相应的判别规则,利用已知地物类别的样本对判别函数进行训练和学习,求解判别函数的待定参数,然后将待测样本代入判别函数中,依据判别准则对该样本的所属类别做出判断,从而把影像中的每个像元归属到不同的类别中。简言之,监督分类就是用被确认类别的样本像元去识别其他未知类别像元的过程。监督分类的精度高于非监督分类,但是监督分类的工作量也高于非监督分类。一方面,监督分类在分类之前需要选择训练样本,选择的训练样本要能代表研究区域的地物类别情况,每种需要分类的地物样本都要进行选择,而且样本也要根据需要达到一定的数目。另一方面,由于不同地物的光谱特征复杂多样以及存在各种干扰因素,在进行遥感影像分类时,仅仅考虑训练样本的选取是不够的,为了提高遥感影像分类的精度,还需要选择合适的分类算法。监督分类包括通过事先选择的训练样本建立分类判别规则的训练学习过程以及把待分类遥感影像输入判别函数进行分类预测的过程。可分为以下三个主要的步骤:

a. 从研究区域中选取样本,要求选取的样本类别数目和待分类区域地物类别数目一致;

b. 对选择的样本进行统计特征提取,并利用统计特征对分类判别函数进行训练,确定分类判别函数的各项参数;

c. 把待分类遥感影像输入判别函数中,判断影像中地物的类别,得到分类结果。

监督分类中有许多算法,下面介绍主要的几种典型算法,如最小距离法、马氏距离法、最大似然法、平行六面体法等。

① 最小距离法

最小距离(又称光谱距离)分类指计算像素矢量与每一个模板的平均矢量的光谱距离。用光谱距离分类的等式是建立在欧几里得距离的基础上的,公式如下:

$$D(x, M_i) = \sqrt{\sum_{k=1}^{n}(x_k - M_{ik})^2} \tag{1-7}$$

式中,n 为波段数,k 为某一特征波段,i 为某一聚类中心,M_i 为第 i 类样本均值,$D(x,M_i)$ 为像素点 x 到第 i 类中心 M_i 的距离。

这种方法的优点是,由于每一个像素总归有一个样本均值与之最为靠近,因此不存在不分类的像素;计算量小,只计算均值参量,而且矩阵计算也较简单,所以计算时间短。缺点是,当几个地物类型对应的光谱特征类型差异很小时,分类精度会大大降低,并且有些不应分类(按用户指明的某一限度)的像素被分类,没有考虑到类型的变化性。有些不应该分类的像元被错误分类,这一情况可以通过设定一个阈值去掉离分类中心最远的像元而得到改善,由于这种方法没有考虑到同种地区的变化性,如植被类型的像元,其灰度和结构差异很明显,可能与样本均值的欧几里得距离相对大点,如果继续使用同样的判别规则,有些原本属于植被类型的像元,就有可能存在误分的现象;相反,对于本身的灰度和空间结构变化比较小的类型就有可能存在过度分类的现象,即把不属于这一类的像元分入该类。

② 马氏距离法

除等式中的协方差矩阵不一样,马氏距离法与最小距离法相似。这种距离定义,考虑了变量(样本)间相关性的影响,是一种更广义的距离定义。等式中已计算了方差与协方差,因此内部变化较大的聚类组将产生内部变化同样较大的类,反之亦然。马氏距离法公式如下:

$$D=(\boldsymbol{X}-\boldsymbol{M}_C)^{\mathrm{T}}(\boldsymbol{COV}_C^{-1})(\boldsymbol{X}-\boldsymbol{M}_C) \tag{1-8}$$

式中,D 为马氏距离,C 为某一特定类,$\boldsymbol{X}$ 为像素的测量矢量,$\boldsymbol{M}_C$ 为类型 C 的模板平均矢量,$\boldsymbol{COV}_C$ 为类型 C 的模板中像素的协方差矩阵,T 为转置函数。

像素将被归入 D 值最小的类型 C 中。

马氏距离法对方向和距离的变化感应非常灵敏,它考虑了变量之间的相关性,在分类时使用了统计信息,它假设所有样本的协方差都相等,消除了由于协方差的不同带来的庞大计算量,这一点与最大似然分类法相似,是一种效率较高的分类方法。这种方法有很多优点,它考虑到样本类别之间的内部变化,在必须考虑统计信息的情况下,比最小距离法有更高的效率。缺点是较大的协方差矩阵值容易造成过度分类现象,如果在训练样本中像元分布的离散程度较高,协方差矩阵中的元素会出现较大值,计算复杂度要比最小距离法大。

③ 最大似然法

最大似然法是图像处理中最常用的一种监督分类方法,它在两类或两类以上分类中,假定样本分布都呈正态分布,在选择的训练区中,按正态分布规律使用最大似然贝叶斯判别准则建立非线性判别函数集,通过计算待分类样本区域的归属概率,把给定像元划分到概率最大的类别中,从而得到分类结果。该方法利用了遥感数据的统计特征,假定了各类的分布函数为正态分布,在多变量空间中形成椭圆或椭球分布,按正态分布规律用最大似然判别规则进行判决,从而得到较高准确率的分类结果。

最大似然法公式如下:

$$D=\ln a_C-0.5\ln(\mid\boldsymbol{COV}_C\mid)-0.5(\boldsymbol{X}-\boldsymbol{M}_C)^{\mathrm{T}}(\boldsymbol{COV}_C^{-1})(\boldsymbol{X}-\boldsymbol{M}_C) \tag{1-9}$$

式中,D 为加权距离,C 为某一特征类型,a_C 为任一像素属于类型 C 的百分概率(缺省为 1,或根据先验知识输入),$\mid\boldsymbol{COV}_C\mid$ 为 $\boldsymbol{COV}_C$ 的行列式,$\boldsymbol{COV}_C^{-1}$ 为 $\boldsymbol{COV}_C$ 的逆矩阵,ln 为自然对数函数,T 为转置函数。

最大似然法分类的优点是,对符合正态分布的样本、聚类组而言,是监督分类中较准确的分类器,这是因为它通过协方差矩阵考虑了类型内部的变化。缺点是,扩展后的等式训算量较大,当输入波段增加时,计算时间相应增加;最大似然是参数形式的,意味着每一个输入波段必须符合正态分布;在协方差矩阵中有较大值时,易于对模板过度分类,如果在聚类组或训练样本中的像素分布较分散,则模板的协方差矩阵中会出现较大值。由于遥感影像有很大的复杂性和随机性,当选择样本不服从预先假设的正态分布,以及选择的样本不具有代表性时,分类结果往往不够理想。

④ 平行六面体法

平行六面体法是在各轴上设定一系列分割点,将多维特征划分成对应不同类别的互不重叠的特征子空间的分类方法。这种方法要求通过选取训练区,详细了解分类类别总体特征,并以较高的精度设定每个类别的光谱特征上限值和下限值,以便构成特征子空间。对一个未知类别的像素来说,它的分类取决于其落入哪个特征子空间。如落入某个特征子空间中,则属于该类,如未落入特征子空间中,则属于未知类型,因此平行六面体分类方法要求训练区样本的选择必须覆盖所有的类型。在分类过程中,需要利用待分类像素光谱特征值与各个特征子空间在每一维上的值域进行内外判断,检查其落入哪个类别特征子空间中,直到完成所有像素的分类。

平行六面体法的优点是快捷简单,这是因为对每一个模板的每一波段与数据文件值进行对比的上下限都是常量,对一个首次进行的跨度较大的分类通常比较有用,这一判别规则可以很快缩小分类数,从而避免了更多的耗时计算,节省了处理时间。缺点是由于平行六面体有"角",因此像素在光谱意义上与模板的平均值相差很远时也被分类。

平行六面体法和最小距离法都没有考虑各类别在不同波段上的内部方差,以及不同类别其直方图重叠部分的频率分布,而最大似然法则是根据训练样本的均值和方差评价其他像元和训练类别之间的相似性。最大似然法可以同时定量地考虑两个以上的波段和类别,是一种广泛应用的分类器。

1.3.3.2 其他分类方法

（1）决策树分类法

决策树分类(DTC)法是一种非参数的分层监督分类方法。它仅以实例为基础进行归纳与运算,而不依赖经验知识且无须对数据分布进行假设,其结构简单并可生成易于解译的分类判别准则。决策树分类利用树结构原则,按一定的分割原则把数据分为特征更为均质的子集,这些子集在数据结构中称为节点,其基本思想是利用一组自变量预测每个样本最可能对应的类型(即因变量)。一个决策树包括一个根节点(Root Node,输入变量)、一系列内部节点(Internal Nodes,分支)及终极节点(Terminal Node,叶)。每个内部节点有一个父节点和两个或两个以上子节点,分别代表一个数据子集。其中,根节点具有所有样本中信息量最大的属性,内部节点具有以该节点为根的子树所包含的样本子集中信息量最大的属性,终级节点则为样本的类别值(即每个终级节点代表树的预测结果,可标识为不同的类别)。决策树结构如图 1-2 所示。

决策树分类法用于遥感分类的优势在于对数字影像特征空间的分割,其分类结构简单明了,尤其是二叉树结构中的单一决策树结构,它十分容易解释决策树分类法中的树状分类结构对数据特征空间的分割,不需要预先假设某种参数化密度分布,所以其总体分类精度优于传统的参数化统计分类方法。由于它属于严格"非参",对输入数据空间特征和分类标识具有更好的弹性和稳健性,但它的算法基础比较复杂,而且需要大量的训练样本来探究各类

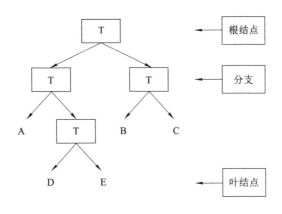

图 1-2 决策树结构

别属性间的复杂关系,在空间数据特征比较简单而且样本量不足的情况下,其表现并不一定比传统方法如最大似然法好,甚至可能更差。但当遥感影像数据特征的空间分布很复杂,或者源数据各维具有不同的统计分布和尺度时,要求数据源服从某一分布的最大似然法就显得力不从心,而用决策树分类法比较理想。

(2) 人工神经网络分类法

人工神经网络(Artificial Neural Networks,ANNs)简称神经网络,是通过模拟动物神经网络的结构和功能,将其行为特征理论抽象为可以进行信息处理的数学模型。神经网络的内部结构相当复杂,由大量神经元相互有序连接而成,通过改变网络内部大量节点之间的相互连接关系进行信息处理,具有非线性动态适应性。神经网络主要结构包括神经元、网络拓扑结构、训练规则。神经网络的基本组成单元是单个的神经元。单个神经元包含多个输入端口和输出端口,输入端模拟神经元的树突功能,可以把信息传递给下一层;输出端模拟神经元的轴突功能,可以把处理后的信息传递给下一个神经元。具有同样功能的神经元构成信息的处理层。常用的多层感知机网络模型包括输入层(Input)、隐含层(Hide Layer)和输出层(Output Layer),其中隐含层也称中间层。神经网络的拓扑结构决定了各神经元之间以及神经元内部各层之间信息的传递规则。训练规则通过转换函数对数据进行加权及求和,并将其转换成潜在的输出值。

人工神经网络在以下三个方面表现出很大的优势:

① 具有自学习功能。在模式识别领域,把相应的样本特征输入人工神经网络,然后比较输出的结果和期望的识别结果,通过神经网络内部的自学习功能进行学习和训练,用训练好的神经网络来识别类似的样本特征。

② 具有联想和储存功能,具有很强的自适应能力。

③ 在优化解的寻优方面具有很高的效率。寻找一个复杂问题的最优化解,往往具有很大的复杂度,通过反馈型神经网络不断调整权值和阈值,很快就可以得到最优解。

人工神经网络近年来越来越受到人们的关注,它利用简单的方法来解决复杂度很大的问题。神经网络的基本思想是利用简单函数的多次循环迭代,实现复杂映射的拟合和逼近,神经网络依靠这种性质来实现输入和输出之间的映射。因此,现实中的分类问题都可以利用人工神经网络模型来解决,这也是将人工神经网络模型引入遥感影像分析与分类中的理论基础。近年来,神经网络在遥感影像分类方面得到广泛的应用,不同学者分别提出不同结构的神经网络用于遥感影像的分类,其中最常用的也是最主要的就是 BP 神经网络。

（3）模糊分类法

模糊分类法是近年来在遥感影像分类中引入的一种新的研究方法,是一种针对不确定性事物的分析方法。该方法以模糊集合论作为基础,运用数学模型计算它对于所有集合的隶属度,每个像元都在不同程度上隶属于不止一个类别。模糊分类的数学原理与传统的统计分类方法有很大区别,即每个像元中可以混有所有的类别,只是隶属度不同而已。

遥感非监督模糊分类,其实质在于利用遥感图像所含的信息,预先确定以语气算子表示的隶属函数,求取每个像元对不同土地覆盖类型的隶属值,然后根据各像元的隶属值,按一定的模糊规则实施遥感图像分类。模糊神经网络（FNN）分类器,其实质是以模糊权重距离（FWD）为基础,采用拓展的反向传播（EBP）算法的多层感知分类器,适用于解决遥感图像分类处理中经常遇到的模糊、重叠以及边界不定、关系不明等问题。模糊分类法的实质在于首先应用反梯度函数获取模糊集图像,其次根据模糊集理论定义一个凸复集,最后由凸复集表达式定义一个模糊集及其隶属函数,实现遥感图像上的模糊分割,即提取模糊图像中的模糊区,换言之,将遥感图像分割成模糊区谱系树。模糊分类结果的评估法实质在于首先确定模糊分类结果评估用隶属函数,其次借助准概率将其变换为分类得分形式,据此计算条件熵量化函数值,以评估模糊分类结果图。

尽管这方面的研究实例还不多,还有一系列问题有待进一步探讨,但可以肯定地说利用模糊数学方法进行遥感图像处理是完全可行的、十分必要的。模糊数学作为遥感图像分类处理的有效手段之一,具有广阔的应用前景。

（4）专家系统分类法

近年来,以专家知识和经验为基础的光谱信息和其他辅助信息的综合的影像理解技术,即基于知识的专家系统,已成为遥感应用领域的一个研究重点,借助专家知识分析遥感数据往往事半功倍。

专家系统是人工智能的一个分支,采用人工智能语言将某一领域的专家分析方法或经验,对对象的多种属性进行分析判断,从而确定事物的归属。其核心内容是知识库和推理机,知识库中存储着与图像有关的知识和经验,专家的知识和经验以某种形式,如产生规则 IF<条件>THEN<假设><CF>（CF 表示可信度）等表示。对于诸多知识组成的知识库,按某种形式将待处理的对象所有属性组合在一起作为一个事实,然后由一个个事实组成事实库。每一个事实与知识库中的每一知识按一定的推理方式进行匹配,当一个事物的属性满足知识库中的条件项或大部分满足时,则按知识库中的 THEN 以置信度确定归属。专家系统分类法由于总结了某一领域内专家分析的方法,可容纳更多信息,因而具有更强大的功能。

1.4 冬小麦种植信息精确提取

冬小麦是我国的主要农作物之一,根据国家统计局 2020 年发布的冬小麦种植信息,2019 年全国冬小麦的种植面积约 3.31 亿亩（1 亩≈666.7 m²）,准确地掌控冬小麦空间分布情况和种植信息,对于国家部署粮食战略具有重要意义。受科学技术的限制,在过去很长一段时间内,我国农作物种植信息提取和产量估算,都是依靠农学方法完成的。该方法有两种实现途径,一是行政单元逐层汇报,二是调查队抽样调查。这两种方法的模式都很复杂,工作量大、成本高,野外作业时间长,需要耗费巨大的人力、财力和物力,人为影响因素占比大,错误无法预料和更正,准确性无法得到保证,无法实时获取冬小麦的空间分布情况,无法及时开展农业评估,对农业生产造成巨大影响。得益于遥感技术的信息获取能力强和花费成本低,该技术不仅应用在林业、渔业、地质和水文等方面,也被应用于农业。获取农作物空间分布信息需要实时、精准的空间数据,因此遥感技术较好地满足该条件,成为该领域一种重要的信息获取手段。

在地理空间大范围尺度上提取作物信息,存在效率、精度低等问题,其原因主要来自以下三个方面。① 大范围尺度需要下载海量影像,不同的数据网站拥有的数据源差异较大,在比较分析的过程中很难下载到相同影像,且不同数据源的影像存储方式和分辨率不同,该过程非常耗费人力物力且会占用大量的网络宽带和存储资源。② 处理时间序列长、空间分辨率高,多种数据源影像对计算机的运算处理能力要求高,巨大的数据计算量需要消耗大量时间,单个计算机不具备完整处理能力,需要在服务器或超级计算机上完成,在硬件不支持的情况下,很难完成影像运算任务。③ 为解决海量数据处理时造成的困境,大量学者选择低分辨率的 MODIS 影像作为作物提取的数据源,该影像空间分辨率较低,影像中包含大量的混合像元,对于耕地破碎和分散研究区,无法满足制图要求。

GEE 遥感影像云计算平台的出现,可以有效地解决上述困难。该平台拥有海量的免费遥感影像、气候数据、空间地理数据等,用户使用门槛较低,后台运算能力强,可以高效、快速地处理大尺度、长时间的遥感影像,为冬小麦遥感制图提供强有力的技术支持和手段。

本研究使用 Landsat 系列影像以及 Sentinel-2 影像,通过 GEE 云平台,以 MODIS 时序植被指数影像为基准确定影像最佳合成时间窗,分析各年份影像的可用性。基于 CART 决策树、SVM 和随机森林三种机器学习算法,精确提取冬小麦遥感信息,制作 2002 年、2006 年、2011 年、2016 年和 2019 年的河南省冬小麦空间分布图。对河南省冬小麦种植面积和种植空间的变化进行分析,并结合统计年鉴数据与气象数据分析影响冬小麦种植面积变化的驱动因素,从而为国家制订农业计划、出台相关政策提供信息支撑和科学依据。

第 2 章　遥感图像分割

2.1　基于 MRF 模型的 SAR 图像分割

2.1.1　引言

合成孔径雷达(Synthetic Aperture Radar,SAR)作为一种先进的微波遥感工具,是现代遥感领域的一项突破性成就,它使雷达的基本功能发生了重大改变,逐渐成为信息获取的一个重要手段。随着 SAR 技术的不断成熟与发展,SAR 系统的分辨率不断提高,且 SAR 系统具有全天时工作、全天候工作、覆盖面积大、穿透性强等优点,从而使 SAR 常被用来进行农作物生长监测、森林环境监测、海冰分布监测、矿产资源勘探、地形测绘、灾情评估、城市变迁以及军事侦察、打击效果评估等。

随着 SAR 获取数据能力的日益增强,如何对获得的 SAR 图像数据进行解译,已成为一个急需解决的问题,同时引起了越来越多国内外研究者们的关注和重视。在众多 SAR 图像解译应用中,图像分割是基础和前提。例如,在 SAR 自动识别目标时,首先需要进行图像分割处理,在大场景中提取出感兴趣的目标区域,以便完成特征提取和目标识别;在 SAR 图像辅助判读时,首先需要利用图像分割技术把感兴趣的目标区域从背景中提取出来;在 SAR 图像目标检测时,需要将包含待检测目标的区域分割出来,以便得到最终的检测结果。因此,从某种意义上说,图像分割是决定 SAR 图像解译性能的关键技术之一。

SAR 图像存在斑点噪声,使得 SAR 图像分割存在很多困难,现有的大多数图像分割算法都只是针对某一具体问题在特定条件下的解决方案,但当条件发生变化时,分割效果很不理想。因此,图像分割已成为 SAR 图像解译过程中的一个难题,也是制约 SAR 图像自动解译性能的一个瓶颈,是亟待解决的关键技术之一。

2.1.1.1　SAR 图像特征

SAR 图像分割时,一般基于三类基本信息:灰度信息、边缘信息和纹理信息。其中,灰度信息是以像元为单位的,而相干斑噪声也是以像元为单位的,故单纯基于灰度信息进行 SAR 图像分割存在很大的局限性;虽然图像的边缘信息受噪声影响小,但是在含有噪声的情况下,边缘的定位很困难;图像的纹理特征可以用于描述图像各类目标的整体分布规律,利用图像纹理分析的方法,研究像素的空间分布关系,找出目标内部的纹理结构,以弥补仅仅利用像元灰度信息的不足,从而提高图像分割的精度。

下面简单介绍 SAR 图像灰度统计特征和纹理特征。

(1) 图像灰度统计特征

① 一阶灰度统计特征

在图像处理过程中,经常使用以下几个一阶灰度直方图统计特征:

a. 灰度分布对原点的 r 阶矩 M_r

$$M_r = \sum_{i=0}^{L-1} i^r P(i) \tag{2-1}$$

式中，$P(i)$ 表示灰度级 i 出现的概率，可采用如下方法计算：将图像灰度量化为 L 个灰度级，令 $i=0,1,\cdots,L-1$，第 i 个灰度级的像素总数为 $N(i)$，整幅图像的像素总数为 M，那么灰度级 i 出现的概率为：

$$P(i) = \frac{N(i)}{M} \tag{2-2}$$

一阶矩 M_1 即图像灰度的均值 μ，亦即 $\mu = M_1$。

b. 灰度分布的 r 阶中心距 η_r

$$\eta_r = \sum_{i=0}^{L-1} (i-\mu)^r P(i) \tag{2-3}$$

二阶中心矩就是图像灰度分布的方差 σ^2，即 $\sigma^2 = \eta_2$。

c. 偏度 s

$$s = \frac{\eta_3}{\sigma^3} = \frac{1}{\sigma^3} \sum_{i=0}^{L-1} (i-\mu)^4 P(i) \tag{2-4}$$

偏度 s 是对图像灰度分布偏离对称状态的一种度量。

d. 能量（Energy）

$$\text{Energy} = \sum_{i=0}^{L-1} \left[P(i) \right]^2 \tag{2-5}$$

如果图像灰度是等概率分布的，则具有最小的能量。

e. 峰值（K）

$$K = \frac{\eta_4}{\sigma^4} = \frac{1}{\sigma^4} \sum_{i=0}^{L-1} (i-\mu)^4 P(i) \tag{2-6}$$

K 主要用来描述图像灰度分布是聚集在均值附近，还是散布在尾部。

f. 熵（Entropy）

$$\text{Entropy} = -\sum_{i=0}^{L-1} P(i)\lg P(i) \tag{2-7}$$

如果图像灰度是等概率分布的，则具有最大的熵。

② 二阶灰度统计特征

如果将图像看成一个二维随机过程，则可以用下列统计量描述图像的不同特征：

a. 自相关（Autocorrelation）

$$B_k = \sum_{i=0}^{L-1} \sum_{j=0}^{L-1} ij P(i,j) \tag{2-8}$$

b. 能量（Energy）

$$\text{Energy} = \sum_{i=0}^{L-1} \sum_{j=0}^{L-1} \left[P(i,j) \right]^2 \tag{2-9}$$

c. 惯性矩（Moment of Inertia）

$$B_I = \sum_{i=0}^{L-1} \sum_{j=0}^{L-1} (i-j)^2 P(i,j) \tag{2-10}$$

d. 熵（Entropy）

$$\text{Entropy} = -\sum_{i=0}^{L-1}\sum_{j=0}^{L-1}P(i,j)\lg P(i,j) \tag{2-11}$$

e. 绝对值（Absolute Value）

$$B_v = \sum_{i=0}^{L-1}\sum_{j=0}^{L-1}|i-j|P(i,j) \tag{2-12}$$

式中，$P(i,j)$ 表示灰度 i 和 j 同时出现的联合概率。

（2）图像纹理特征

纹理是指图像某一区域的粗糙程度或者一致性，它与图像表面的粗糙度有关。SAR 图像纹理随着雷达系统的波长、分辨率和入射角的不同而变化，同时也会随着它的组成成分和背景特征排列状态的不同而变化。

图像纹理特征可以分为空域和频域两种。空域方面主要包括方向差分及其统计量、灰度共生矩阵及其统计量；频域方面主要包括功率谱等度量特征。

① 方向差分特征

方向差分特征是指在图像局部区域内，求两个非覆盖邻域灰度均值之间的方向差分值。令 $A^r(x,y)$ 表示以像素 (x,y) 为中心、以 r 为半径的一个邻域的灰度均值，在角度 θ 方向上，则两个非覆盖邻域的方向差分可定义为：

$$D^{(r,\theta)}(x,y) = A^{(r)}(x+r\cos\theta, y+r\sin\theta) - A^{(r)}(x-r\cos\theta, y-r\sin\theta) \tag{2-13}$$

如果某局部区域的纹理稠密，则对于小的 r 值，会有大的方向差分值 $D^{(r,\theta)}$；反之，若 $D^{(r,\theta)}$ 值较小，则反映相应局部区域的纹理比较稀疏。如果纹理具有方向性，那么存在方向角 θ_0，使 $D(r,\theta_0)$ 大于其他 $D(r,\theta)(\theta\neq\theta_0)$。

若令 $i=D_i^{(r,\theta)}$ 表示第 i 个方向差分值，并且已知 i 出现的概率为 $P_D(i)$，则可以计算方向差分的下列统计量：

a. 反差（Contrast）

$$\text{Contrast} = \sum_i i^2 P_D(i) \tag{2-14}$$

b. 角二阶矩（ASM）或能量（energy）

$$\text{ASM} = \sum_i \left[P_D(i)\right]^2 \tag{2-15}$$

当方向差分的分布不均匀时，ASM 值较大；相反，当方向差分的分布比较均匀时，ASM 值较小。

c. 熵（Entropy）

$$\text{Entropy} = -\sum_i P_D(i)\lg P_D(i) \tag{2-16}$$

d. 均值（Mean）

$$\text{Mean} = \sum_i i P_D(i) \tag{2-17}$$

当方向差分的分布集中于原点附近时，均值较小；反之，均值较大。

② 灰度共生矩阵

灰度共生矩阵建立在图像的二阶矩组合条件概率密度函数的基础上，它研究图像中的 2 个像素组合的灰度配置情况。灰度共生矩阵被定义为在某个方向上，相隔一定距离的一对像元的灰度出现的统计规律,它是最具有代表性的纹理二阶统计特征计算方法,也是一种重要的纹理分析方法。

设 d 是一个位移矢量 (d_r,d_c),其中 d_r 表示行方向位移,d_c 表示列方向位移,I 表示像素的灰度值集合,图像的灰度共生矩阵 C_d 可定义如下:

$$C_d[i,j]=|\{[r,c]|I[r,c]=i \text{ 且 } I[r+d_r,c+d_c]=j\}| \qquad (2\text{-}18)$$

式中,i 和 j 表示图像的灰度值。

标准灰度共生矩阵有两种变形:

第一种变形是规范化的灰度共生矩阵 N_d,其可定义为:

$$N_d[i,j]=\frac{C_d[i,j]}{\sum_i\sum_j C_d[i,j]} \qquad (2\text{-}19)$$

如果将共生矩阵的值规范到 $0\sim1$ 之间,就可以把这些数值理解为概率。

第二种变形是对称的灰度共生矩阵,其可定义为:

$$S_d[i,j]=C_d[i,j]+C_{-d}[i,j] \qquad (2\text{-}20)$$

它由一对对称的共生矩阵组合在一起。

得到灰度共生矩阵后,即可通过计算以下几个统计量来描述纹理特征。下面重点介绍 5 个统计量。

a. 角二阶矩(ASM)或能量(Energy)

$$\text{ASM}=\sum_i\sum_j\{C_d[i,j]\}^2 \qquad (2\text{-}21)$$

它用来度量图像灰度分布的均匀性或平滑性。当 $C_d[i,j]$ 中的数值分布集中于主对角线附近时,表明从局部区域范围内观察图像时,其灰度分布较均匀,即图像呈现较粗的纹理,此时相应的 ASM 值较大,反之较小。

b. 熵(Entropy)

$$\text{Entropy}=-\sum_i\sum_j C_d[i,j]\lg C_d[i,j] \qquad (2\text{-}22)$$

它用于度量一个图像内容的随机性。当 $C_d[i,j]$ 中的数值均相等时,熵值最大;反之,当 $C_d[i,j]$ 中的数值差别很大时,熵值较小。

c. 惯性矩或对比度(Contrast)

$$\text{Contrast}=\sum_i\sum_j(i-j)^2 C_d[i,j] \qquad (2\text{-}23)$$

对于粗纹理,$C_d[i,j]$ 的数值集中于主对角线附近,此时 $(i-j)$ 的值比 Contrast 小,相应的 Contrast 值也较小;相反,细纹理具有较大的 Contrast 值。

d. 均匀性(Homology)或局部相似性(Local Homogeneity)

$$\text{Homology}=\sum_i\sum_j\frac{1}{1+(i-j)^2}C_d[i,j] \qquad (2\text{-}24)$$

均匀性能够反映图像局部区域的纹理特征,是区分不同目标的一个重要度量。

e. 相关性(Correction)

$$\text{Correction}=\frac{1}{\sigma_x\sigma_y}\sum_i\sum_j(i-\mu_x)(j-\mu_y)C_d[i,j] \qquad (2\text{-}25)$$

$$\mu_x=\sum_i\sum_j C_d[i,j] \qquad (2\text{-}26)$$

$$\mu_y = \sum_j \sum_i C_d[i,j] \tag{2-27}$$

$$\sigma_x = \sum_i (i-\mu_x)^2 \sum_j C_d[i,j] \tag{2-28}$$

$$\sigma_y = \sum_j (i-\mu_y)^2 \sum_i C_d[i,j] \tag{2-29}$$

该统计量用来描述矩阵 $C_d[i,j]$ 的行(或列)元素之间相似程度。它用于度量图像灰度的线性关系。

2.1.1.2 常用的 SAR 图像分割方法

目前,学者们提出了很多 SAR 图像分割方法,如边缘检测法、区域增长法、阈值分割法和聚类算法等。基于边缘检测的算法是人们最早研究的 SAR 图像分割方法,它利用区域边缘上的像素灰度值的奇异性,来实现 SAR 图像不同区域间的分割问题。区域增长法是将具有相似的像素合并起来构成区域,实现 SAR 图像分割。阈值分割法指简单地利用一个或几个阈值,将 SAR 图像的灰度值直方图分成几类,如果只选择一个阈值,称为单阈值分割,它将 SAR 图像划分为目标区域和背景两类;如果选择多个阈值,称为多阈值分割,它将 SAR 图像划分成多个目标区域和背景。基于聚类的 SAR 图像分割方法指根据聚类准则划分区域属性所在的特征空间,并按其属性特征值所在的空间标记所属区域的类型,通过选择图像颜色、图像灰度、像元邻域和像元纹理等特征,利用聚类方法的组合形成多种分割方法。

下面总结常用的 SAR 图像分割方法,包括阈值分割法和聚类分割法。

(1) 阈值分割法

① 阈值分割法的原理

阈值分割法是一种最简单最常用的图像分割方法。所谓阈值是指用于区分图像不同区域的灰度门限值。如果图像只含有目标和背景两大类别,则只选取一个阈值,该方法称为单阈值法。阈值法的操作方法是将图像中每个像素的灰度值与所选的阈值进行比较,图像灰度值大于阈值的像素划分为一类,灰度值小于阈值的像素划分为另一类。如果图像中有多个目标,则需要选取多个阈值进行分割,该方法称为多阈值法。阈值一般用 t 表示,可以写成:

$$t = t[x,y,p(x,y),q(x,y)] \tag{2-30}$$

式中,$p(x,y)$ 表示点 (x,y) 处的灰度值,$q(x,y)$ 表示该点邻域的某种局部特征。

根据式(2-30)可以将阈值分为局部阈值、全局阈值和动态阈值。如果 t 的选择与 $p(x,y)$ 和 $q(x,y)$ 有关,则称为局部阈值,其与图像区域的局部特征有关。如果阈值 t 的选择只与 $p(x,y)$ 有关,则称为全局阈值,其可利用图像的全局信息(如整个图像的灰度直方图)得到,它与整个图像像素的本身性质有关。如果 t 的选择不但与 $p(x,y)$ 和 $q(x,y)$ 有关,而且与该点的坐标有关,则称其为动态阈值。动态阈值的选择方法如下:首先将原始图像划分为若干个子图,其次利用某类固定阈值为上述每一个子图选择一个阈值,最后对这些子图的阈值进行插值处理,从而得到图像中每个像素分割时所需要的阈值。

设 (x,y) 是二维图像上的点,$p(x,y)$ 表示图像上各点的灰度值,灰度级范围为 $G=[0,L-1]$。当利用阈值 $t(t \in G)$ 对图像进行分割时,有如下定义:

$$G(x,y) = \begin{cases} 1 & p(x,y) > t \\ 0 & p(x,y) \leqslant t \end{cases} \tag{2-31}$$

② 常用的阈值确定方法

a. 图像灰度直方图峰谷法

如果图像的灰度直方图具有双峰值且有明显的谷值点,则选择谷值点的灰度值作为分割阈值。可以利用求曲线极小值的方法,选择灰度直方图的谷值点,该方法在目标和背景有很大差异时能实现简单而有效的分割。

b. 最小误差阈值法

对于一幅大小为 $M \times N$ 的图像,$p(x,y)$ 表示图像上坐标为 (x,y) 处像素的灰度值,且 $p(x,y) \in G = [0,1,2,\cdots,L-1]$。用一维直方图 $h(g)$ 可描述图像的概率分布。

假设理想的灰度分布模型服从混合正态分布,即

$$p(g) = \sum_{i=0}^{1} P_i p(g/i) \tag{2-32}$$

式中,P_i 表示子分布的先验概率,$p(g)$ 的两个子分布 $p(g/i)$ 分别服从均值为 μ_i、方差为 σ_i^2 的正态分布:

$$p(g/i) = \frac{1}{\sqrt{2\pi}\sigma_i} \exp\left(-\frac{(g-\mu_i)^2}{2\sigma_i^2}\right) \tag{2-33}$$

如果以灰度 t 作为分割阈值,各个参数的估计方法如下:

$$P_0(t) = \sum_{g=0}^{t} h(g) \tag{2-34}$$

$$P_1(t) = \sum_{g=t+1}^{L-1} h(g) \tag{2-35}$$

$$\mu_0(t) = \frac{\sum_{g=0}^{t} h(g)g}{P_0(t)} \tag{2-36}$$

$$\mu_1(t) = \frac{\sum_{g=t+1}^{L-1} h(g)g}{P_1(t)} \tag{2-37}$$

$$\sigma_0^2(t) = \frac{\sum_{g=0}^{t} [g-\mu_0(t)]^2 h(g)}{P_0(t)} \tag{2-38}$$

$$\sigma_1^2(t) = \frac{\sum_{g=t+1}^{L-1} [g-\mu_1(t)]^2 h(g)}{P_1(t)} \tag{2-39}$$

对于阈值 $t \in G = [0,1,2,\cdots,L-1]$,Kittler 等利用最小分类误差思想给出了下面函数:

$$J(t) = 1 + 2[P_0(t)\ln\sigma_0(t) + P_1(t)\ln\sigma_1(t)] - \\ 2[P_0(t)\ln P_0(t) + P_1(t)\ln P_1(t)] \tag{2-40}$$

于是可以通过求函数 $J(t)$ 的最小值得到最佳阈值 t^*,即

$$t^* = \arg \min_{0<t<L-1} J(t) \tag{2-41}$$

c. 最大类间方差法(Otsu)

最大类间方差法(Otsu)利用图像一维灰度直方图的门限值进行图像分割,是一种自动

的非参数、非监督的阈值确定方法。该方法计算简单,且在一定条件下不受图像对比度与亮度变化的影响,因此被认为是一种最优的阈值自动选择方法。

设 f_i 表示图像灰度值 $i(i=0,1,2,\cdots,L-1)$ 出现的频数,则该像素出现的概率 p_i 可以被定义为 $p_i=f_i/(M\times N)$。将图像分成 3 个部分的 2 个门限值分别为 t_1 和 t_2,则这 3 个部分出现的概率可分别表示为:

$$\omega_0 = \sum_{i=0}^{t_1} p_i, \omega_1 = \sum_{i=t_1+1}^{t_2} p_i, \omega_2 = \sum_{i=t_2+1}^{L-1} p_i \qquad (2\text{-}42)$$

各部分的均值分别表示为:

$$\mu_0 = \frac{\sum_{i=0}^{t_1} ip_i}{\omega_0}, \mu_1 = \frac{\sum_{i=t_1+1}^{t_2} ip_i}{\omega_1}, \mu_2 = \frac{\sum_{i=t_2+1}^{L-1} ip_i}{\omega_2} \qquad (2\text{-}43)$$

总体均值表示为:

$$\mu = \sum_{i=0}^{L-1} ip_i \qquad (2\text{-}44)$$

类间总方差的离散度可以定义为:

$$S = \omega_0(\mu_0-\mu)^2 + \omega_1(\mu_1-\mu)^2 + \omega_2(\mu_2-\mu)^2 \qquad (2\text{-}45)$$

通过求解 S 的最大值可得到最佳门限值 t_1 和 $t_2(0<t_1<t_2<L-1)$。

在实际应用中,由于受图像本身灰度分布以及图像噪声干扰的影响,仅利用图像灰度直方图得到的阈值,往往并不能得到理想的分割结果。这是因为像素灰度值反映的只是像素灰度级的幅值大小,而不能反映像素与其邻域的空间相关信息。因此,仅仅利用一维 Otsu 法得到的阈值进行分割,其效果较差。二维 Otsu 法不仅可以利用像素的灰度值分布,而且可以利用像素的邻域平均灰度值分布作为判别函数,基于二维类间方差测度准则得到最佳分割阈值。

设图像的灰度级为 L,则其邻域的平均灰度也是 L 级。将每一像素的灰度值及其邻域灰度的平均值组成一个二维单元 (i,j),设 f_{ij} 表示其出现的频数,则其出现的概率可以定义为 $p_{ij}=f_{ij}/(M\times N)$。与上述一维 Otsu 双门限值选择方法类似,设将图像分成 3 个部分的 2 个门限值分别为 (s_1,t_1) 和 (s_2,t_2),其中,s_1、s_2 表示像素邻域的平均灰度级,t_1、t_2 表示像素灰度级,则 3 个部分出现的概率分别可以表示为:

$$\omega_0 = \sum_{i=0}^{s_1}\sum_{j=0}^{t_1} p_{ij}, \omega_1 = \sum_{i=s_1+1}^{s_2}\sum_{j=t_1+1}^{t_2} p_{ij}, \omega_2 = \sum_{i=s_2+1}^{L-1}\sum_{j=t_2+1}^{L-1} p_{ij} \qquad (2\text{-}46)$$

3 个部分的均值矢量可分别表示为:

$$\boldsymbol{\mu}_0 = (\mu_{0i},\mu_{0j})^\mathrm{T} = \left[\frac{\sum_{i=0}^{s_1}\sum_{j=0}^{t_1} ip_{ij}}{\omega_0}, \frac{\sum_{i=0}^{s_1}\sum_{j=0}^{t_1} jp_{ij}}{\omega_0}\right]^\mathrm{T} \qquad (2\text{-}47)$$

$$\boldsymbol{\mu}_1 = (\mu_{1i},\mu_{1j})^\mathrm{T} = \left[\frac{\sum_{i=s_1+1}^{s_2}\sum_{j=t_1+1}^{t_2} ip_{ij}}{\omega_1}, \frac{\sum_{i=s_1+1}^{s_2}\sum_{j=t_1+1}^{t_2} jp_{ij}}{\omega_1}\right]^\mathrm{T} \qquad (2\text{-}48)$$

$$\boldsymbol{\mu}_2 = (\mu_{2i},\mu_{2j})^\mathrm{T} = \left[\frac{\sum_{i=t_2+1}^{L-1}\sum_{j=t_2+1}^{L-1} ip_{ij}}{\omega_2}, \frac{\sum_{i=s_2+1}^{L-1}\sum_{j=s_2+1}^{L-1} jp_{ij}}{\omega_2}\right]^\mathrm{T} \qquad (2\text{-}49)$$

总体均值可以表示为：

$$\boldsymbol{\mu}_T = (\mu_{1i}, \mu_{1j})^T - \Big[\sum_{i=0}^{L-1}\sum_{j=0}^{L-1} i p_{ij}, \sum_{i=0}^{L-1}\sum_{j=0}^{L-1} j p_{ij}\Big]^T \tag{2-50}$$

类间总方差矩阵可以表示为：

$$\boldsymbol{S}_B = \sum_{R=0}^{2} \omega_R \big[(\boldsymbol{\mu}_R - \boldsymbol{\mu}_T)(\boldsymbol{\mu}_R - \boldsymbol{\mu}_T)^T\big] \tag{2-51}$$

类间总方差的离散度测度用 S_B 的迹表示，则有：

$$t_T \boldsymbol{S}_B = \mu_0 \big[(\mu_{0i}-\mu_{Ti})^2 + (\mu_{0j}-\mu_{Tj})^2\big]^2 + \mu_1 \big[(\mu_{1i}-\mu_{Ti})^2 + (\mu_{1j}-\mu_{Tj})^2\big]^2 +$$
$$\mu_2 \big[(\mu_{2i}-\mu_{Ti})^2 + (\mu_{2j}-\mu_{Tj})^2\big]^2 \tag{2-52}$$

同理，通过求解 $t_T \boldsymbol{S}_B$ 的最大值，可以得到最佳门限值 (s_1, t_1) 和 (s_2, t_2)，其中，$0 < s_1 < s_2 < L, 0 < t_1 < t_2 < L-1$。

d. 最大熵自动阈值法

最大熵自动阈值法是基于信息论中最大熵准则，自动选取图像分割阈值的方法，它是选择单阈值和多阈值的一种重要方法。该方法的基本思路是，使选择的最佳阈值满足分割后的目标和背景的熵总值最大，或者满足分割前后图像的信息量差异最小。

设阈值 t 将图像分为目标 O 和背景 B，它们的概率分别可表示为：

$$O: \frac{P_{t+1}}{1-P_t}, \frac{P_{t+2}}{1-P_t}, \cdots, \frac{P_{L-1}}{1-P_t} \qquad B: \frac{P_0}{P_t}, \frac{P_1}{P_t}, \cdots, \frac{P_t}{P_t} \tag{2-53}$$

两个概率分布对应的熵分别可表示为：

$$H_O(t) = \ln(1-P_t) + (H-H_t)/(1-P_t), \quad H_B(t) = \ln P_t + H_t/P_t \tag{2-54}$$

其中：

$$P_t = \sum_{i=0}^{t} P_i, \quad H_t = -\sum_{i=0}^{t} P_i \ln P_i, \quad H = -\sum_{i=0}^{L-1} P_i \ln P_i \tag{2-55}$$

于是，图像的熵可以表示为：

$$H(t) = H_O(t) + H_B(t) = \ln P_t(1-P_t) + H_t/P_t + (H-H_t)/(1-P_t) \tag{2-56}$$

通过求解 $H(t)$ 的最大值，可以得到分割最佳阈值 t。

(2) 聚类分割法

① K-均值聚类分割法

K-均值聚类分割法是将 K 作为输入参数，将 N 个对象的集合划分成 K 个簇，且满足簇内相似度高而簇间相似度低的要求。簇的相似度被定义为簇中对象的均值度量，可以看作簇的质心或重心。K-均值聚类分割法的核心思想如下：

随机选择 K 个对象，每个对象代表一个簇的初始均值或重心。对于其余的每个对象，计算其与各个簇中心的距离，根据距离目标函数最小原则，将它们划分到最相似的簇中。然后重新计算各个簇的均值，得到新的均值，并以此更新簇中心。不断重复上述过程，直到准则函数收敛为止。

假设图像聚成 K 个类，首先人为确定 K 个类的初始中心 $C_1(1), C_2(2), \cdots, C_K(K)$，在第 k 次迭代过程中，利用下列方法对样本集 $\{X\}$ 进行分类：

对于所有 $i=1,2,\cdots,K, i \neq j$；

$\| X-C_j(k) \| < \| X-C_i(k) \|$，则 $X \in S_j(k)$；

设 $S_j(k)$ 新的类中心为 $C_j(k+1)$；

令 $J_j = \sum\limits_{X \in S_j(k)} \| X - C_j(k+1) \|^2$ 最小，$j = 1, 2, \cdots, K$；

则 $C_j(k+1) = \dfrac{1}{N} \sum\limits_{X \in S_j(k)} X$，$N_j$ 为 $S_j(k)$ 中的样本数。

对于所有 $j = 1, 2, \cdots, K$，若 $C_j(k+1) = C_j(k)$，则终止，否则，继续以上循环过程。

② C-均值聚类分割法

设 $X = \{X_1, X_2, \cdots, X_n\} \subset R^S$ 是一个有限数据集。其中，S 表示数据的维数；N 表示数据集中元素的个数；C 表示聚类中心数($1 < C < N$)；$d_{ij} = \| X_i - V_j \|^2 = \sum\limits_{l=1}^{k} (X_{il} - V_{jl})^2$，表示样本点 X_i 与聚类中心 V_j 间的欧几里得距离，$V_j \subset R^k (1 \leqslant j \leqslant C)$。$\mu_{ij} = 1$ 或 $\mu_{ij} = 0$ 分别表示第 i 个样本属于或不属于第 j 个类。$\boldsymbol{U} = [\mu_{ij}]$ 表示 $N \times C$ 阶矩阵，$\boldsymbol{V} = [V_1, V_2, \cdots, V_C]$，表示 $S \times C$ 阶矩阵。

可以用数学规划问题表示 C-均值聚类分割法，如下所示：

$$\min J_0^*(U, V) = \sum_{i=1}^{N} \sum_{j=1}^{C} \mu_{ij} d_{ij}^2 \tag{2-57}$$

其中：

$$\begin{cases} \sum\limits_{j=1}^{C} \mu_{ij} = 1 & 1 \leqslant i \leqslant N \\ \mu_{ij} \in \{0, 1\} & 1 \leqslant i \leqslant N, 1 \leqslant j \leqslant C \\ 0 < \sum\limits_{i=1}^{N} \mu_{ij} < N & 1 \leqslant j \leqslant C \end{cases} \tag{2-58}$$

上述数学规划问题可以通过以下算法来实现：

初始化：选择 $\varepsilon > 0$；给类别数 C 赋值；随机初始化聚类中心 $V(0)$，初始化的方法是从数据样本中随机选择互不相同的 C 个样本，作为聚类初始中心位置，并令 $k = 0$。

步骤 1：利用式(2-59)计算 $u(k)$

$$\mu_{ij}(k) = \begin{cases} 1 & d_{ij} = \min\limits_{1 \leqslant r \leqslant C} d_{ir}(k) \\ 0 & \text{其他} \end{cases} \tag{2-59}$$

步骤 2：利用式(2-60)计算 $V_j(k)$

$$\forall j V_j(k+1) = \sum_{i=1}^{N} [\mu_{ij}(k) \cdot X_i] / \sum_{i=1}^{N} \mu_{ij}(k) \tag{2-60}$$

步骤 3：如果 $\sum\limits_{i=1}^{C} \| V_j(k+1) - V_j(k) \|^2 < \varepsilon$，结束；否则令 $k = k+1$，返回步骤 1。

样本的归类原则为：当且仅当满足表达式 $\mu_{ij} = \mu_j(X_i) = 1$，$X_i \in (\text{class} - jX_i)$。

SAR 图像纹理特征作为一种 SAR 图像区域描述特征，它表征了图像中的每个像素点与其周围像素点之间的相互依赖关系，马尔科夫随机场(Markov Random Field，MRF)模型是描述这种关系的一种理想方法。为此，提出了基于 MRF 模型的 SAR 图像分割方法。该图像分割方法能够有效利用图像像素结构信息，通过定义适当的邻域系统，并假定待分割图像的像素只与其邻域内的像素相关，基于该假设可定量计算 SAR 图像局部的先验结构信息，利用最大后验概率或最大后验边缘概率准则实现图像分割。

2.1.2　MRF 模型介绍

2.1.2.1　引言

上下文约束在图像处理过程中起着非常重要的作用,也是图像处理必须拥有的一个特征。马尔科夫随机场是概率论的一个分支理论,主要用于描述图像相邻坐标之间状态的依赖关系,表达图像局部统计特征,提供一种描述图像上下文关系的方法。MRF 模型可以广泛应用于各种视觉分析领域,包括图像重构、图像分割、表面重构、边缘检测、纹理分析、视觉流、数据融合,以及目标匹配、识别和融合等。

MRF 用一个二维随机场描述图像数据的局部相关性,阐述如何利用纹理和目标特征的上下文依赖关系进行先验概率建模。它使用条件概率描述图像的数据分布,且该条件概率与图像中点的位置无关,只是包含各点的相互位置信息。根据 MRF 与吉布斯(Gibbs)分布的等效性,通过能量函数确定 MRF 的条件概率,从而表示全局的一致性。

(1) 图像分析中的分类

很多图像分析都可以归结为分类问题,即可以表示为图像的像素和特征分配一系列类别标签问题。类别标签分配问题可以表示为一系列点位和一系列类别标签的对应问题。

设 m 个离散的点可表示为:

$$S = \{1, 2, \cdots, m\} \tag{2-61}$$

一个点可以表示为欧几里得空间中的一个点或一个区域(如图像像素或图像特征),如角点、一个线性区域或一个面区域。一个大小为 $n \times n$ 的二维矩形格网可表示为:

$$S = \{(i, j) \mid 1 \leqslant i, j \leqslant n\} \tag{2-62}$$

它的元素对应着图像样本的位置。对于一个大小为 $n \times n$ 的图像,像素 (i, j) 可以用一个简单的数值 k 表示,k 的取值为 $\{1, 2, \cdots, m\}$,$m = n \times n$。在 MRF 中,常把这些点看成无序的,它们之间的相互关系用邻域系统来表示。

一个类别标签可以表示为一个位置上发生的一个事件。常用 L 表示一系列类别标签,可以分为连续和离散两种形式。据此,类别标签问题就可以表示为将 L 中的类别标签分配给 S 中的每一个点,即

$$f = \{f_1, f_2, \cdots, f_m\} \tag{2-63}$$

当每一个点被分配唯一类标时,$f_i = f(i)$ 被认为是域 S 和图像 L 的一个方程,也就相当于从 S 到 L 的映射,即

$$f: S \rightarrow L \tag{2-64}$$

(2) 上下文约束的类别标签

从概率的观点出发,可以用局部条件概率 $P\{f_i \mid \{f_{i'}\}\}$ 表示上下文约束,其中 $\{f_{i'}\}$ 表示不同于 i 的点 $(i \neq i')$ 的系列类别标签,也可以表示为整体的联合概率 $P(f)$。局部信息可以通过直接观测得到,因此常用局部信息表示全局信息。假设类别标签相互独立,即不存在上下文约束关系,则局部联合概率可以表示为:

$$p(f) = \prod_{i \in S} P(f_i) \tag{2-65}$$

上式利用了条件独立的相关特性,即

$$P\{f_i \mid \{f_{i'}\}\} = P(f_i), i \neq i' \tag{2-66}$$

因此,一个全局类别标签 f 问题可以转化为利用局部的每一个类别标签 f_i 来计算。

如果存在上下文约束关系,则点的类别标签是相互依赖的。式(2-65)和式(2-66)中的简单关系就不再成立了。怎样利用局部信息表示全局关系,是一个需要解决的问题。MRF为该问题解决提供了数学基础。

2.1.2.2　MAP-MRF 框架

最大后验概率(Maximum A Posteriori,MAP)准则是图像处理过程中最常用的最优化准则,也是 MRF 建模过程中最常用的最优化准则。MRF 模型与 MAP 准则结合在一起称为 MAP-MRF 框架。根据贝叶斯准则,采用 MAP 估计器可以将图像分类问题转化为求解最大后验概率问题。

(1) 贝叶斯准则

在贝叶斯估计中,可通过最小化风险来获得最优估计。贝叶斯风险可定义为:

$$R(f^*) = \int_{f \in F} C(f^*, f) P(f|d) \mathrm{d}f \tag{2-67}$$

式中,d 为观测值,$C(f^*, f)$ 为代价函数,$P(f|d)$ 为后验概率。根据贝叶斯准则,后验概率可以通过先验概率和似然函数计算。后验概率可以用式(2-68)计算:

$$P(f|d) = \frac{P(d|f)P(f)}{P(d)} \tag{2-68}$$

式中,$P(f)$ 表示类标 f 的先验概率;$P(d|f)$ 表示观测值的条件概率,也称为似然函数;$P(d)$ 表示观测值 d 的密度,是一个常量。

代价函数 $C(f^*, f)$ 表示与真实值 f^* 相比,估计值 f 的损失程度。常用二次函数来定义代价函数,即

$$C(f^*, f) = \| f^* - f \|^2 \tag{2-69}$$

其中,$\| a-b \|$ 表示 a 和 b 之间的距离,$\delta(0-1)$ 代价函数可以表示为:

$$C(f^*, f) = \begin{cases} 0 & \text{如果 } \| f^* - f \| \leqslant \delta \\ 1 & \text{其他} \end{cases} \tag{2-70}$$

式中,δ 为任意小的常数。

利用二次代价函数进行贝叶斯风险评价时,可以表示为:

$$R(f^*) = \int_{f \in F} \| f^* - f \|^2 P(f|d) \mathrm{d}f \tag{2-71}$$

令 $\dfrac{\partial R(f^*)}{\partial f^*} = 0$,可以得到最优估计:

$$f^* = \int_{f \in F} f P(f|d) \mathrm{d}f \tag{2-72}$$

利用 δ 代价函数进行贝叶斯风险评价时,可以表示为:

$$R(f^*) = \int_{f: \| f^* - f \| > \delta} P(f|d) \mathrm{d}f = 1 - \int_{f: \| f^* - f \| \leqslant \delta} P(f|d) \mathrm{d}f \tag{2-73}$$

当 $\delta \to 0$ 时,式(2-73)的估计值为:

$$R(f^*) = 1 - \kappa P(f|d) \tag{2-74}$$

式中,κ 表示在 $\| f^* - f \| \leqslant \delta$ 空间中,包含所有 f 的值。

最小化式(2-73)等价于最大化后验概率 $P(f/d)$。因此,最优估计可以表示为:

$$f^* = \arg\max_{f \in F} P(f|d) \tag{2-75}$$

这就是最大后验概率（MAP）准则。在式（2-68）中，$P(d)$ 是常量，因此，后验概率 $P(f|d)$ 等价于联合概率分布：

$$P(f|d) \propto P(f|d) = P(d|f)P(f) \tag{2-76}$$

于是 MAP 准则等价于：

$$f^* = \arg\max_{f \in F} \{P(d|f)P(f)\} \tag{2-77}$$

显然，当先验概率 $P(f)$ 是常量时，MAP 等价于最大化似然函数 $P(d/f)$。

（2）MAP-MRF 类标

在 MRF 的贝叶斯类标中，一个重要步骤是求后验概率分布函数 $P(f|d)$。在此，利用一个简单例子说明 MAP-MRF 的类标问题。假设图像表面是平滑的，根据 Gibbs 准则，联合先验概率可表示为：

$$P(f) = \frac{1}{Z}e^{-U(f)} \tag{2-78}$$

式中，$U(f) = \sum_i \sum_{i' \in (i-1, i+1)} (f_i - f_{i'})^2$ 表示先验能量方程。假设观测值 d_i 等于真实的图像表面 f_i 加上独立高斯噪声 e_i，即 $d_i = f_i + e_i$，其中 $e_i \sim N(\mu, \sigma^2)$，于是似然函数可表示为：

$$p(d|f) = \frac{1}{\prod_{i=1}^m \sqrt{2\pi\sigma^2}}e^{-U(df)} \tag{2-79}$$

其中：

$$U(d|f) = \sum_{i=1}^m (f_i - d_i)^2 / 2\sigma^2 \tag{2-80}$$

它表示似然能量方程。同样，后验概率可以表示为：

$$P(f|d) \propto e^{-U(f|d)} \tag{2-81}$$

式中，$U(f|d)$ 表示后验能量方程，即

$$
\begin{aligned}
U(f|d) &= U(d|f) + U(f) \\
&= \sum_{i=1}^m (f_i - d_i)^2 / 2\sigma_i^2 + \sum_{i=1}^m (f_i - f_{i-1})^2
\end{aligned} \tag{2-82}
$$

因此，MAP 准则等效于最小化后验能量方程，即

$$f^* = \arg\min_f U(f|d) \tag{2-83}$$

2.1.2.3　数学 MRF 模型

（1）邻域系统与集簇

对于格网 S 上的点，可用邻域系统表示其相互联系。邻域系统可定义为：

$$N = \{N_i \mid \forall i \in S\} \tag{2-84}$$

N_i 表示一系列与 i 相邻的点。邻域关系具有下列特征：

① 一个点与其本身不是邻域关系，即 $i \notin N_i$；

② 邻域关系是相互的，即 $i \in N_{i'} \Longleftrightarrow i' \in N_i$。

对于规则格网 S，i 的邻域被定义为以 i 为圆心、以 $\sqrt{r}$ 为半径的圆内一系列点，即

$$N_i = \{i' \in S \mid [\text{dist}(\text{pixel}_{i'}, \text{pixel}_i)]^2 \leqslant r, i' \neq i\} \tag{2-85}$$

式中,dist(A,B)表示点 A 和 B 之间的欧几里得距离,r 取整数值。很明显,在边界上或边界附近的点具有较少的邻域点。

一阶邻域系统,又称 4 邻域系统,每一个点有 4 个邻域,如图 2-1(a)所示,X 表示该点,0 表示其邻域。二阶邻域系统,又称 8 邻域系统,每一个点有 8 个邻域,如图 2-1(b)所示。在图 2-1(c)中,数值 $n=1,2,3,4,5$,表示第 n 阶邻域系统的邻域点。

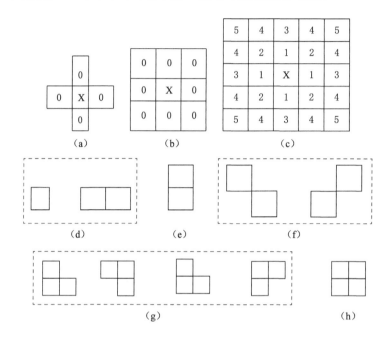

图 2-1 规则格网点的邻域系统和集簇

当 S 中点的顺序确定后,其邻域点就能够被明确地确定。例如,当 $S=\{1,2,3,\cdots,m\}$ 为一系列按顺序排列的点,并且其元素是一维图像中的像素,则一个内部点 $i\in\{2,3,\cdots,m-1\}$ 有 2 个最近的邻域,即 $N_i=\{i-1,i+1\}$,每个边界上的点有 1 个邻域,即 $N_1=\{2\}$ 与 $N_{m-2}=\{m-1\}$。当 $S=\{(i,j)|1\leqslant i,j\leqslant n\}$ 表示规则矩形格网上的点时,对应于 $n\times n$ 的二维平面上的像素,一个内部点有 4 个最近的邻域,即 $N_{i,j}=\{(i-1,j),(i+1,j),(i,j-1),(i,j+1)\}$,一个边界上的点有 3 个邻域,一个拐角点有 2 个邻域。

如果 S 为非规则格网,i 点的邻域 N_i 的定义方法同式(2-85),即距该点半径为 $\sqrt{r}$ 圆内的点为其邻域。

$$N_i=\{i'\in S|[\text{dist}(\text{feature}_{i'},\text{feature}_i)]^2\leqslant r,i'\neq i\} \qquad (2\text{-}86)$$

对于不是用点表示的属性特征,距离方程 dist(A,B)需要恰当定义。通常可以利用 Delaunay 三角形或 Voronoi 多边形定义。一般情况下,非规则格网 S 的邻域 N_i 具有不同的形状和大小。

可将(S,N)的集簇定义为 S 的一个子集。其中,(S,N)$\triangle G$ 组成一定的图形,S 包含结点,N 通过邻域关系定义结点间的联系。集簇可以包含单点 $c=\{i\}$,也可以包含一对邻域点 $c=\{i,i'\}$,或者 3 个邻域点 $c=\{i,i',i''\}$,依次类推。C_1、C_2 和 C_3 分别表示单点、点对和 3 个点的集簇,分别定义如下:

$$C_1 = \{i \mid i \in S\} \tag{2-87}$$

$$C_2 = \{\{i, i'\} \mid i' \in N_i, i \in S\} \tag{2-88}$$

$$C_3 = \{\{i, i', i''\} \mid i, i', i'' \in S \text{ 且互为邻域}\} \tag{2-89}$$

集簇中的点是有顺序的,即$\{i, i'\}$和$\{i', i\}$表示不同的集簇,依次类推。(S, N)的所有集簇可以表示为:

$$C = C_1 \bigcup C_2 \bigcup C_3 \cdots \tag{2-90}$$

式中,…表示大集簇中的所有可能的点。

规则格网集簇(S, N)的类型取决于它的大小、形状和方向。图 2-1(d)至图 2-1(h)表示格网中一阶和二阶邻域系统的集簇类型。图 2-1(a)所示的一阶邻域系统的集簇类型包括单点、水平点对和垂直点对,见图 2-1(d)和图 2-1(e)。图 2-1(b)所示的二阶邻域系统的集簇类型除了包括图 2-1(d)和图 2-1(e)外,还包括对角点对集簇图 2-1(f)、三点集簇图 2-1(g)和四点集簇图 2-1(h)。随着邻域系统阶数的增加,集簇的数量迅速增加,计算量也会加大。

(2) Markov 随机场(MRF)

在 S 上定义一组随机变量 $F = \{F_1, F_2, \cdots, F_m\}$,每个随机变量取类标 L 上的一个值 f_i,我们称 F 为随机场。$F_i = f_i$ 表示 F_i 的取值为 f_i,$(F_1 = f_1, F_2 = f_2, \cdots, F_m = f_m)$ 表示联合事件。为了简化,联合事件可以简写为 $F = f$,其中 $f = \{f_1, f_2, \cdots, f_m\}$ 表示 F 的一个构造,对应着该随机场的一个实现。对于离散类标 L,F_i 的取值为 f_i 的概率可定义为 $P(F_i = f_i)$,除非需要详细说明,一般简写为 $P(f_i)$。联合概率可以表示为 $P(F = f) = P(F_1 = f_1, F_2 = f_2, \cdots, F_m = f_m)$,同样可以简写为 $P(f)$。对于连续类标 L,概率密度函数(Probability Density Function,PDF)被定义为 $P(F_i = f_i)$ 和 $P(F = f)$。

当邻域系统满足且仅满足下列两个条件时,F 称为 S 上的 MRF:

$$P(f) > 0, \forall f \in F \quad (\text{正特性}) \tag{2-91}$$

$$P(f_i \mid f_{S-\{i\}}) = P(f_i \mid f_{N_i}) \quad (\text{马尔科夫特性}) \tag{2-92}$$

式中,$S - \{i\}$ 表示不同于 i 的点,$f_{S-\{i\}}$ 表示点 $S - \{i\}$ 的类标,并且满足:

$$f_{N_i} = \{f_{i'} \mid i' \in N_i\} \tag{2-93}$$

式中,f_{N_i} 表示 i 邻域点的类标。

正特性假设主要考虑技术原因,这是为了满足实际操作的需要。例如,当满足正特性时,任何随机场的联合概率 $P(f)$ 都由其局部场的条件概率唯一确定。马尔科夫特性描述了 F 的局部特性,即在 MRF 中,仅仅相邻类标相互影响。

MRF 还有其他特性,如同质性和各向同性。对于同质性,如果 $f_i = f_j$,$f_{N_i} = f_{N_j}$,即使 $i \neq j$,同样满足 $P(f_i \mid f_{N_i}) = P(f_j \mid f_{N_j})$。对于各向同性,可以用集簇势函数来说明。

在建模时,我们可以采用一些有联系的 MRF,将每个 MRF 定义在一系列点上,由于是不同的 MRF,这些点在空间上相互交织。

常采用两种方法确定 MRF,包括条件概率 $P(f_i \mid f_{N_i})$ 和联合概率 $P(f)$。MRF 和 Gibbs 分布的等效性为确定联合概率提供了一种数学思路。

(3) Gibbs 随机场

当邻域系统 N 的结构满足且只满足 Gibbs 分布时,称 S 上的一系列随机变量 F 为 Gibbs 随机场(Gibbs Random Field,GRF)。一个 Gibbs 分布采用下列形式:

$$P(f) = Z^{-1} \times e^{-\frac{1}{T}U(f)} \tag{2-94}$$

其中：

$$Z = \sum_{f \in F} e^{-\frac{1}{T} U(f)} \tag{2-95}$$

称为归一化常量，也称为分离方程。T 是一个常量，称为温度，除非有其他描述，一般假定为 1。$U(f)$ 表示能量方程，用下式表示：

$$U(f) = \sum_{c \in C} V_c(f) \tag{2-96}$$

$V_c(f)$ 表示集簇势函数，其值取决于集簇 C 的局部结构。由式(2-96)可知，能量方程可以表示为一系列集簇势函数的和，计算时应包括所有可能的集簇 C。很明显，高斯分布是 Gibbs 分布家族中的一员。

如果集簇势函数 $V_c(f)$ 在 S 上独立于集簇 C，GRF 是均值的；如果 $V_c(f)$ 独立于 C 的方向性，GRF 是各向同性的。如果不具备上述特性，实际应用时也可简单地认为是服从 GRF 分布。在 MRF 中，之所以认为是均值的，主要是为了数学和计算上的方便。

$P(f)$ 表示结构 f 发生的概率，越可能出现的结构，$P(f)$ 越大，其能量越低。温度 T 控制分布的尖锐程度，当 T 很高时，所有的结构趋向于具有相同的分布；当 T 在零附近时，表示位于全局能量最小值附近。

对于离散类标，一个集簇势函数 $V_c(f)$ 由一定数量的参数决定。例如，令 $f_c = (f_i, f_{i'}, f_{i''})$ 表示三点集簇 $c = \{i, i', i''\}$ 的局部结构，f_c 取一定数量的状态，因此 $V_c(f)$ 也取一定数量的值。对于连续类标，f_c 可以取不同的连续值，$V_c(f)$ 是 f_c 的连续方程。

有时，为了方便起见，将 Gibbs 分布的能量方程表示成一些式子的和，每一个式子表示一定大小的集簇，即

$$U(f) = \sum_{\langle i \rangle \in C_1} V_1(f_i) + \sum_{\langle i, i' \rangle \in C_2} V_2(f_i, f_{i'}) + \sum_{\langle i, i', i'' \rangle \in C_3} V_3(f_i, f_{i'}, f_{i''}) + \cdots \tag{2-97}$$

上式利用了 Gibbs 分布的均质特性，这是因为 V_1、V_2 和 V_3 独立于 i、i' 和 i''。如果是非均质的 Gibbs 分布，势函数应该写为 $V_1(i, f_i)$、$V_2(i, i', f_i, f_{i'})$，依次类推。

当仅考虑集簇大小为 2 时，能量方程可以表示为：

$$U(f) = \sum_{\langle i \rangle \in C_1} V_1(f_i) + \sum_{\langle i, i' \rangle \in C_2} V_2(f_i, f_{i'}) \tag{2-98}$$

由于点的集簇是有顺序的，对于式(2-98)右边的第二项，$\{i, i'\}$ 和 $\{i', i\}$ 在 C_2 上表示的是不同集簇。据此，条件概率可以表示为：

$$P(f_i | f_{N_i}) = \frac{e^{-\left[V_1(f_i) + \sum_{i' \in N_i} V_2(f_i, f_{i'}) \right]}}{\sum_{f_i \in L} e^{-\left[V_1(f_i) + \sum_{i' \in N_i} V_2(f_i, f_{i'}) \right]}} \tag{2-99}$$

将式(2-98)代入式(2-94)，得到联合概率：

$$P(f) = Z^{-1} \prod_{i \in S} r_i(f_i) \prod_{i \in S} \prod_{i' \in N_i} r_{i,i'}(f_i, f_{i'}) \tag{2-100}$$

式中，$r_i(f_i) = e^{-\frac{1}{T} V_1(f_i)}$，$r_{i,i'}(f_i, f_{i'}) = e^{-\frac{1}{T} V_2(f_i, f_{i'})}$。

（4）多分辨率 MRF 模型

为了在一个大的邻域系统内对复杂的宏观模式进行建模，我们提出多分辨率 MRF 模型(Multiresolution MRF Model，MRMRF)。MRMRF 建模方法通过多分辨率滤波器(如正交小波分解)建立 MRF 模型。

通过正交小波分解，如 Haar 或 Daubechies 小波分解，能够得到不同尺度和不同方向的

子波,这些子波能够更加完全地描述原始图像。另外,这些子波通过离散的小波变换进行下采样,因此,在原始图像中相距较远的两个像素的纹理结构,在高等级尺度的子波中立即变成了相邻结构。在正交小波分解时,通过分解和下采样,不同尺度和不同方向的子波能够反映原始图像的不同特征。

f 表示定义在格网 S 上的一幅图像,$G=\{G^{(1)},G^{(2)},\cdots,G^{(K)}\}$ 表示一系列多分辨率滤波器,如小波滤波器。$f^{(k)}=G^{(k)}*f$ 表示 f 被 $G^{(K)}$ 滤波后输出的第 k 个子波。假设 $G^{(K)}$ 滤波器输出的图像像素值被量化为 M 个级别,其类标设置为 $L=\{1,2,\cdots,M\}$,则 L 对所有 K 个子波是相同的。图像 f 的分布形式如下:

$$P(f|G)=\frac{1}{Z(G)}\exp[-U(f|G)] \tag{2-101}$$

式中,$Z(G)$ 表示归一化分离方程;$U(f|G)$ 表示能量方程,其表示形式为:

$$U(f|G)=\sum_{k=1}^{K}\sum_{c\in C}V_c^{(k)}(f) \tag{2-102}$$

式中,C 表示一个邻域系统中的所有集簇,$V_c^{(k)}(f)$ 表示相对滤波输出 $f^{(k)}$ 的集簇势函数。

我们仅考虑点对集簇的情况。$\theta=\theta^{(k)}=\{\alpha^{(k)},\beta^{(k)}\}$ 表示 MRMRF 的参数,其中 $\alpha^{(k)}=\{\alpha^{(k)}(I)\}$ 对 M 个量化的像素值 $I=f_i^{(k)}$ 而言,其由 M 个元素组成;在 4 邻域系统中,集簇 $c=(i,i')$ 和 $\beta^{(k)}=\{\beta_c^{(k)}\}$ 由 4 个元素组成。对于均质 MRMRF 模型,尽管点对势函数在方向上是非独立的,但势函数是局部独立的。下式表示包括两个点势函数的能量方程:

$$U(f|G,\theta)=\sum_{k=1}^{K}\sum_{i\in S}\left\{\alpha_i^{(k)}(f_i^{(k)})+\sum_{i'\in N_i,c=(i,i')}\beta_c^{(k)}[1-2\exp(-(f_i^{(k)}-f_{i'}^{(k)})^2)]\right\} \tag{2-103}$$

其中,单点集簇为 $V_1^{(k)}(i)=\alpha_i^{(k)}(f_i^{(k)})$;点对 $c=(i,i')$ 集簇为 $V_2^{(k)}=\beta_c^{(k)}[1-2\exp(-(f_i^{(k)}-f_{i'}^{(k)})^2)]$。

为了定义条件概率 $P(f_i|f_{N_i},G,\theta)$,首先定义 f_i 的一般能量方程:

$$U(f_i|G,\theta)=\sum_{k=1}^{K}\left\{\alpha^{(k)}(f_i^{(k)})+\sum_{i'\in N_i,c=(i,i')}\beta_c^{(k)}[1-2\exp(-(f_i^{(k)}-f_{i'}^{(k)})^2)]\right\} \tag{2-104}$$

于是条件概率可以表示为:

$$P(f_i|f_{N_i},G,\theta)=\frac{\sum_{k=1}^{K}\exp[-U(f_i^{(k)}|\theta^{(k)})]}{\sum_{k=1}^{K}\sum_{I^{(k)}=1}^{M}\exp[-U(I^{(k)}|\theta^{(k)})]} \tag{2-105}$$

式中,$I^{(k)}=f_i^{(k)}$ 表示像素 i 在第 k 个子波图像中的取值。

2.1.2.4　模型参数估计

概率密度函数包括两个必要因素:函数的形式和参数。对一个概率模型而言,即使其形式已知,参数未知,该模型也是不完整的。概率密度函数形式的研究具有较长的历史,而对模型参数估计的研究历史还较短。一般的参数估计方法采用优化统计标准,如最大似然(Maximum Likelihood,ML)估计、编码估计、假设似然估计、期望最大化(Expectation Maximization,EM)估计或贝叶斯估计等。

参数估计问题具有不同的复杂度,最简单的是估计单 MRF 模型的参数 θ,如果数据 d

含有噪声,且噪声的参数未知,在估计 MRF 模型参数的同时,还需要估计噪声的参数。当数据通过多个 MRF 模型实现时,参数估计的复杂度就会增加。既然 MRF 模型的参数必须通过数据进行估计,因此首要的问题是把数据代入 MRF 模型。当一定数量的 MRF 模型未知而又需要确定时,问题会变得更加复杂。

（1）最大似然估计

给定单 MRF 模型的一个实现 f,最大似然（ML）估计是通过最大化条件概率 $P(f|\theta)$（求 θ 的似然值）来实现参数估计的,即

$$\theta^* = \arg \max_\theta P(f|\theta) \tag{2-106}$$

或通过最大化对数似然函数 $\ln P(f|\theta)$ 进行参数估计。当参数的先验概率 $P(\theta)$ 已知时,最大化后验概率（MAP）估计等同于最大化后验密度函数,即

$$P(\theta|f) \propto P(\theta)P(f|\theta) \tag{2-107}$$

当先验信息完全无法得到时,通常假定先验概率 $P(\theta)$ 是常量,此时,MAP 参数估计可简化为 ML 参数估计。

利用一个简单例子叙述 ML 估计方法。令 $f = \{f_1, f_2, \cdots, f_m\}$ 表示独立高斯分布的一个实现,其含有两个参数:均值 μ 和方差 σ^2,即 $f_i \sim N(\mu, \sigma^2)$。我们的目的是利用 f 估计参数 $\theta = \{\mu, \sigma^2\}$。似然方程可表示为:

$$P(f|\theta) = \frac{1}{(\sqrt{2\pi\sigma^2})^m} e^{-\sum_{i \in S}(f_i - \mu)^2/2\sigma^2} \tag{2-108}$$

最大化 $P(f|\theta)$ 或最大化 $\ln P(f|\theta)$ 的一个必要条件是 $\frac{\partial \ln P}{\partial \mu} = 0$ 和 $\frac{\partial \ln P}{\partial \sigma} = 0$。于是 ML 估计的结果如下:

$$\mu^* = \frac{1}{m} \sum_{i=1}^{m} f_i \tag{2-109}$$

$$(\sigma^2)^* = \frac{1}{m} \sum_{i=1}^{m} (f_i - u^*)^2 \tag{2-110}$$

利用 ML 方法估计 MRF 模型参数时,一般需要评价相应 Gibbs 分布中的归一化分离方程 Z。考虑 4 邻域系统自动对数模型的均一性和各向同性的特性,模型参数可以表示为 $\theta = \{\alpha, \beta\}$。模型的能量方程和条件概率分别可表示为:

$$U(f|\theta) = \sum_{\{i\} \in C_1} \alpha f_i + \sum_{\{i, i'\} \in C_2} \beta f_i f_{i'} \tag{2-111}$$

$$P(f_i|f_{N_i}) = \frac{e^{\alpha f_i + \sum_{i' \in N_i} \beta f_i f_{i'}}}{1 + e^{\alpha f_i + \sum_{i' \in N_i} \beta f_i f_{i'}}} \tag{2-112}$$

利用 Gibbs 形式表示的似然方程为:

$$P(f|\theta) = \frac{1}{Z(\theta)} \times e^{-U(f|\theta)} \tag{2-113}$$

其中:

$$Z(\theta) = \sum_{f \in F} e^{-U(f|\theta)} \tag{2-114}$$

这是分离方程,也是 θ 的函数。通过最大化 $P(f|\theta)$ 估计参数 θ 时,需要评价分离方程 $Z(\theta)$。由于空间 F 由很多结构组成,故 $Z(\theta)$ 的计算很困难,这是 MRF 模型参数估计时的一个主

要问题。为了解决该问题,常采用基于条件概率 $P(f_i|f_{N_i}, i \in S)$ 的近似计算方法。

能量方程可写成如下形式:

$$U(f) = \sum_{i \in S} U_i(f_i, f_{N_i}) \tag{2-115}$$

此时,$U_i(f_i, f_{N_i})$ 依赖于 i 和 N_i 集簇的结构,类标 f_i 和 f_{N_i} 相互依赖。如果仅考虑单点和点对集簇,则:

$$U_i(f_i, f_{N_i}) = V_1(f_i) + \sum_{i', \{i, i'\} \in C} V_2(f_i, f_{i'}) \tag{2-116}$$

条件概率可以表示为:

$$P(f_i|f_{N_i}) = \frac{e^{-U_i(f_i, f_{N_i})}}{\sum_{f_i \in L} e^{-U_i(f_i, f_{N_i})}} \tag{2-117}$$

（2）EM 参数估计

EM 方法利用非完整数据,通过最大化似然函数（ML）实现参数估计。经典 ML 参数估计方法利用的是完整数据,即

$$\theta^* = \arg \max_{\theta} \ln P(d_{\text{com}}|\theta) \tag{2-118}$$

完整数据包括两部分 $d_{\text{com}} = \{d_{\text{obs}}, d_{\text{mis}}\}$,$d_{\text{obs}}$ 表示观测数据,d_{mis} 表示未观测或隐藏数据。当仅仅有非完整数据 d_{obs} 时,EM 算法可用于解决下列参数估计问题:

$$\theta^* = \arg \max_{\theta} \ln P(d_{\text{obs}}|\theta) \tag{2-119}$$

该参数估计方法比经典 ML 方法更普遍。

利用 EM 方法进行参数估计时,首先初始化 d_{mis} 和 θ,然后最大化似然函数,一直循环至收敛,其操作主要包括两个步骤:① 根据当前 θ 的估值估计未观测值,结果记为 $\hat{d}_{\text{mis}}$,利用该估计值,扩展观测值 d_{obs},形成完整数据系列 $d_{\text{com}} = \{d_{\text{obs}}, \hat{d}_{\text{mis}}\}$;② 利用 d_{com},通过最大化完整数据的对数似然函数 $\ln P(d_{\text{obs}}, \hat{d}_{\text{mis}}|\theta)$ 估计 θ。

然而,由于对数似然函数是未知变量 f 的随机方程,因此无法直接利用对数似然函数。EM 算法的思路是利用完整数据,求对数似然函数的均值 $E[\ln P(d_{\text{obs}}, \hat{d}_{\text{mis}}|\theta)]$。

对于 MRF 模型中的参数估计,未知部分就是未观测的类标 f,即 $f = d_{\text{mis}}$,观测部分对应于给定数据,即 $d = d_{\text{obs}}$。完整数据的对数似然函数可以表示为 $\ln P(f, d|\theta)$。EM 算法的每次循环包含下列两个步骤:

① E 步

计算对数似然函数的条件均值:

$$Q(\theta|\theta^{(t)}) = E[\ln P(f, d|\theta)|d, \theta^{(t)}] \tag{2-120}$$

② M 步

通过最大化 $Q(\theta|\theta^{(t)})$ 得到下一个循环:

$$\theta^{(t+1)} = \arg \max_{\theta} Q(\theta|\theta^{(t)}) \tag{2-121}$$

在 M 步中,如果下一次循环估计得到的 $\theta^{(t+1)}$ 满足:

$$Q(\theta^{(t+1)}|\theta^{(t)}) > Q(\theta^{(t)}|\theta^{(t)}) \tag{2-122}$$

则该算法称为一般 EM 参数估计方法。

在 E 步中,当给定观测值 d 和当前参数估计值 $\theta^{(t)}$ 的情况下,计算未观测类标 f 的条件均值,将其代替类标均值。当没有未知值时,M 步用于求解似然估计的最大值。

更为一般的算法是利用任何完整数据的足量统计值代替概率 $P(f,d|\theta)$。当先验概率 $P(\theta)$ 已知时,M 步可以调整为求后验概率的均值 $E[\ln P(\theta,f|d)|d,\theta^{(t)}]$ 或 $E[\ln P(f,d|\theta)|d,\theta^{(t)}]+\ln P(\theta)$ 的最大值,其中 $P(\theta,f|d)=\dfrac{P(f,d|\theta)P(\theta)}{P(d)}$。

在适当条件下,EM 算法收敛于 ML 算法,至少是局部收敛于 ML 算法。在特殊情况下,可以实现全局收敛。然而,EM 算法收敛速度慢得令人无法接受。

令均值 $E[\ln p(f,d|\theta)|d,\theta^{(t)}]$ 取较特殊情况的值。当 f 取离散值时,该均值可表示为:

$$E[\ln P(f,d|\theta)\mid d,\theta^{(t)}]=\sum_{f\in F}[\ln P(f,d|\theta)P(f|d,\theta^{(t)})] \qquad (2\text{-}123)$$

当 f 取连续值时,可通过计算后验概率密度函数求均值:

$$E[\ln P(f,d|\theta)\mid d,\theta^{(t)}]=\int_F[\ln P(f,d|\theta)]P(f|d,\theta^{(t)})\mathrm{d}f \qquad (2\text{-}124)$$

用 EM 算法进行 MRF 模型参数估计的主要困难是计算 $P(f|d,\theta^{(t)})$ 较复杂,这主要是由分离方程 $P(f|\theta)$ 评估造成的。

2.1.2.5 模型最优化算法

模型最优化即求全局最优解的过程,如果存在多个全局最小值,我们必须求其中的一个最优解。如果能量方程包含许多局部极小值,则必须找到全局最小值。求局部极小值的算法很成熟,然而,求全局最小值算法还不成熟。目前,还没有足够高效的算法像求解局部极小值那样保证找到全局最小值。

从分析的观点考虑,可以通过凸性分析方法研究局部和全局最小化问题。令 $E(f)$ 表示定义在 $F=R^n$ 上的真实方程,在 F 上,任何两个点 $x,y\in F$ 和任何值 $\lambda\in[0,1]$,如果 $E(f)$ 满足下列条件,则认为是凸的:

$$E[\lambda x+(1-\lambda)y]\leqslant\lambda E(x)+(1-\lambda)E(y) \qquad (2\text{-}125)$$

上式中,如果满足严格的不等于"<",则具有严格意义上的凸性。在 F 上,如果 $E(f)$ 是凸的,局部极小值就是全局最小值;如果 $E(f)$ 是严格凸的,则存在唯一的全局最小值。因此,如果 $E(f)$ 是凸的,可以利用梯度下降算法找到局部极小值,进而找到全局最小值。

全局最小值需要满足下列条件:① 找到所有的(明确数量的)局部极小值;② 证明再没有其他局部极小值。如此一来,如果没有高效的算法,就需要大量的搜索过程。

因此,我们面临两个选择:① 付出很大的代价找到确定的全局最小值;② 付出较小的代价找到一些近似值。

目前,主要采用两种方法来处理局部极小值问题:随机搜索和退火算法。

对于随机搜索方法,一个新的结构常常不一定使能量下降,偶尔出现能量增加也是允许的。一个结构发生的概率可定义为相对 $\mathrm{e}^{-E(f)/T}$ 的比例,T 是控制参数,称为温度。因此,较低的能量结构意味着产生的概率较大。

退火算法是利用有限的局部搜索方法克服存在局部极小值问题。在循环求最小值的过程中,将 Gibbs 分布中的温度参数从较高值向较低值逐渐减少来实现最小化。当取极端温度值时(一个很高温度值),能量方程是凸的和平滑的,因此很容易找到唯一的局部极小值;

当温度逐渐减少到足够低时,最小值就能够找到,该方法又称为连续法。连续法能够显著克服局部极小化问题,同时能够改善算法的质量。由于算法在一定范围内逐渐减少温度值,而且最终的温度值必须收敛,因此退火算法的缺点是需要花费大量的时间。

目前,存在两种退火算法:确定式退火算法和随机式退火算法。在 MRF 相关文献中,模拟退火算法和确定式逐渐非凸算法是常用的两种算法。其他确定式退火算法包括均值域退火算法和 Hopfield 网络算法等。

(1) 模拟退火算法

模拟退火(Simulated Annealing,SA)算法属于随机式退火算法。该算法模拟物理退火过程,在寻找一个低能量结构过程中,物理实体的温度从融化状态逐渐冷却。在结构空间 F 中,对于任何 f,其概率可表示为:

$$P_T(f) = [P(f)]^{1/T} \tag{2-126}$$

式中,$T>0$ 是温度参数。当 $T \to \infty$,在 F 上,$P_T(f)$ 服从统一分布;当 $T=1$ 时,$P_T(f) = P(f)$;当 $T \to 0$ 时,$P_T(f)$ 是 $P(f)$ 的极值点。

SA 算法过程如下:

初始化 T 和 f;

重复

　　当温度为 T 时,从 $N(f)$ 中随机采样 f;

　　降低温度 T;

直至 $T \to 0$;

输出 f。

SA 常用的采样算法包括 Metropolis 采样和 Gibbs 采样。初始化时,将温度值 T 设置很高,f 设置为一系列随机结构。对于一个固定的温度 T,通过 Gibbs 分布 $P_T(f) = e^{-E(f)/T} / \sum_f e^{-E(f)/T}$ 进行采样。T 以一定的间隔逐渐降低,直至采样收敛到一个平衡值为止。该过程一直持续到 T 接近于 0,即 $E(f)$ 的极小值点,也是系统的凝固点。

根据 SA 算法收敛理论,当温度下降序列满足:

$$\lim_{t \to \infty} T^{(t)} = 0 \tag{2-127}$$

$$T^{(t)} \geqslant \frac{m \times \Delta}{\ln(1+t)} \tag{2-128}$$

式中,$\Delta = \max_f E(f) - \min_f E(f)$。则无论初始化结构 $f^{(0)}$ 是什么,算法都会收敛于全局最小值。

由于式(2-128)运行得太慢。因此,在实际操作过程中,不得不采用快速运算过程。Geman 采用下列过程:

$$T^{(t)} = \frac{C}{\ln(1+t)} \tag{2-129}$$

针对不同的问题,C 可以设置为 0.3 或 0.4。Kirkpatrick 采用下列过程:

$$T^{(t)} = \kappa T^{(t-1)} \tag{2-130}$$

式中,κ 取 0.8~0.99 之间的一个值。

实际操作时,初始温度要设置得足够高,以便使所有结构变化都能够接受。对于每一个温度,要尝试足够多的结构,比如取点位数量的 10 倍或超过 100 倍。如果在 3 次连续的温度处都没有达到我们要求的可以接受的结构数量,则系统凝固,退火停止。

(2) 均值域退火算法

均值域退火算法是解决组合优化问题的一种方法。该算法被认为是结合退火过程的特殊 RL(Relaxation Labbling) 算法。令 $f = \{f_i(I) \in \{0,1\} \mid i \in S, I \in L\}$ 表示一个确定的类标分配,每一个 f_i 取下列矢量中的一个值 $(1,0,\cdots,0),(0,1,\cdots,0),\cdots,(0,0,\cdots,1)$。$U(f)$ 表示能量方程,当温度 $T>0$ 时,Gibbs 分布可以表示为:

$$P_T(f) = Z^{-1} e^{-\frac{1}{T}U(f)} \tag{2-131}$$

其中分离方程为:

$$Z = \sum_{f \in P} e^{-\frac{1}{T}U(f)} \tag{2-132}$$

该分布的统计均值可定义如下:

$$\langle f \rangle_T = \sum_f f_i P_T(f) = \sum_f f_i Z^{-1} e^{-\frac{1}{T}U(f)} \tag{2-133}$$

当 T 趋近 0 时,Gibbs 分布的均值达到全局最小 f^*,即

$$f^* = \lim_{T \to 0} \langle f \rangle_T = \lim_{T \to 0} \sum_f f P_T(f) \tag{2-134}$$

均值域退火算法不是直接最小化能量方程 $U(f)$,而是在相当高的温度时评价均值域 $\langle f \rangle_T$,随着温度降低至 0,从而利用连续方法找到全局最优解。

在均值域理论中,对分离方程的分析是核心内容,这是因为一旦利用分离方程计算了所有统计信息,系统就能够利用分离方程进行推理。对于分离方程的计算,均值域可采取如下策略:① 将离散空间表示为一对连续变量 p 和 q 的和,对于 $f, p = \{p_i(I) \in R \mid i \in S, I \in L\}$,$q = \{q_i(I) \in R \mid i \in S, I \in L\}$,二者具有相同的维数;② 在鞍部点处评估其积分函数。p 和 q 分别对应由式(2-135)和式(2-136)定义的类标分配函数和梯度函数。

$$P_i = \left\{ p_i(I) > 0 \mid I \in L, \sum_{I \in L} p_i(I) = 1 \right\} \tag{2-135}$$

$$q_i(I) = \frac{\partial G}{\partial p_i(I)} = r_i(I) + 2 \sum_{i' \in S} \sum_{I' \in L} r_{i,i'}(I,I') p_i(I') \tag{2-136}$$

f、p 和 q 是 $m \times M$ 阶矩阵。为了完成第(1)步,我们将方程 $g(f)$ 写成积分形式:

$$g(f) = \int_{D_R} g(p) \delta(f-p) dp \tag{2-137}$$

式中,δ 是 Dirac δ 方程,D_R 是 $|S| \times |L|$ 维的真实空间。Dirac δ 方程定义如下:

$$\delta(q) = C \int_{D_I} e^{p^T q} dp dq \tag{2-138}$$

式中,T 表示变换顺序参数,D_I 是 $|S| \times |L|$ 维的图像空间,C 是归一化常数。因此有:

$$g(f) = C \int_{D_R} \int_{D_I} g(p) e^{(f^T q - p^T q)} dp dq \tag{2-139}$$

利用上面计算公式,我们可以重新描述分离方程,将其表示为方程 $e^{-\frac{1}{T}U(p)}$ 的和:

$$Z = \sum_{f \in P^*} C \int_{D_R} \int_{D_I} e^{-\frac{1}{T}U(p)e^{(f^T q - p^T q)}} dp dq$$

$$= C \int_{D_R} \int_{D_I} e^{-\frac{1}{T}U(p)e^{(-p^T q)}} \left[\sum_{f \in P^*} e^{f^T q} \right] dp dq \tag{2-140}$$

上式中,积分式内的求和可以写为:

$$\sum_{f \in P^*} e^{f^T q} = \prod_{i \in S} \sum_{I \in L} e^{q_i(I)} \tag{2-141}$$

因此有：

$$Z = C \int_{D_R} \int_{D_I} e^{-\frac{1}{T} U_{eff}(p,q)} \, dp dq \tag{2-142}$$

其中：

$$U_{eff}(p,q) = U(p) + T p^T q - T \sum_{i \in S} \ln \sum_{I \in L} e^{q_i(I)} \tag{2-143}$$

上式称为效率能量方程。

上述对于分离方程 Z 的表示是确切的，但计算太复杂。可以用下列启发式描述进行近似计算：

$$Z \approx e^{-\frac{1}{T} U_{eff}(p^*,q^*)} \tag{2-144}$$

式中，(p^*, q^*) 表示 U_{eff} 的鞍部点。鞍部点位于等式的根部：

$$\nabla_p U_{eff}(p,q) = 0, \quad \nabla_q U_{eff}(p,q) = 0 \tag{2-145}$$

式中，∇_p 和 ∇_q 分别表示 p 和 q 的梯度。据此，均值域理论公式可以表示为：

$$q_i(I) = -\frac{1}{T} \frac{\partial U(p)}{\partial p_i(I)}, \quad p_i(I) = \frac{e^{q_i(I)}}{\sum_J e^{q_i(J)}} \tag{2-146}$$

式中，p 代表一个类标分配。

（3）基因遗传算法

基因遗传（Genetic Algorithm，GA）算法是利用推理进行全局寻优的算法。该算法受生物界自然进化理论的启发，那些具有最高适应能力的个体能够生存。

① 标准 GA 算法

GA 算法借鉴自然界生物进化中的优化过程。达尔文的进化论告诉我们，自然界中的生物通过自然选择、优胜劣汰的进化过程，逐渐从最简单的低级生物发展到今天的人类，这是"适者生存，不适者淘汰"过程的必然结果。那么"自然选择"这一法则能否用于解决科学研究中的各种搜索和优化问题呢？GA 正是从这一疑问出发开始被研究的。早在 1961 年，Bledso 提出将生物学中的一些概念和方法应用于系统分析研究中。1975 年，Holland 提出了 GA 的系统概念和方法，随后 GA 算法开始引起越来越多研究者的重视。

标准 GA 算法的过程如下：

初始化种群 $P = \{f^1, f^2, \cdots, f^n\}$；

计算 $E(f), \forall f \in P$；

重复

　　从 P 中选择 2 个个体；

　　重新组合个体产生 2 个后代；

　　计算后代的 $E(f)$；

　　利用后代更新 P；

直到收敛；

返回 $f = \arg \min_{f \in P} E(f)$。

初始化时，产生一定数量（如 $n = 50$）的个体，生成一个种群 P。每个个体由染色体 f 决定，染色体是由 m 个基因（类标）$f_i (i = 1, 2, \cdots, m)$ 组成的一个字符串。根据进化论，随机选择两个个体进行杂交。最适合的个体[$E(f)$较小的个体]被选择，$E(f)$越小，f越有可能被选中。

在两个被选择的个体之间重新组合时，常用的两个操作是杂交和变异。图 2-2 表示这两个基本的操作过程，在该过程中，一个基因可以任意选择一个值。

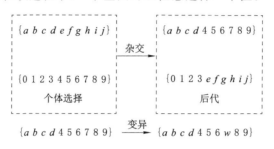

图 2-2　杂交和变异操作

最简单的杂交操作是随机选取一个截断点，将双亲的基因码链在截断点处切开，然后交换截断点处的后面几位。杂交的目的是产生新的基因组合，进而形成新的个体。另外，杂交也体现了自然界中信息交换的思想。经过杂交产生新一代群体，一般而言，新群体的平均素质和最优个体的素质比上一代要好。但是，需要强调的是杂交不一定总是发生，而是以一定的概率 p_c（取值在 0.6 和 1 之间）发生。如果不发生杂交，其后代仅仅是所选个体的简单复制。杂交之后，每一个个体发生变异，其以一个很小的概率（常取 0.001）随机选择基因。在 GA 操作过程中，会发生很多次选择和变异操作。

变异操作模拟生物在自然遗传环境中，由于各种偶然因素而引起的基因突变。变异的操作方法是：对于某个个体，随机选取其基因码链中的某一位，将该位的数码翻转。变异增加了基因的多样性，增加了自然选择的余地，在自然选择作用下，有利的变异将得以遗传和保留，有害的变异将逐渐被淘汰。

在进化过程中，将后代加入种群 P 中，将两个适应能力最差[$E(f)$值最大]的个体从种群 P 中剔除掉。以这样的方式继续进化，最优个体的适应能力和平均适应能力逐渐增加，直至全局最优。一个基因收敛的条件是种群中的 95% 的基因具有相同的值；种群收敛的条件是所有基因都收敛。

② 混合 GA 算法

GA 算法结合局部搜索称为混合 GA 算法，也称为改进基因遗传算法。此处，提出一个新的随机搜索方法，称为 Comb 方法。Comb 方法是将一定数量的局部极小值作为一个种群，利用普通局部极小值的结构表示全局最小值的结构。每次循环，将产生一个或两个新的基于最优局部极小值的原始结构。如果一个像素的两个局部极小值具有相同的类标，则在新结构中，该类标被复制到相应的位置；否则，从任意一个局部极小值中随机选择一个类标。于是结构将包含与两个局部极小值有几乎相同比例的普通类标（假设这两个局部极小值具有相同比例的普通类标）。由于得到的结构不再是局部极小值，因此具有进一步改进的可能。

Comb 方法等效于一个 GA 杂交最陡下降操作，Comb 方法的初始化操作类似于标准的杂交操作。Comb 方法将 N 个局部极小值作为一个种群，记为 $F = \{f^{[1]}, \cdots, f^{[N]}\}$。每次循环,采用最陡下降算法,从 F 中产生一个新的原始结构。在 F 中,局部极小值如果优于已经存在的结构,则代替后者。

理想状态下,我们希望在 F 中所有局部极小值都收敛于全局最小 $f^{[\text{global}]}$,在这种情况下,所有的 $i \in S$ 必须满足:

$$f_i^{[n]} = f_i^{[\text{global}]}, 1 \leqslant n \leqslant N \tag{2-147}$$

我们称 $f_i^{[\text{global}]}$ 为 i 点处的全局最小类标。为了满足式(2-147),i 点处的所有类标最终都应该收敛于全局最小类标 $f_i^{[\text{global}]}$。

下面的推理是产生新的原始结构的基础。尽管 $f^{[1]}, \cdots, f^{[N]}$ 是局部极小,但是它们会具有许多共同的结构满足全局最小 $f^{[\text{global}]}$。更为特殊的是,对许多 $i \in S$,一些局部极小 $f^{[n]}$ 就已满足全局最小,即 $f_i^{[n]} = f_i^{[\text{global}]}$。对 $N=10$ 的局部极小值进行统计,表 2-1 显示了点 $i \in S$ 满足至少 k 个局部极小 $f^{[n]}$(具有最小类标 $f_i^{[n]} = f_i^{[\text{global}]}$)百分比的统计值。

表 2-1　局部极小占最小类标百分比的统计表($N=10$)

k	0	2	3	4	5	6	7	8	9	10
%	100	98	95	75	60	43	28	16	7	2

Comb 初始化的目的是产生一个具有足够多最小化类标的结构,促使 F 满足式(2-147)。尽管一个具有大量最小类标的结构,没有必要具有较低的能量值,我们只是希望能够提供较好的初始状态。

Comb 方法操作过程如下:

　　Comb 初始化($f^{[a]}, f^{[b]}, F$)

　　开始

　　　　对于每一个 $i \in S$:

　　　　如果 $f_i^{[a]} \equiv f_i^{[b]}$ 且 rand$[0,1] < 1-\tau$

　　　　　　则 $f_i^{[0]} = f_i^{[a]}$;

　　　　否则

　　　　　　$f_i^{[0]} = $ rand(L);

　　结束

　　Comb 算法

　　开始

　　　　初始化 $F = \{f^{[1]}, \cdots, f^{[N]}\}$;

　　　　操作{

　　　　　　随机选择($f^{[a]}, f^{[b]}, F$);

　　　　　　Comb 初始化($f^{[0]}, f^{[a]}, f^{[b]}$);

　　　　　　最陡下降($f^*, f^{[0]}$);

　　　　　　更新(F, f^*);

　　　　　　　　}直至满足终止条件;

　　　　返回($\arg\min_{f \in F} E(f)$);

　　结束

　　如上所示,Comb 算法的初始化主要包括四步循环:第一步,在局部极小值 F 中随机选择 $f^{[a]}$ 和 $f^{[b]}(a \neq b)$;第二步,通过标准的 Comb 初始化,从 $f^{[a]}$ 和 $f^{[b]}$ 中产生新的初始结构;第三步,对 $f^{[0]}$ 通过最陡下降算法产生局部极小值 f^*;最后,利用局部极小值 f^* 更新 F,如果 $E(f^*) < \max_{f \in F} E(f)$,则用 f^* 代替最高能量结构 $\max\{f | f \in F\}$[即能量高于 $E(f^*)$]。如果 F 中所有结构都相同或者一定数量的局部极小值拥有相同的结构,则循环终止。算法返回到最优局部极小值(拥有最小的能量值)。

　　Comb 算法的核心是产生新的原始结构,其目的是使产生的 $f^{[0]}$ 中包含尽量多的较小类标。因为较小类标的先验知识未知,Comb 算法试图利用普通结构或普通类标代替较小类标,$f^{[a]}$ 和 $f^{[b]}$ 指的就是较小类标。如果 $f_i^{\text{comm}} = f_i^{[a]} = f_i^{[b]}$,我们把 f_i^{comm} 称为 $f^{[a]}$ 和 $f^{[b]}$ 的普通类标。如果 $f_i^{[a]} = f_i^{[b]}$,Comb 假设 f_i^{comm} 是一个较小类标。Comb 初始化问题描述如下:

　　① 基本 Comb 初始化。对于每一个 $i \in S$,如果 $f^{[a]}$ 和 $f^{[b]}$ 相同,设置 $f_i^{[0]} = f_i^{[a]}$;否则,$f_i^{[0]} = \text{rand}(L)$,表示从 L 中随机选取类标赋值给 $f_i^{[0]}$。

　　② 标准 Comb 初始化。以 $1 - \tau$ 概率接受基本 Comb 初始化结果,其中 $0 < \tau < 1$。设置普通类标接受概率的主要目的是阻止 F 过快地收敛到局部极小值。

　　在 $f^{[0]}$ 中有多少最小类标是从普通类标中复制得到的呢?在全局最小值已知的情况下,通过监督检验我们发现,$f^{[0]}$ 中的最小类标的比例仅仅比 $f^{[a]}$ 和 $f^{[b]}$ 中略低(低 $1.0\% \sim 2.0\%$)。亦即 $f^{[0]}$ 中的最小类标大致等于 $f^{[a]}$ 和 $f^{[b]}$ 中的最小类标。基于这种情况,不像 $f^{[a]}$ 和 $f^{[b]}$ 那样,$f^{[0]}$ 不再是局部极小值,因此 $f^{[0]}$ 有改进的空间,这使得从 $f^{[0]}$ 中获得更优的局部极小值成为可能。

　　在 Comb 算法中有两个参数:N 和 τ。随着 N 从 2 增加到 10,结果的质量在提高,但是随着 N 值的增大,结果几乎不再变化,并且较大的 N 值会增加运算负担。因此,我们选择 $N = 10$。当 $\tau = 0$ 时,算法迟早会收敛于唯一结构,并且在选择较小的 N 值时,收敛速度会很快。但是 $\tau = 0$ 会导致算法提前成熟,实验表明取 $\tau = 0.01$ 是较好的选择。

Comb-GA 算法过程如下:

Comb-GA 初始化$(f^{[a]}, f^{[b]}, F)$

开始

　　对于每一个 $i \in S$

　　　　/标准杂交操作/

　　　　如果$(f_i^{[a]} \equiv f_i^{[b]})$

　　　　　　则 $f_i^{[01]} = f_i^{[02]} = f_i^{[a]}$;

　　　　如果$(\text{rand}[0,1] < 0.5)$

　　　　　　$f_i^{[01]} = f_i^{[a]}, f_i^{[02]} = f_i^{[b]}$;

　　　　其他

　　　　　　$f_i^{[01]} = f_i^{[b]}, f_i^{[02]} = f_i^{[a]}$;

　　　　/变异操作/

　　　　如果$(\text{rand}[0,1] < \tau)$

　　　　　　$f_i^{[01]} = \text{rand}(L)$;

　　　　　　$f_i^{[02]} = \text{rand}(L)$;

　　结束

Comb-GA 算法

  开始

    初始化 $F = \{f^{[1]}, \cdots, f^{[N]}\}$；

    操作｛

      随机选择$(f^{[a]}, f^{[b]}, F)$；

      Comb-GA 初始化$(f^{[01]}, f^{[02]}, f^{[a]}, f^{[b]})$；

      最陡下降$(f^{*1}, f^{[01]})$；

      最陡下降$(f^{*2}, f^{[02]})$；

      更新(F, f^{*1}, f^{*2})；

      ｝直到终止条件；

    返回$(\arg\min_{f \in F} E(f))$；

  结束

  标准 Comb 初始化过程与 GA 中的杂交操作和接下来的变异操作相同。更确切的描述如下：

  ① 基本 Comb 初始化过程对应标准杂交操作；

  ② 标准 Comb 初始化中的接受概率对应变异操作。

  在 GA 中，两个后代 $f_i^{[01]}$ 和 $f_i^{[02]}$ 是杂交操作的结果。在标准杂交操作过程中，任何一个后代都以相同的概率被接受，即

  ① $f_i^{[01]} = f_i^{[a]}, f_i^{[02]} = f_i^{[b]}$；

  ② $f_i^{[01]} = f_i^{[b]}, f_i^{[02]} = f_i^{[a]}$。

  因此，如果 $f_i^{[a]} = f_i^{[b]}$，就如在 Comb 初始化中那样，必有 $f_i^{[01]} = f_i^{[02]} = f_i^{[a]}$。这主要是因为普通类标趋向于被复制到新的初始结构中；相反，非普通类标更趋向于杂交操作。

  由上面描述可知，Comb 算法和 GA 都通过局部极小的普通结构来实现。原始 Comb 算法和 Comb-GA 算法得到的相似结果可以说明：在 Comb-GA 算法中，当 $f_i^{[a]} \neq f_i^{[b]}$ 时，$f_i^{[01]}$ 和 $f_i^{[02]}$ 继承 $f_i^{[a]}$ 和 $f_i^{[b]}$ 的值，这相当于杂交操作。然而，设置 $f_i^{[01]}$ 和 $f_i^{[02]}$ 为随机类标 $rand(L)$（不需要继承 $f_i^{[a]}$ 和 $f_i^{[b]}$ 的值）会导致相似的结果。而且，不管是产生一个初始结构 $f_i^{[0]}$ 或是两个初始结构 $f_i^{[01]}$ 和 $f_i^{[02]}$，结果都一样。

  总之，Comb 算法是从最优的局部极小值中提供较优的初始结构，进而得到较好的结果。为了做到这些，算法利用局部极小值的普通结构表示全局最小值的类标。一个初始结构与得到的两个最小类标的数量相同，然而，它不再是一个局部极小值，而且它的质量由于系列局部极小化而得到改进，这使得产生更优的局部极小值成为可能，并且可以逐渐改善结果的质量。Comb 算法需要花费较多的计算时间，但比 SA 算法花费的时间少，这说明 Comb 算法能够为著名的全局最小化算法 SA 提供更优的选择。

  （4）局部最优化（ICM）算法

  由于最大化 MRF 模型的联合概率比较困难，我们可以采用一个条件循环模型（Iterated Conditional Models，ICM）算法来最大化局部条件概率。给定观测数据 d 和其他类标 $f_{S-\{i\}}^{(k)}$，ICM 算法通过最大化 $P(f_i | d, f_{S-\{i\}})$ 逐步更新 $f_i^{(k)}$ 到 $f_i^{(k+1)}$，其中 f_i 表示条件概率。

  计算 $P(f_i | d, f_{S-\{i\}})$ 时有两个假设：第一个假设是观测值 $d_1, d_2, \cdots, d_m$ 相对于 f 是有

条件的相互独立,并且每一个 d_i 具有相同的且仅仅依赖 f_i 的条件概率方程 $p(d_i|f_i)$,于是有:

$$p(d|f) = \prod_i p(d_i|f_i) \qquad (2\text{-}148)$$

第二个假设是 f 依赖于其邻域系统的类标,亦即具有马尔科夫特性。基于这两个假设,根据贝叶斯准则,可以得到下式:

$$P(f_i|d, f_{S-\langle i \rangle}) \propto p(d_i|f_i) P(f_i|f_{N_i}) \qquad (2\text{-}149)$$

很明显,最大化 $P(f_i|d, f_{N_i}^{(k)})$ 比最大化 $P(f|d)$ 简单,这就是 ICM 算法的思路。最大化式(2-149)等效于最小化相应的后验势函数,即

$$f_i^{(k+1)} \leftarrow \arg\min_{f_i} V(f_i|d_i, f_{N_i}^{(k)}) \qquad (2\text{-}150)$$

其中:

$$V(f_i|d_i, f_{N_i}^{(k)}) = \sum_{i' \in N_i} V(f_i|f_{i'}^{(k)}) + V(d_i|f_i) \qquad (2\text{-}151)$$

对于离散 L,$V(f_i|d_i, f_{N_i})$ 由每个 $f_i \in L$ 来评价,选择 $V(f_i|d_i, f_{N_i})$ 取值较小的类标作为 $f_i^{(k+1)}$ 的值。上式定义了 ICM 的更新循环过程,对每一个 i 进行循环,直至收敛。

ICM 算法的结果很大程度上依赖于初始估计 $f^{(0)}$。目前,还不知道如何设置 $f^{(0)}$ 以获得较好的结果。当已知噪声是独立分布的高斯噪声时,$f^{(0)}$ 的一个自然的选择是通过最大化似然估计得到的,即

$$f^{(0)} = \arg\max_f P(d|f) \qquad (2\text{-}152)$$

ICM 算法也可以应用于 f_i 是连续值的情况。

2.1.3 基于单 MRF 模型的 SAR 图像分割

SAR 图像的纹理特征作为一种区域特征描述,它表征了图像中的每个像素点与其周围像素点之间的相互依赖关系。MRF 模型被认为是最有效的利用图像局部空间相关性进行联合概率分布建模的工具。MRF 模型不但可以用于图像特征提取,而且可以在图像分割时建模。为此,提出基于 MRF 模型的 SAR 图像分割算法,该图像分割算法基于贝叶斯准则,综合利用各种图像特征,通过求 MRF 模型的后验概率最大值实现区域的类标分配。

目前,存在许多基于图像分割的 MRF 模型。Cohen 等提出利用双 MRF 模型进行图像分割。所谓双 MRF 模型就是利用高斯 MRF 模型对图像纹理进行建模,同时利用自动二进制 MRF 模型为图像区域局部几何关系纹理的先验信息进行建模。该模型假设图像纹理服从高斯 MRF(Gauss MRF,GMRF)分布,通过 GMRF 模型对纹理进行建模,实现图像分割。Geman 等通过限制优化准则构建联合 MRF 模型,实现图像分割。Panjwani 等利用成对 MRF 模型进行图像分割。上述方法进行图像分割时,过分依赖基于纹理的 MRF 模型参数估计,但是由于纹理的多样性和不稳定性,如果不能够利用 MRF 模型对图像纹理进行建模,上述算法分割效果就并不理想。

提出了利用不同类型图像特征的单 MRF 模型进行图像分割。该单 MRF 模型包含两部分:区域类标部分和图像特征模型部分。区域类标部分将均质限制条件加入图像分割过程中,图像特征模型部分的作用是为了拟合特征数据,并且为这两部分设置权重参数。在这两个部分中,如果能够利用训练数据估计模型参数,该模型是有效的。但是,在实际操作时,

往往是在非监督环境下进行图像分割,也就是说无训练数据,在无人为参与情况下进行模型参数估计,在这样的非监督环境下,上述模型无法实现分割。

出现上述问题的根本原因是不知道两个部分之间如何产生相互作用。用概率分布来表示两个部分,并且可利用两个概率分布来表示两部分之间的相互关系。一部分通过方程限制,另一部分通过给这两个部分分配权重因子(概率的影响力或能量方程的权重),以决定这两个部分对整个系统的贡献权重。如果将权重设置为常量,将出现三种不同的分割结果:如果常量权重使图像区域类标部分占主导地位,那么参数的估计值会大大偏离真实特征数据;如果常量权重使特征模型部分占主导地位,那么在最后的分割结果中,空间关系将被忽视;如果通过选择一个合适的常量权重在两个部分之间找到平衡,那么参数估计不是全局最优,而是局部最优。上述 3 种情况将产生不精确的分割结果。

提出了通过选择一个变化权重参数使这两个部分结合起来的新算法。该变化权重参数将作为全局优化参数的近似训练方程,使两个部分之间达到平衡。

2.1.3.1 分割模型

(1) MRF 模型基础

首先定义有关 MRF 模型的一些基本概念。

定义 $S=\{s=(i,j)\,|\,1\leqslant i\leqslant H, 1\leqslant j\leqslant W, i,j,H,W\in I\}$ 为图像格网上一系列的点,H 和 W 分别表示图像的长度和宽度。在二维格网 S 上,像素值 $x=\{x_s\,|\,s\in S\}$ 是随机变量 $X=\{X_s\,|\,s\in S\}$ 的一个实现。

定义 1:邻域系统 $N=\{N_s,s\in S\}$ 是 S 子集的集合,如果满足 $s\notin N_s, r\in N_s\Leftrightarrow s\in N_r$,则 N_s 是 s 的邻域系统。

定义 2:n 阶邻域系统被定义为 $N_s^n=\{s+r\,|\,s+r\in N_s, |r|^2\leqslant F[n]\}$,其中,$|r|$ 表示点 s 和 $s+r$ 间的欧几里得距离,$F[n]$ 表示所有可能集合中的一个成员,其被定义为 $F=\{F[n]\,|\,F[n]=i^2+j^2; i,j\in I, i+j>0, F[k]>F[l], \text{if } k>l>0\}$。

定义 3:集簇 c 是 S 的一个子集,表示每对点互为邻域。

定义 4:将邻域系统 N_s 的一个集簇 C 表示为 $C=\{c\,|\,c\subset N_s\}$。

定义 5:随机场 X 是马尔科夫随机场(MRF),其邻域系统 $N=\{N_s,s\in S\}$,需满足下列条件:

① 对于所有的 $x\in\Omega_X, P(X=x)>0$,其中,Ω_X 表示 S 上所有可能的 x;

② $P(X_s=x_s\,|\,X_r=x_r, r\neq s)=P(X_s=x_s\,|\,X_r=x_r, r\in N_s)$。

定义 6:X 是 Gibbs 随机场(GRF),其邻域系统为 $N=\{N_s,s\in S\}$,满足下式:

$$P(X=x)=\frac{1}{Z}\exp\left[-\frac{1}{T}U(x)\right] \tag{2-153}$$

式中,$Z=\sum_{x\in\Omega}\exp[-(1/T)U(x)]$ 是归一化常量;T 是温度参数;$U(x)$ 是能量方程,可以表示为 $U(x)=\sum_{c\in S}V_c(x)$,其中,$V_c(x)$ 是势函数。

理论:一个随机场 X 是 GRF,其邻域系统为 $N=\{N_s,s\in S\}$,如果 X 是 MRF,则其邻域系统为 $N=\{N_s,s\in S\}$。该理论表明,可以利用描述图像全局特征的 GRF 表示描述图像局部特征的 MRF。

(2) 基于图像分割的单 MRF 模型

设 $F＝f$ 表示图像($X＝x$)的特征矢量,其中,F 表示一个随机变量,f 是 F 的一个实现。$Y＝y$ 表示基于特征矢量 $F＝f$ 的一个分割结果。

根据贝叶斯准则,图像分割问题可以用下列公式表示:

$$P(Y=y \mid F=f) = \frac{P(F=f \mid Y=y)P(Y=y)}{P(F=f)} \qquad (2\text{-}154)$$

式中,$P(Y＝y \mid F＝f)$ 是 $Y＝y$ 相对 $F＝f$ 的后验概率,$P(F＝f \mid Y＝y)$ 表示 $F＝f$ 相对 $Y＝y$ 的条件概率,$P(Y＝y)$ 表示 $Y＝y$ 的先验概率,$P(F＝f)$ 表示 $Y＝y$ 的概率分布。

另外,基于图像分割的单 MRF 模型有两个假设:第一个假设,相对于 $Y＝y$,每一个分割区域的 $F＝f$ 是相互独立的(条件独立)。假设图像有 K 个分割区域,对应于 K 个特征矢量 $f=\{f^k \mid k=1,2,\cdots,K\}$,则式(2-154)可以表示为:

$$P(Y=y \mid F=f) = \frac{\prod_{k=1}^{K}\left[p(f^k \mid Y=y)\right]P(Y=y)}{P(F=f)} \qquad (2\text{-}155)$$

式中,$p(f^k \mid Y＝y)$ 表示特征矢量 f^k 相对于分割结果 $Y＝y$ 的概率分布。

由于 $F＝f$ 已知,$P(F＝f)$ 对于任何结果都是不变的,因此可以不予考虑,仅仅在求解 $P(Y＝y \mid F＝f)$ 的最大值时才考虑相关概率。$P(Y＝y)$ 用于描述区域类标分布,基于 MRF 的分割模型常常采用多层次逻辑(Multilevel Legical,MLL)模型进行类标分布建模。对图像分割而言,一般选择二阶点对 MLL 模型,并且所有非点对集簇的势函数可定义为 0(Li,2001)。点对 MLL 模型的能量方程定义如下:

$$E_R(y) = \sum_s \left[\beta \sum_{t \in N_s} \delta(y_s, y_t)\right] \qquad (2\text{-}156)$$

如果 $y_s＝y_t$,则 $\delta(y_s, y_t)＝-1$;如果 $y_s \neq y_t$,则 $\delta(y_s, y_t)＝1$,β 是一个常量,用于表示一个先验。对于 GRF,通过选择区域类标的点对 MLL 模型,式(2-154)中 $P(Y＝y)$ 可以表示为:

$$P(Y=y) = \frac{1}{Z_R}\exp\left[-\frac{1}{T}E_R(y)\right] \qquad (2\text{-}157)$$

式中,$Z_R = \sum_{y \in \Omega_Y} \dfrac{1}{Z_R}\exp\left[-\dfrac{1}{T}E_R(y)\right]$ 是归一化常量。

现在只有 $p(f^k \mid Y＝y)$ 是未知的。由于在设计特征选择方法时假设一个类中所有像素的特征都是一样的,因此通常假定一个类别的特征数据服从统一分布。即使特征数据不服从高斯分布,我们也可以利用高斯分布近似表示,据此,书中的第二个假设是特征数据服从均值为 μ_m^k、方差为 $\sigma_m^{k^2}$ 的高斯分布。于是有:

$$p(f_s^k \mid Y_s=m) = \frac{1}{\sqrt{2\pi\sigma_m^{k^2}}}\exp\left[-\frac{(f_s^k-\mu_m^k)^2}{2\sigma_m^{k^2}}\right] \qquad (2\text{-}158)$$

式中,μ_m^k 和 $\sigma_m^{k^2}$ 分别表示第 m 个类第 k 个特征的均值和方差。

所有 $p(f_s^k \mid Y_s＝m)$ 的计算结果描述了一幅图像的特征。特征模型的能量方程为:

$$E_F = \sum_{s,m=Y_s}\left\{\sum_{k=1}^{K}\left[\frac{(f_s^k-\mu_m^k)^2}{2(\sigma_m^k)^2} + \log(\sqrt{2\pi}\sigma_m^k)\right]\right\} \qquad (2\text{-}159)$$

于是,$P(Y＝y \mid F＝f)$ 的能量方程可以表示为:

$$E = E_R + \alpha E_F \qquad (2\text{-}160)$$

式中,α 是权重参数,决定着 E_R 和 E_F 对整个能量 E 的贡献权重。

于是 $P(Y=y \mid F=f)$ 的 Gibbs 形式可以表示为 $P(Y=y \mid F=f)=\dfrac{1}{Z}\exp\left[-\dfrac{1}{T}E\right]$，

式中 $Z=\sum_{\Omega_Y}\exp\left[\left(-\dfrac{1}{T}\right)E\right]$。

2.1.3.2　分割算法与实现

（1）最大后验概率（MAP）准则和模拟退火（SA）算法

应用 MRF 模型实现图像分割的一个很重要准则是最大后验概率（MAP）准则。根据 MAP 准则，式(2-154)可以表示成如下任何一种形式：

$$y^*=\arg\max_{y\in\Omega_Y}P(Y=y \mid F=f)=\arg\max_{y\in\Omega_Y}\frac{1}{Z}\exp\left[-\frac{1}{Z}E\right]=\arg\min_{y\in\Omega_Y}E \qquad (2\text{-}161)$$

式(2-101)表明，最大化后验概率或 Gibbs 分布等同于最小化模型的能量方程。

如果能量方程是凸的，很容易利用优化算法求能量方程的全局最小值。然而，大部分情况下能量方程是非凸的，只能求局部最小值。分割操作时，将 Gibbs 和 Metropolis 采样方法应用于 MAP 准则，应用退火算法进行 Gibbs 采样或 Metropolis 采样，这样可以保证收敛到全局最小值。

利用退火算法进行 Gibbs 采样或 Metropolis 采样时，要达到收敛，需满足下列条件：不限制时间对 Gibbs 或 Metropolis 采样器进行循环处理；降低温度值使其满足条件 $T(t)\geq N\Delta/\log(t+1)$，且 $t\geq1$，其中，N 表示图像的大小，Δ 表示最大能量和最小能量之差的一个范数。不幸的是由于下列原因，实际应用时上述退火理论很少被应用：① Δ 其实不可能计算出来；② 要下降到足够的温度范围需要很多次循环。

基于此，学者们开始研究快速退火算法，最常用的是快速模拟退火算法，该算法是由 Geman 提出的对数算法(Geman，1990)，表示如下：

$$T(t)=\frac{C}{\log(t+1)} \qquad (2\text{-}162)$$

式中，C 是一个常量，$t\geq1$。大量应用表明，对数算法能够利用有限的循环得到较优的结果。可以将对数算法应用于单 MRF 模型进行图像分割。

（2）模型参数估计

现在需要估计 4 个模型参数，分别是式(2-156)中的参数 β、式(2-160)中的参数 α、以及参数 μ 和 σ。对于每个类别，需要训练数据才能估计参数 μ 和 σ。然而，在非监督环境下，训练数据无法得到。本书采用 EM 算法估计参数 μ 和 σ。对于式(2-160)表示的单 MRF 模型，EM 算法的操作步骤如下：

① 随机初始化分割图像；

② E 步：根据分割图像的特征值 $F=f$ 估计 μ 和 σ，计算方法如式(2-163)所示。

$$\mu_m^k=\frac{1}{N}\sum_{S,Y_s=m}f_s^k,\quad \sigma_m^k=\left[\frac{1}{N-1}\sum_{s,Y_s=m}(f_s^k-\mu_m^k)^2\right]^{\frac{1}{2}} \qquad (2\text{-}163)$$

③ M 步：基于 E 步中的 μ 和 σ 的估计值，利用 Metropolis 采样和 SA 算法，利用最小化关系[式(2-160)]可得到更精确的分割结果。

④ 重复上述步骤，直到满足条件为止。

现在的问题是，在 EM 算法中没有相近的解决办法估计参数 β 和 α。一个常用的解决方法是，在进行 EM 算法前，预先根据经验给它们分配一个值。对于参数 β 和 α，以相同的方式给对应的能量方程分配权重值,并且其中一个值固定不变。此时,固定 β 的值为 1,对 α 的值进行调整。当参数 α 被设置为常数时,会出现下列 3 种分割结果:

a. 如果常量参数使区域类标部分占主导地位,参数 μ 和 σ 的估计值会偏离特征数据很远,导致分割结果不连续。而且对于相同的分割任务,由于缺乏特征数据,会得到不同的分割结果。

b. 如果常量参数使特征模型部分占主导地位,在最终的分割结果中,空间关系信息将被忽略。例如设置 $\beta=0,\alpha\neq0$,即 MRF 模型中仅仅包含特征模型部分,这样将不能产生分割结果。

c. 如果两个参数选择合适的常量值,使两部分达到平衡,参数估计常常是局部最优而不是全局最优。

出现上述情况的根本原因是由于空间均质性受区域类标部分的限制,基于图像分割的单 MRF 模型很容易陷入局部最大,结果导致特征模型部分无法从全局参数(如每一类的 μ 和 σ)中得到。

为了解决这个问题,本书在非监督分割过程中,将权重参数 α 设置成变化的量。在分割过程中,权重值设置为变化的,不但可以得到特征模型部分的全局参数,而且可以增强类标分布的空间均质性限制作用。基于这样的目的,在退火过程中,将参数 α 设置为变化的。本书采用下列方程设置变化权重参数 α:

$$\alpha(t)=c_1 0.9^t+c_2 \qquad (2\text{-}164)$$

式中,c_1 和 c_2 是常量。一系列实验证明,大部分情况下取 $c_1=80,c_2=1/K$(K 表示分割时图像的特征数量),从而得到理想的分割结果。对于上述方程,如果 $\alpha(t)$ 取较大值,对于单 MRF 模型,特征模型部分占主导地位,这样就可以得到模型的全局参数;当 $\alpha(t)$ 接近 c_2 时,特征模型部分与区域类标部分相互影响,从而决定分割结果。

于是,单 MRF 模型的能量方程可以改写为:

$$E=E_R+\alpha(t)E_F \qquad (2\text{-}165)$$

通过最小化式(2-165)所示的能量方程,就能够得到最终的图像分割结果。

2.1.4 基于多尺度 MRF 模型的 SAR 图像分割

SAR 图像的纹理丰富,并且各纹理层次之间存在一定的关联,在单一分辨率下,要想得到满意的分割精度和理想的分割效果,必须引入高阶邻域系统,但这样的计算量很大。因此把多尺度分析思想引入 MRF 模型,为解决邻域像素间的局部相关性以及提高分割效率、优化分割效果提供新的思路,这就是基于多尺度 MRF(Multi-scale MRF,MSMRF)模型的图像分割算法。

MSMRF 模型由一系列从粗尺度到细尺度的随机场组成。假设每个随机场仅仅依赖前一个较粗尺度的随机场,这一系列随机场就形成一个马尔科夫随机链。多尺度马尔科夫随机场较固定尺度的 MRF 存在许多优点:首先,它消除了 MRF 中难以处理的常量问题;其次,由于马尔科夫链是基于尺度间的,这种模型不强加给像素一个非自然的空间排序;最后,可以直接调节参数来控制模型的粗细尺度,所以其可以更精确地描述图像特征。

(1) MSMRF 模型

MSMRF 模型由一系列在不同尺度上的 MRF 模型组成。图 2-3 显示的是 MSMRF 的金字塔结构。在每一个尺度 n 上,利用随机场 $X^{(n)}$ 进行分割,$S^{(n)}$ 表示二维网格点。其中,$X^{(0)}$ 代表最细尺度上的随机场,其中的一点对应图像中的一个像素。

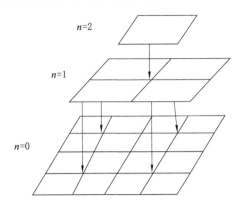

图 2-3　MSMRF 的金字塔结构

假设 MSMRF 从粗尺度到细尺度的随机场构成一个马尔科夫链,因为 $X^{(n+1)}$ 包含了前面较粗尺度的相关信息,所以在给出所有较粗尺度的情况下,$X^{(n)}$ 的分布仅仅依赖于相邻尺度 $X^{(n+1)}$。该马尔科夫链可以表示为:

$$P(X^{(n)} = x^{(n)} \mid X^{(l)} = x^{(l)}, l > n) = P(X^{(n)} = x^{(n)} \mid X^{(n+1)} = x^{(n+1)})$$
$$= P_{x^{(n)} \mid x^{(n+1)}}(x^{(n)} \mid x^{(n+1)}) \tag{2-166}$$

于是,相应的有:

$$P(Y \in \mathrm{d}y \mid X^{(n)}, n > 0) = P(Y \in \mathrm{d}y \mid X^{(0)}) = P_{y \mid x^{(0)}}(y \mid x^{(0)}) \tag{2-167}$$

X 和 Y 的联合分布可以表示为:

$$P(Y \in \mathrm{d}y, X = x) = P_{y \mid x^{(0)}}(y \mid x^{(0)}) \left\{ \prod_{n=0}^{L-1} P_{x^{(n)} \mid x^{(n+1)}}(x^{(n)} \mid x^{(n+1)}) \right\} P_{x}(L)(x^{(L)}) \tag{2-168}$$

式中,L 表示随机场 X 中的最粗尺度。这种尺度间的马尔科夫随机场结构具有与 MRF 相同的特性,而且这种尺度间的相互依赖关系,导出了一种非迭代的分割算法和一种直接的参数估计方法。

由于随机场 $X^{(n)}$ 形成一个马尔科夫链,所以可以在尺度 n 间递归进行这种估计。假设对于 $i > n$,已计算出 $\hat{x}^{(i)}$,则可以利用该结果计算 $\hat{x}^{(n)}$。这种递归计算方法如下式所示:

$$\hat{x}^{(L)} = \arg\max_{x^{(L)}} \log P_{x^{(L)} \mid y}(x^{(L)} \mid y) \tag{2-169}$$

$$\hat{x}^{(n)} = \arg\max_{x^{(n)}} \log P_{x^{(n)} \mid x^{(n+1)}, y}(x^{(n)} \mid \hat{x}^{(n+1)}, y) \tag{2-170}$$

利用 MAP 准则,通过递归计算,初始化给定数据的最粗尺度随机场。在给定图像 y 和 $\hat{x}^{(n+1)}$ 的条件下,通过计算 $X^{(n)}$ 的 MAP 估计得到每一较细尺度 n 上的分割。根据贝叶斯准则以及随机场 X 的马尔科夫特性,并且假设 $X^{(L)}$ 服从均匀分布,则递归估计可以简化为下列形式:

$$\hat{x}^{(L)} = \arg\max_{x^{(L)}} \log P_{y \mid x^{(L)}}(y \mid x^{(L)}) \tag{2-171}$$

$$\hat{x}^{(n)} = \arg\max_{x^{(n)}} \{ \log P_{y \mid x^{(n)}}(y \mid x^{(n)}) + \log P_{x^{(n)} \mid x^{(n+1)}}(x^{(n)} \mid \hat{x}^{(n+1)}) \} \tag{2-172}$$

MSMRF 具有下列性质：

① 尺度间具有马尔科夫特性。随机场从上到下形成马尔科夫链,可表示为：

$$P(x^i \mid x^{i-1} x^{i-2} \cdots i^0) = P(x^i \mid x^{i-1}), i \in \{1, 2, \cdots, n\} \tag{2-173}$$

式中,上标表示尺度的层次,x^0 表示最粗尺度。该公式表明 X^i 的分布仅仅依赖于 X^{i-1},与其他更粗尺度无关,这是因为 X^{i-1} 已经包含了其上层所有尺度的信息。

② 随机场中的像素具有条件独立性。若 X^i 中像素的父节点已知,则 X^i 中的像素彼此独立,即

$$P(x^i \mid x^{i-1}) = \prod_{s \in S^i} P(x_s \mid x_{p(s)}), i \in \{1, 2, \cdots, n\} \tag{2-174}$$

该性质使我们在图像处理时,不必考虑尺度内相邻像素间的关系,而应研究尺度间相邻像素间的关系。

③ 设在给定 X^n 的情况下,Y 中的像素彼此独立,即

$$P(y \mid x^{(n)}) = \prod_{s \in S^n} P(y_s \mid x_s) \tag{2-175}$$

④ 可分离性。对任一结点 $x_s, s \in S^0, S^1, \cdots, S^{n-1}$,若给定 x_s,则以其各子结点为根的子树所对应的变量相互对立。设 s 的子结点为 $t_i (i = \{1, 2, 3, 4\})$,用 v_{t_i} 代表其子树所对应的变量,则该性质可以表示为：

$$P(v_{t_1}, v_{t_2}, v_{t_3}, v_{t_4} \mid x_s) = \prod_{i=1}^{4} P(v_{t_i} \mid x_s) \tag{2-176}$$

根据贝叶斯准则和上述性质,X, Y 的联合概率分布可以表示为：

$$P(x, y) = P(x^0) \prod_{s \in S^n} P(y_s \mid x_s) \prod_{i=1}^{n} P(x^i \mid x^{i-1}) \tag{2-177}$$

（2）基于 MSMRF 模型图像分割与算法

设图像对应的随机场为 Y,它是一个二维格网系统,对于灰度图像来说,Y 的取值为 $y \in \Omega, Y = (y_i)_{i=1}^N$,$N$ 表示图像大小。算法的目的是将 Y 分割成具有各自统计特征的 M 个不同的类,且假设类别数已知。X 是不可观测随机场,X 中的任一变量的取值为 $x \in \Lambda, \Lambda = \{1, 2, \cdots, M\}$,并且 X 是多层随机场,记为 $X^0, X^1, \cdots, X^n$。X^0 位于最上层,只有一个结点,对应最粗尺度,最下层 X^n 对应最细尺度,X^n 中每一个结点的值代表 Y 中对应像素所属类别的标号。X^i 位于格网 S^i 中,X^i 中的一个结点对应 X^{i+1} 中的四个结点,即每一层的结点数是上一层结点数的四倍,这样形成了四叉树结构,如图 2-4 所示。

在图 2-4 中,任一结点 $x_s, x_s \in S^1, S^2, \cdots, S^{n-1}$ 都有一个父结点和四个子结点,分别记为 $x_{p(s)}, x_{c(s)}$,上一层结点 x_s 在下一层中有四个子结点,这样随机场 X 自上而下的分辨率逐渐增加。最上层的一个结点没有父结点,称为根结点,最下层的结点没有子结点,称为叶子结点。

利用贝叶斯准则进行图像分割时,优化方法如下：

$$\hat{x} = \arg \min_x E[C(X, x) \mid Y = y] \tag{2-178}$$

式中,$C(X, x)$ 为代价函数,表示真实类标为 X 而实际分割结果为 x 的代价。当图像 y 已知时,通过最小化代价函数的期望值,可以得到最后的分割结果。当然代价函数不同,会得到不同的估计器,当代价函数 $C(X, x) = 1 - \delta(X, x) [X = x, \delta(X, x) = 1,$ 否则 $\delta(X, x) = 0]$ 时,得到最大后验概率估计器（MAP）：

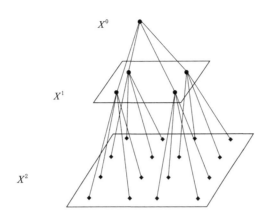

图 2-4　MSMRF 的四叉树结构

$$\hat{x} = \arg \max_{x} P(x \mid y) \tag{2-179}$$

它意味着只要 X 和 x 在一个像素处不同，其代价就是 1。当代价函数为 $C(X,x) = \sum_s \delta(X_s, x_s)$ 时，得到最大后验边缘估计器（MPM）：

$$\hat{x}_s = \arg \max_{x_s} P(x_s \mid y) \tag{2-180}$$

采用 MPM 估计器进行图像分割。对 MRF 模型来说，由联合概率 $P(x,y)$ 求后验边缘概率比较困难，当采用逼近方法时，收敛速度又比较慢。我们利用分层模型的马尔科夫特性，采用类似马尔科夫链的算法，对层次的上下方进行两部分扫描求后验边缘概率，从而得到非迭代算法。

用 $d(s)$ 表示以 s 为根的子树的叶子结点。根据贝叶斯公式及分层模型的性质，后验边缘概率可以分解为：

$$P(x_s \mid y) = \sum_{x_{p(s)}} P(x_s \mid x_{p(s)}, y) P(x_{p(s)}) = \sum_{x_{p(s)}} P(x_s \mid x_{p(s)}, y_{d(s)}) P(x_{p(s)} \mid y)$$

$$= \sum_{x_{p(s)}} \frac{P(x_s, x_{p(s)} \mid y_{d(s)})}{\sum_{x_s} P(x_s, x_{p(s)} \mid y_{d(s)})} P(x_{p(s)} \mid y) \quad s \in S^1, S^2, \cdots, S^n \tag{2-181}$$

由上述递推公式可知，任一 x_s 的后验边缘概率依赖于其父结点的后验边缘概率和父子部分的后验概率，因此若能求出最上层的后验边缘概率，以及各父子结点部分的后验概率 $P(x_s, x_{p(s)} \mid y_{d(s)})$，则可以逐层推出后验边缘概率。父子部分的后验概率表示如下：

$$P(x_s, x_{p(s)} \mid y_{d(s)}) = P(x_{p(s)} \mid x_s) P(x_s \mid y_{d(s)})$$

$$\propto P(x_s \mid x_{p(s)}) P(y_{d(s)} \mid x_s) P(x_{p(s)}) \tag{2-182}$$

如果最上层结点的先验概率 $P(x^0)$ 服从均匀分布，则其他层的先验概率 $P(x_s) = \sum_{x_{p(s)}} P(x_s \mid x_{p(s)}) P(x_{p(s)}) = P(x_{p(s)})$ 也服从均匀分布，则父子部分的后验概率可以进一步简化为：

$$P(x_s, x_{p(s)} \mid y_{d(s)}) = P(y_{d(s)} \mid x_s) P(x_s \mid x_{p(s)}) \tag{2-183}$$

根据模型的可分离性，式(2-183)中部分数据的似然函数 $P(y_{d(s)} \mid x_s)$ 可以通过自下而上的递归计算得到，即

$$P(y_{d(s)}|x_s) = \sum_{x_{c(s)}} P(y_{d(s)}|x_{c(s)}, x_s) P(x_{c(s)}|x_s)$$

$$= \prod_{t \in c(s)} \sum_{x_t} P(y_{d(t)}|x_t) P(x_t|x_s) \tag{2-184}$$

利用式(2-181)至式(2-184)对层次模型进行两步扫描来求后验边缘概率。首先依据式(2-182)至(2-184)自下而上逐层传递计算 $P(y_{d(s)}|x_s)$ 和 $P(x_s, x_{p(s)}|y_{d(s)})$；然后自上而下依据式(2-181)计算 $P(x_s|y)$。完整四叉树模型的 MPM 算法步骤如下：

① 自下而上的传递计算

a. 初始化：对于 $s \in S^n$，计算 $P(y_{d(s)}|x_s) = P(y_s|x_s)$；

b. 递归计算：求其他层部分数据的似然函数和父子部分的后验概率

对于 $s \in S^{n-1}, \cdots, S^0$，根据式(2-124)计算 $P(y_{d(s)}|x_s)$；

对于 $s \in S^{n-1}, \cdots, S^1$，根据式(2-123)计算 $P(x_s, x_{p(s)}|y_{d(s)})$。

② 自上而下计算后验边缘概率，并利用 MPM 估计得到分割结果

a. 初始化：对于 $s \in S^0$，计算最上层的后验边缘概率

$$P(x_s|y) \propto P(y|x_s)P(x_s) = P(y_{d(s)}|x_s)P(x_s) \tag{2-185}$$

b. 递归计算其他各层的后验边缘概率，对于 $s \in S^1, \cdots, S^n$，根据式(2-181)计算 $P(x_s|y)$；

c. 根据后验边缘概率，利用 MPM 估计器，得到最终分割结果：$\hat{x}_s = \arg\max_{x_s} P(x_s|y)$。

假设数据服从高斯分布，则该模型参数为 $\theta = \{P(x^0), P(x^i|x^{i-1}), \mu_k, \sigma_k^2\}$，其中，$P(x^0)$ 为根结点的先验概率。如果根结点不服从均匀分布，则可以根据式(2-186)自上而下求出各层的先验概率。$P(x^i|x^{i-1})$ 为各层间的父子转换概率，μ_k、σ_k^2 为各类的均值和方差，$k = \{1, 2, \cdots, M\}$。

$$P(x_s) = \sum_{x_{p(s)}} P(x_s|x_{p(s)})P(x_{p(s)}) \tag{2-186}$$

③ 参数估计

为了实现图像分割，首先应该估计模型参数 θ。如果已有分割好的图像，则可以用来训练模型参数。但是在实际操作时，往往只有一幅观测图像，需要根据该幅图像估计模型参数，然后利用估计好的参数实现图像分割，即所谓的非监督分割。

参数估计的目的是求满足 $\ln P(y|\theta)$ 最大的参数 θ。由于观测值 y 是已知的，类别标号 x 是未知的，该情况下的数据称为不完全数据。根据不完全数据估计参数时，由于不完全数据的似然函数难以计算，常常用联合数据的似然期望值 $E[\ln P(x, y|\theta)]$ 代替 $\ln P(y|\theta)$。通过设置参数的初始值，利用交替过程同时估计 x 和 θ，即根据当前的参数，估计 x；根据估计的 x，由完全数据 (x, y) 更新参数 θ。

基于上述交替操作过程，将标准的 ML 参数估计算法扩展到 EM 算法，其参数估计操作步骤如下：

a. 初始化参数 θ^t，其中 $t = 1$；

b. E 步：根据当前参数 θ^t，计算联合数据似然函数的期望值 $E[\ln P(x, y|\theta)|y, \theta^t]$；

c. M 步：求满足期望值最大的参数 $\theta = \arg\max_{\theta} E[\ln P(x, y|\theta)|y, \theta^t]$，得到更新后的参数为 θ^{t+1}；

d. 若算法收敛，则停止，否则令 $t+1 \to t$，转到 E 步。

对于 MSMRF 模型的 EM 参数估计算法,根据下列公式计算联合数据似然函数的期望值:

$$E[\ln P(x,y|\theta)|y,\theta^t]$$

$$= \sum_{x \in \Lambda} P(x|y,\theta^t)\ln\left[P(x^0|\theta)\prod_{s \in S^n}P(y_s|x_s,\theta)\prod_{i=1}^{n}P(x^i|x^{i-1},\theta)\right]$$

$$= \sum_{i \in \Lambda}\ln P(x^0=i|\theta)P(x^0=i|y,\theta^t) + \sum_{s \in S^n}\sum_{i \in \Lambda}\ln P(y_s|x_s=i,\theta)P(x_s=i|y,\theta^t) +$$

$$\sum_{i,j \in \Lambda^2}\sum_{s \in S^1,\cdots,S^n}\ln P(x_s=j|x_{p(s)}=i,\theta)P(x_s=j,x_{p(s)}=i|y,\theta^t) \qquad (2\text{-}187)$$

利用树状多分辨率 MPM 算法可以求后验边缘概率和各父子结点部分的后验概率,父子结点的后验概率为 $P(x_s,x_{p(s)}|y) = \dfrac{P(x_s,x_{p(s)}|y_{d(s)})}{\sum\limits_{s \in S^n}P(x_s,x_{p(s)}|y_{d(s)})}P(x_{p(s)}|y)$。对于非因果的 MRF 模型,要通过逼近的方法才能求 E 步。本书采用向上、向下两步扫描算法就可以精确求解,且速度比逼近算法快。所以在 E 步中,可以利用树状 MPM 算法求式(2-187)所示的期望值。

在 M 步中,采用拉格朗日乘子算法求条件极值,约束条件如下:

a. $\forall i \in \Lambda, \sum\limits_{j \in \Lambda}P(x_s=j|x_{p(s)}=i)=1$

b. $\sum\limits_{i \in \Lambda}P(x^0=i)=1$

c. $\forall i \in \Lambda, \sum\limits_{l \in \Omega}P(y_s=l|x_s=i)=1$

通过最大化 $E[\ln P(x,y|\theta)|y,\theta^k]$,可得到更新后的参数值:

$$P(x^0=i)=P(x^0=i|y,\theta^k) \qquad (2\text{-}188)$$

$$P(x_s=j|x_{p(s)}=i) = \frac{\sum\limits_{s \in S^0}P(x_s=j,x_{p(s)}=i|y,\theta^t)}{\sum\limits_{s \in S^0}P(x_{p(s)}=i|y,\theta^k)} \qquad (2\text{-}189)$$

$$\mu_i = \frac{\sum\limits_{s \in S^n}P(x_s=i|y,\theta^k) \cdot y_s}{\sum\limits_{s \in S^n}P(x_s=i|y,\theta^k)} \qquad (2\text{-}190)$$

$$\sigma_i^2 = \frac{\sum\limits_{s \in S^n}P(x_s=i|y,\theta^k) \cdot (y_s-\mu_i)^2}{\sum\limits_{s \in S^n}P(x_s=i|y,\theta^k)} \qquad (2\text{-}191)$$

EM 算法是迭代过程,且收敛于 $\ln P(y|\theta)$ 的局部极大值,如果参数设置合适,该算法收敛速度很快。

2.2　基于区域相似性的高分辨率遥感影像分割

随着遥感技术的发展和卫星空间分辨率的提高,高分辨率遥感影像开始广泛应用于各个领域。由于高分辨率遥感影像具有光谱信息丰富、地物种类多及细节清晰等特点,传统分割方法无法满足高分辨遥感应用需求。

高分辨率遥感影像具有丰富的空间纹理信息,仅仅使用光谱信息已经无法满足遥感应用需求,而作为遥感图像的重要信息,纹理信息对遥感图像分割至关重要。目前,已经有很多基于纹理的图像分割算法,如基于结构、基于统计、基于空间频率以及基于模型算法。Perez 等提出了基于高斯混合模型的多特征珊瑚礁分割算法,该算法首先提取图像上每个像素的 Gabor 特征和颜色特征,然后利用 Gabor 特征和颜色特征定义纹理特征,最后利用高斯混合模型将纹理相似的像素进行聚类以实现珊瑚礁分割。王雷光等提出了一种基于光谱和纹理特征加权的高分辨率遥感纹理分割算法,该算法利用 Gabor 滤波器提取纹理特征,首先利用最小距离分类器、加权图像的光谱和纹理特征得到各地物的聚类中心,然后将各像素点归为距离聚类中心最小的类别以实现图像分割。徐佳等提出综合灰度与纹理特征的高分辨率星载 SAR 图像建筑区提取算法,先对 SAR 图像进行滤波处理,然后利用灰度共生矩阵提取图像的纹理特征,之后利用主成分分析法去除纹理特征之间的相关性,选择信息量最大的两个纹理特征与灰度特征组合,利用 K 均值聚类算法进行图像分类,进而提取建筑物。上述基于纹理特征的图像分割算法都是以像素为单元定义纹理特征并实现图像分割的,分割结果受噪声影响较大;而在高分辨率遥感影像中,纹理结构表现为同一地物内不同局部间光谱测度的变化,结合高分辨率遥感影像在像素级上不能很好地体现其纹理特征,若在高分辨率遥感影像上刻画纹理,首先需要找到像素均匀一致的区域,然后在此基础上定义纹理信息。

针对高分辨率遥感影像分割进行研究,将图像的纹理信息与光谱信息相结合,提出一种基于区域相似性的高分辨率遥感影像分割算法。首先,对图像域进行过分割,获取一系列子区域集合;其次,在此基础上,定义区域间的纹理相似性和光谱相似性并将其结合以定义区域相似性;最后,利用基于区域相似性的分形网络演化算法(Fractal Net Evolution Approach,FNEA)合并子区域,以实现高分辨率遥感影像的分割。为了验证提出算法的可行性及有效性,利用提出算法对模拟纹理图像及真实高分辨率遥感影像进行分割实验。

2.2.1 算法描述

高分辨率遥感影像中单个像素代表的地物单元较小。针对此特点,在高分影像上同一地物内多个像素之间才能体现出地物的纹理结构,因此传统低分辨率遥感影像中基于像素单元定义的纹理不再适用于高分辨率遥感影像。为了利用纹理特征实现高分辨率遥感影像分割,首先须将图像域划分成一系列子区域,子区域内的像素应保持光谱特征和纹理结构均匀一致;其次结合子区域间的纹理相似性和光谱相似性定义区域相似性;最后利用基于区域相似性的 FNEA 合并子区域,以实现高分辨率遥感影像分割。

2.2.1.1 过分割

过分割的目的是在视觉上保持区域内像素光谱特征和纹理结构的一致性,而在不同的色彩空间中,光谱特征和纹理结构表现不同。因此,在过分割之前要找到最佳的色彩空间。为此,定义广义的色彩空间概念,已知高分辨率遥感影像 $z = \{z_i^{\xi\psi\varphi}(x_i, y_i), (x_i, y_i) \in U, i = 1, \cdots, N\}$,其中,$i$ 为像素索引,(x_i, y_i) 为像素 i 的位置,N 代表总像素数,U 为图像域,$z_i^{\xi\psi\varphi} = (z_{\xi i}, z_{\psi i}, z_{\varphi i})$ 为像素 i 在广义色彩空间 $\xi\psi\varphi$ 的彩色矢量,$z_{\xi i}$、$z_{\psi i}$ 和 $z_{\varphi i}$ 分别为彩色矢量 $z \xi\psi\varphi_i$ 的三个色彩分量,如常见的色彩空间 RGB,ξ 对应 R,ψ 对应 G,φ 对应 B。

在最佳的色彩空间中,利用过分割将图像域 U 划分成一系列子区域。过分割过程不考虑区域内的纹理结构,只考虑区域内像素与聚类中心间的色彩一致性和空间位置相似性。首先将 U 初始划分为 K 个大小为 $S\times S$ 的区域 U_k,构成区域集合,即,$U=\{U_k,k=1,\cdots,K\}$,其中,K 为随机变量。区域 U_k 内初始聚类中心为 $C_k=(\overline{z_{\xi k}},\overline{z_{\psi k}},\overline{z_{\varphi k}},\overline{x_k},\overline{y_k})$,即 U_k 内 $\xi\psi\varphi xy$ 五维向量的均值。定义聚类中心 C_k 与像素 i 间的色彩距离 $d_{ki}^{\xi\psi\varphi}$ 和空间距离 d_{ki}^{xy},分别可表示为:

$$d_{ki}^{\xi\psi\varphi}=\sqrt{(\overline{z_{\xi k}}-z_{\xi i})^2+(\overline{z_{\psi k}}-z_{\psi i})^2+(\overline{z_{\varphi k}}-z_{\varphi i})^2} \tag{2-192}$$

$$d_{ki}^{xy}=\sqrt{(\overline{x_k}-x_i)^2+(\overline{y_k}-y_i)^2} \tag{2-193}$$

式中,$z_k^{\xi\psi\varphi}=(\overline{z_{\xi k}},\overline{z_{\psi k}},\overline{z_{\varphi k}})$ 代表聚类中心 C_k 在 $\xi\psi\varphi$ 空间的彩色矢量,$(\overline{x_k},\overline{y_k})$ 表示聚类中心 C_k 的 xy 空间位置,$z_i^{\xi\psi\varphi}=(z_{\xi i},z_{\psi i},z_{\varphi i})$ 代表像素 i 在 $\xi\psi\varphi$ 空间的彩色矢量,(x_i,y_i) 表示像素 i 的 xy 空间位置。

定义 C_k 与 i 在 $\xi\psi\varphi xy$ 五维空间中的距离为 D_{ki},可表示为:

$$D_{ki}=\alpha\times d_{ki}^{\xi\psi\varphi}+\beta\times d_{ki}^{xy} \tag{2-194}$$

其中,由于 $d_{ki}^{\xi\psi\varphi}$ 和 d_{ki}^{xy} 分别属于不同空间的量(如图 2-5 所示),需要通过参数 α 和 β 平衡得到 D_{ki},且 α 和 β 可以控制 $d_{ki}^{\xi\psi\varphi}$ 和 d_{ki}^{xy} 的权重,以便得到更均匀的过分割区域。

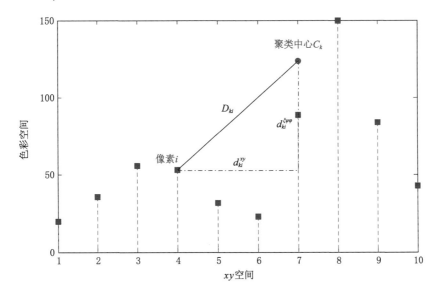

图 2-5　$\xi\psi\varphi xy$ 距离

为了提高算法效率,检索以像素 i 为中心 $\kappa S\times\kappa S(\kappa\geqslant2)$ 的窗口范围内的所有聚类中心 C_k,这是因为在每次迭代中,划分的 U_k 大小近似为 $S\times S$,所以在 $\kappa S\times\kappa S$ 的窗口范围内包含两个或多个聚类中心,分别计算 i 与多个 C_k 之间的距离 D_{ki},并将 i 归属于距离最近的唯一 C_k,形成新的过分割区域 U',计算 U' 内 $(\overline{z_{\xi k}},\overline{z_{\psi k}},\overline{z_{\varphi k}},\overline{x_k},\overline{y_k})$,作为新的聚类中心 $C_{k'}$ 并计算残差 $E=|C_k-C_{k'}|$。为了使得到的区域更加均匀一致,迭代上述过程,直到残差小于阈值 η 为止,得到过分割区域集合 $U'=\{U_{k'},k=1,\cdots,K\}$。

2.2.1.2　区域相似性定义及区域合并

在高分辨率遥感影像中,纹理结构表现为同一地物内不同局部间光谱测度的变化,上述过分割操作得到的区域间的变化体现了其纹理结构和光谱特征。因此，为了实现高分辨率遥感影像的分割，须先定义区域间的纹理相似性和光谱相似性，然后将其结合并定义区域相似性，再利用基于区域相似性的 FNEA 合并子区域，以实现高分辨率遥感影像的分割。

假设同一区域 U_k 内所有像素隶属于同一目标类，给每个 U_k 分配一个标号变量 $L_k \in \{1, \cdots, o\}$，其中，o 为图像类别数，为已知量。显然，所有区域的标号变量被集合形成一个标号场 $L = \{L_k, k = 1, \cdots, K\}$，而标号场的每一个实现对应高分辨率遥感影像的一种分割。

设图像域上任意两个区域分别为 U_k 和 $U_{k''}$，利用结构纹理相似性测度（Structural Texture Similarity Metrics，STSIM）定义的四个纹理特征[亮度 $l_{kk''}$、对比度 $c_{kk''}$、水平相关系数 $c_{kk''}(0,1)$ 和垂直相关系数 $c_{kk''}(1,0)$]来表示两区域间的纹理相似性 $q_{kk''}$，即

$$q_{kk''} = (l_{kk''})^{\frac{1}{4}} (c_{kk''})^{\frac{1}{4}} \left[c_{kk''}(0,1) \right]^{\frac{1}{4}} \left[c_{kk''}(1,0) \right]^{\frac{1}{4}}$$

式中，每个特征值的指数之和相加为 1，以确保不同的纹理特征具有可比性。亮度 $l_{kk''}$ 和对比度 $c_{kk''}$ 这两个特征参数决定了 $z_k^{\$\psi\varphi} = \{ z_i^{\$\psi\varphi}, (x_i, y_i) \in U_k \}$ 与 $z_{k''}^{\$\psi\varphi} = \{ z_i^{\$\psi\varphi}, (x_i, y_i) \in U_{k''} \}$ 所在位置的结构，可分别表示为：

$$l_{kk''} = \frac{2\mu_k \mu_{k''} + C_0}{\mu_k^2 + \mu_{k''}^2 + C_0} \tag{2-195}$$

$$c_{kk''} = \frac{2\sigma_k \sigma_{k''} + C_1}{\sigma_k^2 + \sigma_{k''}^2 + C_1} \tag{2-196}$$

式中，C_0 和 C_1 为常数，用于维持亮度和对比度的稳定，当统计值很小时，确保亮度和对比度接近 1。$\mu_k(\mu_{k''})$ 和 $\sigma_k^2(\sigma_{k''}^2)$ 分别为 $z_k^{\$\psi\varphi}(z_{k''}^{\$\psi\varphi})$ 的均值和标准差，即

$$\mu_k = \frac{1}{n_k} \sum_{i=1}^n z_i^{\$\psi\varphi}(x_i, y_i), (x_i, y_i) \in U_k \tag{2-197}$$

$$\sigma_k^2 = \frac{1}{n_k - 1} \sum_{i=1}^n \left[z_i^{\$\psi\varphi}(x_i, y_i) - \mu_k \right]^2, (x_i, y_i) \in U_k \tag{2-198}$$

式中，n_k 为 U_k 内像素个数。同理可得 $z_k^{\$\psi\varphi}$ 的均值、标准差。而水平相关系数 $c_{kk''}(0,1)$ 和垂直相关系数 $c_{kk''}(1,0)$ 可定义为：

$$\begin{cases} c_{kk''}(0,1) = 1 - 0.5 \left| \rho_k(0,1) - \rho_{k''}(0,1) \right|^v \\ c_{kk''}(1,0) = 1 - 0.5 \left| \rho_k(1,0) - \rho_{k''}(1,0) \right|^v \end{cases} \tag{2-199}$$

式中，v 表示相关系数的取值范围，一般取 1，$\rho_k(0,1)$ 和 $\rho_k(1,0)$ 分别为 $z_k^{\$\psi\varphi}$ 的水平一阶相关系数和垂直一阶相关系数，可表示为：

$$\rho_k(0,1) = \frac{\left[z_i^{\$\psi\varphi}(x_i, y_i) - \mu_k \right]}{(n_k - 1) \times \sigma_k} \times \frac{\left[z_{i+W}^{\$\psi\varphi}(x_i, y_i) - \mu_k \right]^{\mathrm{T}}}{\sigma_k}, (x_i, y_i) \in U_k \tag{2-200}$$

$$\rho_k(1,0) = \frac{\left[z_i^{\$\psi\varphi}(x_i, y_i) - \mu_k \right]}{(n_k - 1) \times \sigma_k} \times \frac{\left[z_{i+1}^{\$\psi\varphi}(x_i, y_i) - \mu_k \right]^{\mathrm{T}}}{\sigma_k}, (x_i, y_i) \in U_k \tag{2-201}$$

式中，W 表示图像行数，T 表示转置。同理可得 $z_{k''}^{\$\psi\varphi}$ 的水平一阶相关系数 $\rho_{k''}(0,1)$ 和垂直一阶相关系数 $\rho_{k''}(1,0)$。

然后，利用光谱异质度 $H_{kk''}$ 来定义光谱相似性，$H_{kk''}$ 可利用区域内像素的方差计算得到，可表示为：

$$H_{kk''} = n_k (\sigma_m^2 - \sigma_k^2) + n_{k''} (\sigma_m^2 - \sigma_{k''}^2) \tag{2-202}$$

式中，$H_{kk''}$ 表示 $z_k^{\$\psi\varphi}$ 与某一邻域 $z_k^{\$\psi\varphi}$ 之间的光谱异质度，U_m 表示 U_k、$U_{k''}$ 合并后的区域，σ_m 表示

$z_m^{\xi\psi\varphi} = \{z_i^{\xi\psi\varphi}, (x_i, y_i) \in U_m\}$ 内所有像素光谱集合的标准差，n_k、$n_{k''}$ 分别表示 U_k 和 $U_{k''}$ 内的像素数。

由于纹理相似性 $q_{kk''}$ 为 $[0,1]$ 之间的值，为了将光谱相似性与纹理相似性相统一，对光谱相似性做归一化处理，归一化方式为求取 $z_k^{\xi\psi\varphi}$ 与某一邻域 $z_{k''}^{\xi\psi\varphi}$ 合并后的光谱异质度占 $z_k^{\xi\psi\varphi}$ 与其对应的所有邻域区域合并的光谱异质度总和的比值，计算公式如下：

$$h_{kk''} = \frac{H_{kk''}}{\sum\limits_{k'' \in \{1,\cdots,p\}} H_{kk''}} \tag{2-203}$$

式中，p 为邻域区域个数，$h_{kk''}$ 表示 $z_k^{\xi\psi\varphi}$ 与某一邻域 $z_{k''}^{\xi\psi\varphi}$ 合并后的光谱异质度的归一化值，$\sum\limits_{k'' \in \{1,\cdots,p\}} H_{kk''}$ 表示 $z_k^{\xi\psi\varphi}$ 分别与其对应的每一邻域区域合并的光谱异质度的和。

为了在区域合并时发挥两者优势，将 $q_{kk''}$ 与 $h_{kk''}$ 相结合定义区域相似性 $f_{kk''}$，可表示为：

$$f_{kk''} = \omega \times q_{kk''} + (1-\omega) \times (1-h_{kk''}) \tag{2-204}$$

式中，ω 为 $q_{kk''}$ 在 $f_{kk''}$ 中所占的权重；$(1-h_{kk''})$ 表示光谱相似性，其在 $f_{kk''}$ 中所占权重为 $(1-\omega)$。为了适应不同的图像，ω 在不同合并过程中取不同的值。

在区域相似性定义完成后，利用基于区域相似性的 FNEA 实现高分辨率遥感影像分割。令过分割得到的子区域 U_k 依次作为中心区域，则其邻域子区域为 $U_{k''}, k'' \in \{1,\cdots,p\}$，其中，$p$ 为邻域子区域个数。分别计算 U_k 与 $U_{k''}$ 之间的 $q_{kk''}$ 和 $h_{kk''}$，将 $q_{kk''}$ 与 $h_{kk''}$ 相结合得到区域相似性 $f_{kk''}$，并将 U_k 与区域相似性最大的 $U_{k''}$ 合并。具体操作为：① 计算 $z_k^{\xi\psi\varphi}$ 与所有相邻 $z_{k''}^{\xi\psi\varphi}$ 之间的区域相似性 $f_{kk''}$，找到最大区域相似性 f_{max}；② 判断 f_{max} 是否大于阈值 c，若是，则合并 U_k 与 f_{max} 对应的邻域区域 $U_{k''}$；否则，不实现子区域合并；③ 重复操作①②，遍历所有区域，形成新的区域集合，以实现第一层图像分割，更新标号场；④ 以第一层分割得到的区域集合为基础继续进行子区域合并，对所有区域的区域相似性进行阈值判定，直至所有对象间的相似性小于预设的 c，停止合并，更新标号场，得到最终的分割结果。

为了对高分辨率遥感影像进行图像分割，提出了一种基于区域相似性的高分辨率遥感影像分割算法。该算法的具体流程如下：

（1）输入高分辨率遥感影像 z。

（2）利用过分割构成区域集合。

步骤 1：定义广义的色彩空间 $\xi\psi\varphi$，以便得到适合划分均匀一致区域的色彩空间；由于一般情况下图像 z 位于 RGB 色彩空间，故应将 z 由 RGB 色彩空间转换到 $\xi\psi\varphi$ 色彩空间。

步骤 2：利用过分割将 U 划分为一系列子区域，即 $U = \{U_k, k=1,\cdots,K\}$，并赋予每个子区域 U_k 相应的标号变量 $L_k \in \{1,\cdots,o\}$。

（3）利用基于区域相似性的 FNEA 实现高分辨率遥感影像分割。

步骤 1：计算 $z_k^{\xi\psi\varphi}$ 与 $z_{k''}^{\xi\psi\varphi}$ 之间的纹理相似性 $q_{kk''}$。

步骤 2：计算 $z_k^{\xi\psi\varphi}$ 与 $z_{k''}^{\xi\psi\varphi}$ 之间的光谱异质度 $h_{kk''}$。

步骤 3：将 $q_{kk''}$ 与 $h_{kk''}$ 相结合得到区域相似性 $f_{kk''}$，然后利用基于区域相似性 $f_{kk''}$ 的 FNEA 实现子区域合并，以实现图像分割。具体操作为：在每一层合并中计算 $z_k^{\xi\psi\varphi}$ 与所有相邻 $z_{k''}^{\xi\psi\varphi}$ 之间的区域相似性 $f_{kk''}(k'' \in \{1,\cdots,p\})$，找到最大区域相似性 f_{max}，并将大于阈值 c 的相邻子区域进行合并，重复上述过程得到图像分割结果。

2.2.2 实验结果与讨论

为了验证基于区域相似性的高分辨率遥感影像分割算法的有效性,分别对合成纹理模拟图像和真实高分辨率遥感影像进行分割实验。

2.2.2.1 合成纹理模拟图像分割结果

图 2-6(a)所示为合成纹理图像的模板,大小为 256×256 像素,编号Ⅰ~Ⅴ代表五个不同的同质区域。图 2-6(b)为将五种不同的纹理填充在图 2-6(a)中五个区域得到的合成纹理模拟图像,五种纹理按顺序依次为砖墙、气泡、大理石、地板和豹纹。图 2-6(b)所在色彩空间为 RGB 空间,即 $z=\{z_i^{RGB}(x_i,y_i),(x_i,y_i)\in U,i=1,\cdots,N\}$。首先对图 2-6(b)在不同的色彩空间进行过分割,以得到最佳的色彩空间,其他的色彩空间均可通过 RGB 空间转换得到。

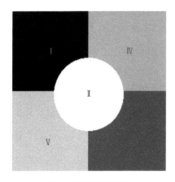

　　（a）模拟图像模板　　　　　　　　　　（b）合成纹理图像

图 2-6　模拟图像

首先对图 2-6(b)在不同的色彩空间进行过分割,以得到最佳的色彩空间,其他的色彩空间均可通过 RGB 空间转换得到。根据颜色感知的不同,选择 6 种具有代表性的色彩空间进行实验,分别是图 2-7(a)的 RGB 色彩空间,图 2-7(b)的 Lab 色彩空间,图 2-7(c)的 YCbCr 色彩空间,图 2-7(d)的 HSV 色彩空间,图 2-7(e)的 XYZ 色彩空间,图 2-7(f)的 NTSC 色彩空间。6 种色彩空间参数设置均遵循过分割结果为最好的原则,图 2-7(a)$\alpha=1$,$\beta=2.6$;图 2-7(b)$\alpha=1$,$\beta=1.5$;图 2-7(c)$\alpha=1$,$\beta=1.5$;图 2-7(d)$\alpha=1$,$\beta=0.03$;图 2-7(e)$\alpha=1$,$\beta=0.01$;图 2-7(f)$\alpha=1$,$\beta=0.005$。由实验结果可以看到,图 2-7(d)(e)(f)三种色彩空间对不同图像类别边界错分率较高;而图 2-7(a)(b)(c)三种色彩空间对不同图像类别的边界保持较好。其中,图 2-7(b)相比于图 2-7(a)(c)在同种图像类别中得到的区域更均匀一致,所以采用 Lab 色彩空间对合成纹理模拟图像和高分辨率遥感影像进行基于区域相似性的高分辨率遥感影像分割。

图 2-8(a)为选取 Lab 色彩空间得到的区域分割结果,对图 2-8(a)进行基于区域相似性的区域合并,得到图 2-8(b)所示最终分割结果,通过视觉评价可以看出,该算法可以正确确定合成纹理模拟图像的类别数,边界分割细致精确,没有出现过分割现象。

以合成的模拟模板图像作为标准分割图像,用合成的纹理图像计算混淆矩阵,根据混淆矩阵计算分割结果的产品精度、用户精度、总精度和 Kappa 系数,结果如表 2-2 所示。用户

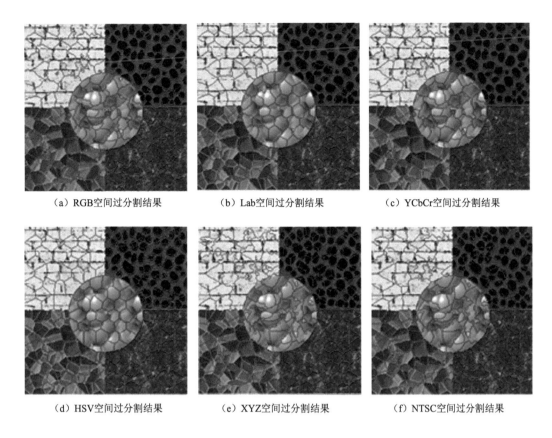

（a）RGB空间过分割结果　　　（b）Lab空间过分割结果　　　（c）YCbCr空间过分割结果

（d）HSV空间过分割结果　　　（e）XYZ空间过分割结果　　　（f）NTSC空间过分割结果

图 2-7　不同色彩空间过分割结果

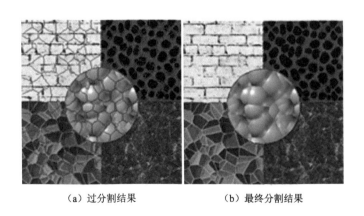

（a）过分割结果　　　　　　　（b）最终分割结果

图 2-8　合成纹理模拟图像分割结果

精度是指分割结果中每一类中正确分类个数与分割结果总数之比,产品精度是指分类结果中每一类中正确分类个数与参考数据总数之比,总精度是指分割结果中所有正确分类个数与总像素数之比。

表 2-2　定量评价

类别数	I	II	III	IV	V	产品精度/%
I	13 377	7	6	0	5	99.76
II	18	10 729	7	16	6	99.89
III	1	1	13 330	0	0	99.89
IV	0	0	2	13 964	7	99.79
V	13	4	0	14	14 029	99.87
用户精度/%	99.87	99.56	99.98	99.94	99.78	
Kappa 系数为 0.998,总精度为 99.84%						

从表 2-2 中可以看出,用户精度最低为区域 II 的 99.56%,产品精度最低为区域 I 的 99.76%,总精度为 99.84%。根据上述精度得到 Kappa 系数的值为 0.998。因此,该算法有效,并且有较高的精度。

2.2.2.2　遥感图像分割结果

图 2-9 为四幅高分辨率遥感图像,图 2-9(a)为高分一号图像,图像大小为 461×264 像素;图 2-9(b)为 Worldview-2 图像(一),图像大小为 526×308 像素;图 2-9(c)为 Worldview-2 图像(二),图像大小为 272×352 像素;图 2-9(d)为 Worldview-2 图像(三),图像大小为 390×390 像素。其中,图 2-9(a)的人工判读图像类别数为两类,左侧为居民地,右侧为林地;图 2-9(b)的人工判读图像类别数为三类,从左到右依次为耕地、林地和草地;图 2-9(c)的人工判读图像类别数为两类,上部为林地,下部为耕地;图 2-9(d)的人工判读图像类别数为三类,黄色区域为一种耕地,较深绿色区域为另一种耕地,较浅绿色区域为林地。

（a）高分一号图像　　　　　　　　（b）Worldview-2 图像（一）

（c）Worldview-2 图像（二）　　（d）Worldview-2 图像（三）

图 2-9　高分辨率遥感图像

为了验证提出算法对高分辨率遥感图像分割的可行性,首先将图 2-9 四幅高分辨率遥感图像由 RGB 色彩空间转换为 Lab 色彩空间,其次在 Lab 色彩空间进行过分割,图 2-10(a)至图 2-10(d)为过分割结果。其中,图 2-10(a)参数 $\alpha=1,\beta=1.8$;图 2-10(b)参数 $\alpha=1,\beta=0.3$;图 2-10(c)参数 $\alpha=1,\beta=0.9$;图 2-10(d)参数 $\alpha=1,\beta=0.7$。

（a）高分一号图像过分割结果　　　　　　（b）Worldview-2 图像过分割结果（一）

（c）Worldview-2 图像过分割结果（二）　　（d）Worldview-2 图像过分割结果（三）

图 2-10　高分辨率遥感图像过分割结果

然后对图 2-10(a)至图 2-10(d)进行区域相似性合并,得到图 2-11(a)至图 2-10(d)最终分割结果。由视觉评价可以看出,该算法可以较好保持地物边界,而且对于纹理复杂的区域也能正确划分。图 2-11(a)中左侧的居民地房屋类型多,纹理复杂,算法可以很好地按照功能区将图像分为居民地和林地;图 2-11(b)中存在三种颜色相近的绿色区域,算法不受光谱因素干扰,可以正确地将这三种区域进行分割,且能较好保持地物边界;图 2-11(c)中黄色耕地区域左侧与右侧纹理方向不同,但是属于同一地物类别,算法可以识别不同方向的纹理;图 2-11(d)中受光照因素影响,地物边界不明显,算法可以较好地保持边界。因此,该算法可以有效实现高分辨率遥感图像分割。

（a）高分一号图像最终分割结果　　　　　（b）Worldview-2 图像最终分割结果（一）

图 2-11　高分辨率遥感图像最终分割结果

（c）Worldview-2 图像最终分割结果（二）　　（d）Worldview-2 图像最终分割结果（三）

图 2-11　（续）

2.2.3　对比算法

选择基于边缘检测的过分割及 Full λ-Schedule 区域合并算法和基于亮度的过分割及 Full λ-Schedule 区域合并算法分别与该算法进行比较，从而证明该算法的优越性。

2.2.3.1　基于边缘检测的过分割及 Full λ-Schedule 区域合并算法

利用 ENVI 软件中基于边缘检测算法对合成纹理模拟图像和高分辨率遥感图像进行过分割，然后利用 Full λ-Schedule 算法进行区域合并，图 2-12（a）至图 2-12（e）为分割结果。通过视觉评价可以看出基于边缘检测的过分割及 Full λ-Schedule 区域合并算法对图 2-12（a）虽然可以正确确定类别数，但是图像边缘的分割精度没有本算法高；图 2-12（b）中仍然存在两处过分割现象，而本算法可以正确分类；图 2-12（c）至图 2-12（e）受光谱值的影响，都出现

（a）模拟图像分割结果　　　　　（b）高分一号图像分割结果

（c）Worldview-2 图像最终分割结果（一）　（d）Worldview-2 图像最终分割结果（二）

图 2-12　基于边缘检测的图像最终分割结果

（e）Worldview-2 图像最终分割结果（三）

图 2-12　（续）

了错分问题,而本算法可以正确合并同一地物并能较好地保持地物边界。因此本算法相比基于边缘检测的过分割及 Full λ-Schedule 区域合并算法更有效。

2.2.3.2　基于亮度的过分割及 Full λ-Schedule 区域合并算法

　　利用 ENVI 软件中基于亮度算法对合成纹理模拟图像和高分辨率遥感图像进行过分割,然后利用 Full λ-Schedule 算法对过分割区域进行合并,图 2-13(a)至图 2-13(e)为分割结果。由视觉评价可以看出,基于亮度的过分割及 Full λ-Schedule 区域合并算法对图 2-13(a)虽然可以正确确定图像类别数,但是划分边界粗糙,在某些区域还有错分现象;图 2-13(b)中合并后存在三处过分割现象;图 2-13(c)的边界精度不高,且存在过分割现象;图 2-13(d)的划分边界与实际边界不够贴合;图 2-13(e)的过分割现象严重,并且没有正确划分地物类别。而本算法可以解决上述存在的问题,正确划分地物,并能较好地保持地物边界,因此本算法相比基于

 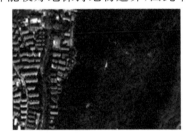

（a）模拟图像分割结果　　　　　　　（b）高分一号图像分割结果

（c）Worldview-2 图像最终分割结果（一）　（d）Worldview-2 图像最终分割结果（二）

图 2-13　基于亮度的图像最终分割结果

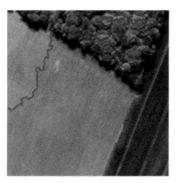

（e）Worldview-2 图像最终分割结果（三）

图 2-13　（续）

亮度的过分割及 Full λ-Schedule 区域合并算法更有效。

2.2.4　结论

随着卫星事业的发展，高分辨率遥感图像的分割对计算机视觉的发展起着至关重要的作用。将高分辨率遥感图像的光谱特征和纹理结构相结合，提出了一种基于区域相似性的高分辨率遥感图像分割算法。利用提出的算法进行分割实验，从实验结果来看，该算法可以较好地保持不同地物的边界，避免了噪声像素的干扰，尤其针对高分辨率遥感影像的纹理特征问题，从区域角度定义纹理结构，得到了较好的分割结果。但是，本算法在区域合并过程中需要手动设置不同的参数来保持结果的稳定性，在今后的研究工作中，对参数的自动化设置会进一步加强，避免加入过多的人为干扰因素，从而使算法向更加自动化的方向发展。

第 3 章　基于 MRF 模型的 SAR 图像变化检测

3.1　SAR 图像变化检测流程

SAR 图像变化检测流程如图 3-1 所示,其主要操作包括图像输入、图像预处理、图像变化检测、变化检测精度分析、检测结果输出。其中,图像预处理包括图像校正、图像斑点噪声去除、图像特征分析和图像配准。本章主要论述图像斑点噪声去除和图像配准的图像预处理过程,重点研究基于 MRF 模型的 SAR 图像变化检测算法,包括基于 MRF 模型的单通道 SAR 图像变化检测算法和基于 MRF 模型信息融合的多通道 SAR 图像变化检测算法。

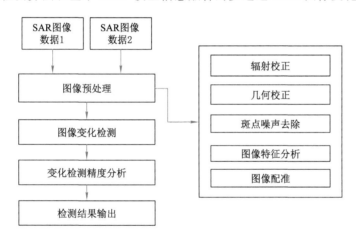

图 3-1　SAR 图像变化检测流程

3.2　SAR 图像预处理

3.2.1　SAR 图像斑点噪声去除

由于 SAR 具有后向散射成像特性,其图像不可避免地会受到斑点噪声的影响。斑点噪声不仅影响图像质量,也给 SAR 图像配准和图像解译带来很多困难。因此,进行 SAR 图像斑点噪声去除,提高图像质量,成为 SAR 图像预处理的关键,也是 SAR 图像应用的重要课题之一。

3.2.1.1　SAR 成像原理

合成孔径雷达(Synthetic Aperture Radar,SAR)是一种高分辨率相干成像雷达,它利用天线向目标发射能量,同时接收从目标返回的能量,并用数字设备记录所成图像。SAR 系统通过卫星或飞机的向前运动构成合成孔径,只要目标位于被发射的能量波束宽度之内,该目标就会被成像。

SAR 系统成像时,天线照射方向与雷达平台飞行方向垂直,入射角为 θ。沿雷达视线的坐标称为距离(range),与距离向正交的坐标称为方位(azimuth)。随着雷达平台沿方位向以固定的速度前进,雷达以固定的时间间隔向照射区域发射电磁脉冲,当目标通过由小天线生成的波束时,系统记录相应的回波强度和相位信息,对目标的多次观测结果以合成的长天线方式进行处理。

在雷达照射范围内,被照射的两个目标在距离向和方位向都间隔一定的距离,分辨率是判别雷达在空间上探测相邻目标的最小距离,即能分离目标并能作为独立识别目标的距离。雷达分辨率一般定义在两个方向上,平行于雷达飞行方向的分辨率称为方位分辨率,垂直于雷达飞行方向的分辨率称为距离分辨率。距离分辨率直接与雷达发射信号的脉冲长度有关,脉冲长度越短,距离分辨率越高。尽管短的脉冲长度会提高距离分辨率,但是短脉冲照射目标的能量也会降低,使回波信号太弱难以记录下来,因此不是简单使用短脉冲,而是通过脉冲压缩技术来提高距离分辨率。方位分辨率与天线的孔径大小有关,孔径越大,方位分辨率越高。为了在小孔径天线条件下得到高的方位分辨率,常采用合成孔径技术。合成孔径以多普勒频移理论为基础,雷达以固定的时间间隔发射脉冲并相对地面运动。通过比较多普勒频移频率和基准频率,可以使多个回波聚集于单个目标点上,这样有效地增加了成像目标点的天线长度。这表明 SAR 系统是相干系统,即要求雷达的发射信号、接收信号、记录信号和基准信号之间,除了具有有用的相位变化之外,不存在随时间变化的相位差。系统不仅需要信号的幅度信息,还需要相干信号的相位信息来提高分辨率并成像,因此,SAR 系统具有很好的相干性。同时,相干信号的叠加会造成成像结果周期性出现斑点(speckle)噪声,影响了对图像的处理和理解,所以去除斑点噪声是 SAR 图像处理过程中的基本和重要步骤。

3.2.1.2 相干斑噪声产生机理

SAR 是微波相干成像,理想点目标的散射电磁波的回波为球面波。球面上的幅度处处相等,因此可以将该目标看成由许多理想的点目标组成。由于这些理想点目标均处在同一个分辨单元内,因此 SAR 无法分辨这些目标,它所收到的信号是这些理想点目标的矢量和。

由两个或两个以上频率相同、震动方向相同、相位方向相同或相差恒定的电磁波在空间叠加时,各个波振幅的矢量和形成合成波振幅。因此,在交叠区域,会出现某些地方振动加强、某些地方振动减弱或完全消失的现象,这种现象称为干涉。产生干涉现象的电磁波称为相干波。

由于 SAR 产生相干电磁波,各个理想点目标回波是相互干涉的。相干电磁波照射实际目标时,其散射回来的总回波并不完全由地物目标的散射系数决定,而是围绕这些散射系数值出现很大的随机起伏,这种起伏在图像上反映出来的就是相干斑噪声,也就是说,这种起伏将会使具有均匀散射系数目标的 SAR 图像不具有均匀灰度,而会出现很多斑点。斑点噪声的存在使图像信噪比下降,严重时会使图像模糊,甚至使图像特征消失。

3.2.1.3 斑点噪声模型及统计特征

当图像系统的分辨单元比目标的空间细节小时,图像中像素的退化彼此独立,这样斑点噪声可以建模为乘性噪声,即地物回波可以用乘积模型的两个不相关变量描述,这是理解雷达图像特征的一个重要突破，乘积模型可表示为：

$$I = \omega n \tag{3-1}$$

式中，I 表示被观测地物的强度；ω 是地物实际的后向散射截面；n 表示与信号 ω 不相关的斑点噪声，通常称为乘性噪声，它采用乘积的形式附加到信号上。该模型又称为乘性斑点噪声模型，被广泛采用。图像强度的条件分布可表示为 $P_I(I|\omega) = \frac{1}{\omega}\exp\left(-\frac{I}{\omega}\right)(I \geqslant 0)$，其均值和方差分别为 μ 和 σ^2。图像噪声服从均值为 1 的负指数分布，即 $P_n(n) = \exp(-n)(n \geqslant 0)$。在实际应用时，应该注意是否满足用乘性模型描述斑点噪声的前提条件，如果不满足，用该模型无法获得理想的结果。

除了乘性斑点噪声模型，还有加性斑点噪声模型，它是由乘性噪声模型转化而来的，表达形式为：

$$I = \omega n = \omega(n+1-1) = \omega + \omega(n-1) \tag{3-2}$$

由于 n 与 ω 不相关，所以 ω 与 $n-1$ 也不相关。加性噪声的均值由乘性噪声的 1 变化为 0，方差也不再是常数，而是随着观测强度和场景的后向散射的变化而变化。加性噪声模型应用得较少，有些小波斑点滤波方法采用该模型。

在 SAR 系统记录的场景回波中，不仅包括幅度信息 A，还包括相位信息 φ，因此观测值用复数形式来表示，这种形式的 SAR 数据称为复图像，由复图像可以得到不同类型的图像，如实部图像 $A\cos\varphi$、虚部图像 $A\sin\varphi$、幅度图像 A 以及强度图像 $I(I=A^2)$ 等，通常所说的 SAR 图像指的是幅度图像。假设任何时刻被照射的场景，由完全随机分布的许多散射点目标组成，它们的振幅也是随机的，其中没有一个振幅远大于其他振幅，由此可以得到 SAR 图像的统计特征，它们是进行统计处理的基础。

假设观测得到的两个正交分量 $z_1 = A\cos\varphi$ 和 $z_2 = A\sin\varphi$ 服从均值为 0 的高斯分布，它们的联合概率密度函数可以表示为：

$$P(z_1, z_2) = \frac{1}{2\pi\sigma^2}\exp\left(-\frac{z_1^2 + z_2^2}{2\sigma^2}\right) \tag{3-3}$$

已知，相位 φ 在 $[-\pi, \pi]$ 之间均匀分布。

振幅 A 服从瑞利（Rayleigh）分布，可表示为：

$$P_A(A) = \begin{cases} \dfrac{A}{\sigma^2}\exp\left(-\dfrac{A^2}{2\sigma^2}\right), & A \geqslant 0 \\ 0 & A < 0 \end{cases} \tag{3-4}$$

强度 I 服从负指数分布，可表示为：

$$P_I(I) = \frac{1}{\sigma}\exp\left(-\frac{I}{\sigma}\right) \tag{3-5}$$

后向散射截面服从 Gamma 分布，可表示为：

$$P_\sigma(\omega) = \left(\frac{v}{\bar{\omega}}\right)^v \frac{\omega^{v-1}}{\Gamma(v)}\exp\left(-\frac{v\omega}{\bar{\omega}}\right) \tag{3-6}$$

式中，v 是参数，$\bar{\omega}$ 表示 ω 的均值。

3.2.1.4　SAR 图像斑点噪声去除方法

目前，SAR 图像斑点噪声去除方法包括空域滤波和频域滤波。基于空域的滤波方法包括三种类型：a. 基于像素级的中值滤波；b. 基于像素级的均值滤波；c. 假设 SAR 图像的相干斑噪声为乘性噪声时,基于噪声统计特性的统计滤波。中值滤波和均值滤波未充分考虑图像噪声的统计特性,对图像中的噪声和信息不加区分地进行滤波,噪声去除的同时,会造成信息的大量丢失,因此噪声去除效果不太好。常用的统计滤波有 Lee 滤波、Kuan 滤波、Frost 滤波、Map 滤波等,它们都是在 SAR 图像乘性噪声模型的基础上进行滤波的,但是由于对噪声的静态假设有时与信号的实际情况不符,所以效果并不好,而且在消除噪声的同时很难较好地保留图像的边缘和纹理细节。在频域滤波中,小波变换以及多分辨率分析方法已成为 SAR 图像噪声去除研究的热点。

（1）中值滤波

中值滤波对应的中值滤波器是非线性滤波器,它是一种典型的空域低通滤波器。在一定条件下,中值滤波可以有效克服线性滤波器(如邻域平均滤波、最小均方滤波等)带来的图像细节模糊问题,并且能够对脉冲干扰及图像扫描噪声进行有效的滤除。大量研究表明,中值滤波器是一种优化的能够保持图像边缘、滤除脉冲干扰的滤波器。

① 中值滤波原理

中值滤波是利用一个含有奇数点的模板在图像数据中移动,用模板内各点的中值代替模板正中的那个点的值。设一维数据序列 $\{f_1,f_2,\cdots,f_n\}$,模板大小为 m(m 为奇数),利用一维数据序列进行中值滤波的操作方法是从输入的序列中相继抽取 m 个数 $\{f_{i-v},\cdots,f_{i-1},f_i,f_{i+1},\cdots,f_{i+v}\}$,其中,$f_i$ 为窗口中心点的值,$v=(m-1)/2$。将这 m 个点的值按大小排序,取其序号为正中间的那个数作为输出值。若设 y_i 为输出值,则一维中值滤波可表示为:

$$y_i=\mathrm{Med}\{f_{i-v},\cdots,f_i,\cdots,f_{i+v}\};i\in n,v=\frac{m-1}{2} \tag{3-7}$$

同理,二维中值滤波可表示为:

$$y_{ij}=\mathrm{Med}\{f_{ij}\} \tag{3-8}$$

式中,$\{f_{ij}\}$ 为二维数据序列,$\{y_{ij}\}$ 为滤波输出值。

② 中值滤波算法步骤

中值滤波的算法步骤如下:

a. 将滤波模板在图像中移动,并将模板中心与图像中某个像素位置重合;

b. 读取模板中每个对应像素的灰度值;

c. 将这些像素的灰度值从小到大顺序排列;

d. 将这一列数据的中间值赋给对应模板中心位置的像素。

从滤波原理可以看出,中值滤波的主要功能是使与周围像素灰度值的差别比较大的像素,取与周围像素接近的值,这样可以消除孤立的噪声点。由于该算法不是简单地取均值,所以产生的模糊比较少,但对于随机高斯噪声、均匀噪声的滤波效果并不理想。

（2）均值滤波

均值滤波是简单的基于空域的滤波方法,均值滤波的操作方法如下:定义一个窗口在图像上移动,窗口中心位置的值用窗口内各点的平均值来代替。该方法的基本思路是用几个像素灰度的平均值来代替一个像素的灰度值。假设一幅 $L\times L$ 个像素的图像 $f(x,y)$,滤波处理后的图像为 $g(x,y)$,则 $g(x,y)$ 由下式决定:

$$g(x,y)=\frac{1}{M}\sum_{(m,n)\in S}f(m,n) \tag{3-9}$$

式中，$x,y=0,1,2,\cdots,L-1$；S 是点 (x,y) 邻域中点的坐标集合；M 是集合内的坐标数。

式(3-9)说明，滤波后的图像 $g(x,y)$ 中的每个像素的灰度值，由包含在 (x,y) 的预定邻域中的像素灰度值的平均值来确定。

（3）Lee 滤波

对图像中密度平稳区域常采用 Lee 滤波，该滤波方法只对方差较小或是常量的区域进行平滑处理。由于图像窗口的边缘方差非常大，因此该方法可以很好地保留图像边缘信息。进行 Lee 滤波时，假设斑点噪声服从线性分布，那么 SAR 图像可以用下面的模型进行逼近表示：

$$\hat{f}(i,j)=m_{\mathrm{w}}+W(f(i,j)-m_{\mathrm{w}}) \tag{3-10}$$

式中，$f(i,j)$、$\hat{f}(i,j)$ 分别表示滤波前后像素 (i,j) 的灰度值，m_{w} 是窗口内所有像素灰度值的平均值，W 表示权重。

Lee 滤波公式如下：

$$\hat{x}=m_{\mathrm{w}}+\frac{\sigma_x^2}{\sigma_x^2+\sigma_v^2 m_{\mathrm{w}}^2}(x-m_{\mathrm{w}}) \tag{3-11}$$

式中，$\hat{x}$ 是窗口中心像素新的灰度值，x 是窗口中心像素的原始灰度值，σ_x 和 σ_y 分别表示窗口和整幅图像的方差。

Lee 滤波的主要缺点是为了保护图像边缘信息却忽略了边缘附近的斑点噪声。

（4）Kuan 滤波

Kuan 滤波首先将斑点噪声模拟成加性线性模型，它利用 SAR 图像的等效视数（Equivalent Number of Looks，ENL）确定不同的权重函数 W 来实现滤波，权重 W 计算公式如下：

$$W=\left(1-\frac{C_u}{C_i}\right)(1+C_u) \tag{3-12}$$

式中，C_u 表示权重函数，可以通过估算 SAR 图像的噪声方差来计算；C_i 是给定图像的变化系数。

Kuan 滤波公式如下：

$$\hat{x}=m_{\mathrm{w}}+\frac{\sigma_x^2}{\sigma_x^2+\sigma_v^2(\sigma_x^2+m_{\mathrm{w}}^2)}(x-m_{\mathrm{w}}) \tag{3-13}$$

（5）Frost 滤波

Frost 滤波采用指数权重因子 M 来模拟窗口内的噪声变化，权重 M 可表示如下：

$$M_{(i,j)}=\exp\left[-D_p\left(\frac{\sigma}{m_m}\right)^2\right]\cdot T \tag{3-14}$$

式中，D_p 表示图像衰减因子，衰减值越大，表示衰减越厉害，当它等于 1 时衰减最厉害；T 是窗口内中心像素到其周围像素距离的绝对值。

Frost 滤波公式如下：

$$\hat{f}(i,j)=\frac{\sum f(i,j)\cdot M_{(i,j)}}{\sum M_{(i,j)}} \tag{3-15}$$

通过每个区域内的局部变化调整 Frost 滤波参数。变化越小，滤波导致的平滑程度越大;在变化较大的区域,平滑较小,因此保护了图像边缘信息。

（6）基于静态小波变换的噪声去除

小波变换（Wavelet Transform,WT）具有多分辨率分析的特点,在时域和频域都具有表征信号局部特征的能力,是一种时频局部化分析方法。小波变换在图像噪声去除方面具有下列性质:a. 稀疏性,即随着尺度的分解,只有少数系数具有较大的值;b. 负相关性,即随着尺度的分解,系数之间的相关性远远小于原始信号数据的相关性。因此,与传统滤波方法相比,基于小波变换的噪声去除方法具有很多优越性,如在去除相干斑噪声的同时,可以保留图像中大量的边缘信息和纹理细节。

小波变换包括两种类型:离散小波变换（Discretion Wavelet Transformation,DWT）和静态小波变换（Stationary Wavelet Transformation,SWT）。由于 SWT 较 DWT 具有下列优点,故采用基于 SWT 的噪声去除算法。

① 虽然 SWT 运算量大,但能够产生较好的噪声去除效果,且变化检测能力较强。

② DWT 利用下采样方法进行小波分解,导致分解后的系数数量减半,所以 DWT 适合离散信号及图像大小为 2^n 的情况。而 SWT 采用的是非下采样方法进行小波分解,这样可以使所有分辨率上的系数数量保持相同,故 SWT 可以适用于任意大小的图像。

SWT 采用固定小波变换对图像进行分解,将原始图像分解成四部分,分别表示为 LL1、LH1、HL1、HH1,如图 3-2 所示。

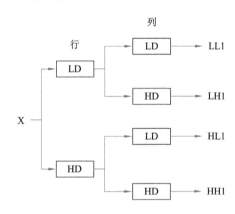

图 3-2 SWT 分解示意图

其中,LL1 通过水平方向和垂直方向的低通滤波得到,它更像原始图像,因此称为近似子波。LH1、HL1、HH1 称为细节部分。HL1 通过垂直方向的低通滤波和水平方向的高通滤波得到,它显示的是视觉细节部分（如边界）,因为其排列垂直于高通滤波器方向,可以总体上垂直定位,故称为垂直细节;同理,LH1 通过水平方向的低通滤波和垂直方向的高通滤波得到,称为水平细节;HH1 由水平方向和垂直方向的高通滤波得到,它仅仅包含斜细节。

图 3-2 中的 LD 和 HD 分别表示图像小波分解时的一维低通滤波（Low Pass Filter,LPF）和高通滤波（High Pass Filter,HPF）。为了进行下一级分解,LL1 需要单独进一步分解,分解一直持续到所需的最终状态。小波分解后的图像可以通过重构滤波器进行重构,如图 3-3 所示。其中,LR 和 HR 分别表示低通和高通重构滤波。

图 3-4 所示为基于 SWT 的噪声去除算法流程。该算法利用 SWT 和基于均值的平滑

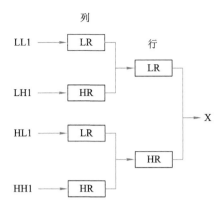

图 3-3　SWT 重构流程

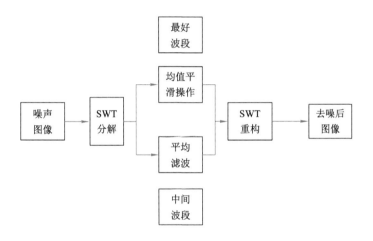

图 3-4　SWT 噪声去除算法流程

处理实现噪声去除。操作时,先利用正交小波变换将含有噪声的图像分解成 5 级,共得到 16 个子波。每个子波中,除了最低子波 LL,其他子波均利用收缩方程进行均值平滑处理,对于图像 $I(x,y)$ 其数学定义如下:

$$I(x,y)=\begin{cases} I(x,y) & \text{如果 } |I(x,y)|<M \\ M & \text{如果 } |I(x,y)|>M \end{cases} \tag{3-16}$$

式中,M 表示像素 $I(x,y)$ 的行均值,(x,y) 表示像素坐标。

上述算法可具体描述如下:先计算每行的均值 M,然后将该行中的所有小波系数与该均值 M 进行比较,如果该行的小波系数绝对值大于该均值,则被均值替代;如果小于该均值,小波系数不变。该操作的主要目的是平滑小波系数中的突然变化值,该突然变化可能是由随机噪声引起的。同理,将相同的操作应用于其他子波的所有行。

最低子波包含图像的中间像素值,应利用平均滤波器对这些波段进行噪声去除。经过上述平滑处理后,所有子波再经过 SWT 重构即可得到噪声去除后图像。

3.2.2　SAR 图像配准

3.2.2.1　图像配准模型

所谓图像配准(Image Registration)是指对来自不同时间、不同传感器或不同视角的同一场景的两幅或多幅图像进行匹配和叠加的过程。图像配准是变化检测的基础,直接影响变化检测的精度。

图像配准也可以理解为对两幅图像进行空间变换和灰度变换,即将一幅图像的坐标系 $X=(x,y)$ 变换为另一幅图像的坐标系 $X'=(x',y')$,再对图像进行重采样。

假设有两幅图像 $f:\Omega_f\rightarrow Q_f$ 和 $g:\Omega_g\rightarrow Q_g$。其中,$\Omega_f$ 和 Ω_g 分别表示图像 f 和 g 的定义域,Q_f 和 Q_g 分别表示图像 f 和 g 的值域。设 f 为参考图像,g 为待配准图像,则图像 f 和 g 配准就变成了图像 g 经过空间变换和灰度变换与图像 f 进行匹配的过程。

假设参数 S 和 I 分别表示图像的空间变换和灰度变换,g' 表示图像 g 经过变换后的图像,如下式所示:

$$g(q)=I\{g[S(p,\partial_s)],\partial_I\} \tag{3-17}$$

其中,$p\in\Omega_g,q\in Q_f$ 且 $q=S(p,\partial_s)$,∂_s 和 ∂_I 分别表示空间变换和灰度变换的参数集合。令 ∂ 表示图像变换过程中所有的参数集合,即 $\partial=\partial_s\bigcup\partial_I$。设 g' 和 f 分别可表示为:

$$g'=(g'(q):q\in\Omega_f)^{\mathrm{T}} \tag{3-18}$$

$$f=(f(q):q\in\Omega_f)^{\mathrm{T}} \tag{3-19}$$

两幅图像之间的相似度函数 Θ 可以用下式表示:

$$\Theta(\partial)=\Gamma(g',f) \tag{3-20}$$

式中,$\Gamma(\cdot)$ 表示两幅图像的相似性度量。

图像 f 和 g 配准就可以进一步理解为通过对图像 g 进行空间变换和灰度变换,得到变换后图像 g',使得图像 g' 与图像 f 满足相似度最大。

常用的相似性度量有三种,包括距离测度、相似度和概率测度。其中,最常用的距离测度包括均方根误差、兰氏距离和马氏距离。

(1) 均方根误差

均方根误差被定义为图像灰度矢量 $\boldsymbol{x}$ 和 $\boldsymbol{y}$ 之差 $\boldsymbol{x}-\boldsymbol{y}=[x_1-y_1,x_2-y_2,\cdots,x_N-y_N]^{\mathrm{T}}$,模的平方根 $S=\sqrt{|x_1-y_1|^2+|x_2-y_2|^2+\cdots+|x_N-y_N|^2}=\sqrt{\sum\limits_{i=1}^{N}|x_i-y_i|^2}$,$S$ 表示在 N 维空间中,点 x 和 y 之间距离的平方根。

(2) 兰氏距离

$$S=\frac{1}{N}\sum_{i=1}^{N}\frac{|x_i-y_i|}{|x_i|+|y_i|} \tag{3-21}$$

(3) 马氏距离

首先假设基准模板 $\boldsymbol{y}$ 的协方差矩阵 $\sum_y$ 服从正态分布,则马氏距离可定义为 $d_M(x,y)=(\boldsymbol{x}-\boldsymbol{y})^{\mathrm{T}}\sum_y^{-1}(\boldsymbol{x}-\boldsymbol{y})$。马氏距离用于相似性度量时,主要考虑基准模板特征的离散程度。

(4) 相似度

相似度被定义为 $S(\boldsymbol{x},\boldsymbol{y})=\dfrac{\boldsymbol{x}^{\mathrm{T}}\cdot\boldsymbol{y}}{\|\boldsymbol{x}\|\cdot\|\boldsymbol{y}\|}$,其中,$\|\boldsymbol{x}\|=(\boldsymbol{x}^{\mathrm{T}}\boldsymbol{x})^{1/2}$,$\|\boldsymbol{y}\|=(\boldsymbol{y}^{\mathrm{T}}\boldsymbol{y})^{1/2}$。

相似度表示模板与配准图像之间的相似程度,其值越大,表示越相似。相似度的实质是表示两矢量的归一化相关系数,也可以用归一化标准相关系数来表示相似度,即 $S(x, y) = \dfrac{(x - \bar{x}) \cdot (y - \bar{y})}{\| x \| \| y \|}$,其中,$\bar{x}$ 和 $\bar{y}$ 分别表示两矢量的均值。

图像配准过程如下:首先根据参考图像与待配准图像对应的特征,求两幅图像的空间变换系数;其次将待配准图像进行相应的空间变换,使两幅图像处于同一坐标系中;最后进行灰度变换,对空间变换后的待配准图像的灰度值进行重新赋值,即所谓的重采样过程。

坐标变换就是通过一定的坐标变换模型,建立一副图像坐标 (x, y) 与另一幅图像坐标 (x', y') 之间的变换关系。在图像配准过程中,常采用的坐标变换模型有刚体模型、防射模型、投影模型和非线性模型。

假设参考图像为 f,待配准图像为 g,对图像 g 进行空间变换,即 $T:(x, y) \rightarrow (i, j)$,变换后得到点阵 g_T。假设空间变换过程是可逆的,其逆变换过程表示为 T^{-1}。对于点阵 g_T 的坐标 (i, j),其原图像 $(x, y) = T^{-1}(i, j)$ 不一定是整数网格,因此需要重采样。所谓重采样就是利用待配准图像 g 与 $T^{-1}(i, j)$ 最邻近像素点的灰度,使用最逼近的方法得到点阵 g_T 坐标的灰度值,最终实现图像配准。常用的重采样方法有双线性插值法、双三次卷积法和最邻近像元法。

3.2.2.2　基于区域的 SAR 图像配准

目前,图像配准方法包括两类:基于像素灰度的图像配准和基于特征的图像配准。基于灰度的图像配准方法包括平均绝对差法、平均平方差法、归一化互相关法、统计相关法、不变矩法等。基于灰度的图像配准方法存在以下缺点:

① 对图像的灰度变化比较敏感,尤其是非线性的光照变化,这将大大降低算法的性能;

② 计算太复杂;

③ 对目标的旋转、变化和遮挡比较敏感。

为了克服上述缺点,有人提出了基于特征的图像配准方法。

基于特征的图像配准方法可以有效克服基于灰度图像配准方法的缺点,其优点主要表现在:

① 由于图像的特征点比图像的像素点要少很多,因此极大地减少了配准的计算量;

② 特征点的配准度量值对位置的变化比较敏感,这样可以极大地提高配准精度;

③ 可以减少噪声的影响,并对灰度变化、图像变形以及遮挡等都有较好的适应能力。

基于特征的图像配准方法包括两个重要步骤:特征提取和特征匹配。图像配准时可以提取的特征包括:点、线和区域。特征匹配一般采用互相关来度量。采用互相关度量进行旋转处理比较困难,尤其是当图像之间存在部分重叠时。最小二乘匹配算法和全局匹配松弛算法能够取得比较理想的匹配结果。另外,小波变换、遗传算法和神经网络等新的数学方法的应用,可以进一步提高图像配准精度与运算效率。

采用基于区域的图像配准算法介绍如下。

(1) 图像区域特征描述

基于图像区域配准时,首先要对图像进行区域分割,接着对图像区域进行特征描述。有关图像分割算法前面已经进行了详细描述,这里只介绍图像区域特征描述的相关内容。常用的特征描述包括边界长度、边界直径、边界曲率等;其他特征描述包括矩、链码、傅里叶描述、形状数等。通常采用不变矩描述图像的区域特征,过程介绍如下。

图像 $f(x,y)$ 区域的矩可定义为:

$$M_{pq} = \sum_x \sum_y x^p \cdot y^q \cdot f(x,y) \tag{3-22}$$

其中,p 和 q 为矩的阶数,矩和区域一一对应。

区域的中心矩定义为:

$$u_{pq} = \sum_{(x,y) \in R} (x - \bar{x})^p (y - \bar{y})^q \tag{3-23}$$

基于此,可以计算 7 个不变矩,即

$$\varphi_1 = (u_{20} + u_{02})/u_{00}^2 \tag{3-24}$$

$$\varphi_2 = [(u_{20} - u_{02})^2 + 4u_{11}^2]/u_{00}^2 \tag{3-25}$$

$$\varphi_3 = [(u_{30} - 3u_{12})^2 + 3(u_{21} - u_{03})^2]/u_{00}^5 \tag{3-26}$$

$$\varphi_4 = [(u_{30} + u_{12})^2 + (u_{21} + u_{03})^2]/u_{00}^5 \tag{3-27}$$

$$\varphi_5 = \frac{(u_{30} - 3u_{12})(u_{30} + u_{12})[(u_{30} + u_{12})^2 - 3(u_{21} + u_{03})^2] + [(3u_{21} - u_{03}) - (u_{21} + u_{03})^2]}{u_{00}^{10}}$$
$$\tag{3-28}$$

$$\varphi_6 = \{(u_{20} - u_{02})[(u_{30} + u_{12})^2 - (u_{21} + u_{03})^2] + 4u_{11}(u_{30} + u_{12})(u_{21} + u_{03})\}/u_{00}^7 \tag{3-29}$$

$$\varphi_7 = \frac{(3u_{21} - u_{03})(u_{30} + u_{12})[(u_{30} + u_{12})^2 - 3(u_{21} + u_{03})^2] + (3u_{12} - u_{30})(u_{21} + u_{03})[3(u_{30} + u_{12})^2 - (u_{21} + u_{03})^2]}{u_{00}^{10}}$$
$$\tag{3-30}$$

对于分割后的图像,基于图像中第 i 个区域和输入图像中第 j 个区域的不变矩的距离可定义为:

$$d_{ij} = \sqrt{\sum_{k=1}^{7} [\varphi_i^r(k) - \varphi_j^s(k)]^2} \tag{3-31}$$

假设不变矩距离阈值为 T_d,如果满足 $d_{ij} < T_d$,则表示区域 i 和区域 j 是匹配区域。

(2)配准控制点选择

图像配准时一般选择区域的质心作为控制点求解模型转换参数,本书采用仿射变换模型来描述配准图像间的变换关系。由于分割的区域一般较少,区域质心相应也较少,为了提高配准精度,我们利用扩展质心作为控制点,图像的扩展质心仍然满足仿射变换关系。扩展质心定义如下:

$$EC_x = \frac{\sum_{x,y \in R} \sum x I^a(x,y)}{\sum_{x,y \in R} \sum I^a(x,y)}, \quad EC_y = \frac{\sum_{x,y \in R} \sum y I^a(x,y)}{\sum_{x,y \in R} \sum I^a(x,y)} \tag{3-32}$$

式中,R 表示扩展质心所在的区域。当 α 等于 1 时,EC 表示通常意义的质心。

(3)仿射变换模型求解

仿射变换模型表示如下:

$$\begin{cases} X' = \alpha_0 + \alpha_1 X + \alpha_2 Y \\ Y' = \beta_0 + \beta_1 X + \beta_2 Y \end{cases} \tag{3-33}$$

式中,(X,Y) 表示参考图像配准区域的质心,(X',Y') 表示输入图像对应区域的质心。

在求解的配准控制点中,一部分用于求解模型转换参数,另一部分用于计算配准误差。

配准误差计算公式为：

$$\text{RMSE} = \sqrt{\dfrac{\sum\limits_{i=1}^{N}\left[(\alpha_0 + \alpha_1 X_i + \alpha_2 Y_i - X_i')^2 + (\beta_0 + \beta_1 X_i + \beta_2 Y_i - Y_i')^2\right]}{N}} \tag{3-34}$$

3.3　基于 MRF 模型的 SAR 图像变化检测

目前，总体可以将 SAR 图像变化检测方法分为两类：分类后比较法和直接比较法。分类后比较法的操作方法是，首先对每幅图像进行分类，其次对分类结果进行比较，如果对应像素的类别相同，认为该像素没有发生变化，否则认为该像素发生变化，最后确定变化区域和变化类别。分类后比较法不但可以确定变化区域的位置，还可以得到变化的类别信息。其缺点是受分类器的影响较大，单幅图像的分类精度直接影响最终的变化检测精度，而且图像分类误差以乘积形式传递给检测结果。直接比较法相对简单、直观，特别适合用于具有重复、稳定轨道且定标性能良好的 SAR 图像的变化检测。在变化检测过程中，上述方法仅仅考虑不同图像像素本身的信息，并没有考虑像素的空间上下文关系。因此，变化检测结果易受噪声的影响，误检和漏检现象比较严重，检测效果并不理想。在图像变化检测过程中，如果能够充分利用空间上下文信息，将有助于抑制斑点噪声的影响，提高变化检测精度。本书提出了一种顾及空间邻域关系的多时相 SAR 图像非监督变化检测算法，即基于 MRF 模型的 SAR 图像变化检测算法。分别研究基于 MRF 模型的单通道 SAR 图像变化检测算法和基于 MRF 模型的多通道 SAR 图像变化检测算法。

3.3.1　基于 MRF 模型的单通道 SAR 图像变化检测

3.3.1.1　基于变化检测的 MRF 模型

MRF 模型是表示图像空间上下文关系的精确统计模型，根据 Hammersley-Clifford 理论，其等价于 Gibbs 随机场模型。令 $S = \{s = (i,j); 1 \leqslant i \leqslant M, 1 \leqslant j \leqslant N\}$ 表示图像像素，给定邻域系统，在 S 上定义类别标签，随机场 $X = \{x_s, x_s \in L, s \in S\}$。$X$ 可以用下式表示：

$$P_X(x) = \frac{1}{Z}\exp[-U(x)] = \frac{1}{Z}\Big[-\sum_{c \in C} V_c(x_c)\Big] \tag{3-35}$$

式中，x 表示 X 的实现，$U(x)$ 和 $V_c(x_c)$ 分别表示能量方程和势函数，Z 表示归一化常量，c 表示邻域系统的集簇。由于势函数 $V_c(x_c)$ 仅依赖于集簇 $x_c = \{x_s, s \in c\}$，因此通过定义合适的势函数 $V_c(x_c)$，即可表示 X 中的空间上下文关系。

令 $\Lambda = \{0, 1, \cdots, L-1\}$ 表示一个相位空间，将 $\{X_i(S)\}_{i \geqslant 0} \in \Lambda^S$ 称为图像矢量在 t_i 时刻的一个实现，其中，$i \in \{0, 1, \cdots, N-1\}$，$t_0 < t_1 < \cdots < t_{N-1}$，对图像变化检测而言，$N = 2$。假设 $\{X_i(S)\}$ 满足 MRF 特性，且其 Gibbs 势函数为 $V_c(x_i)$。$\{X_i(S)\}$ 是非噪声图像模式，但是由于噪声的存在，X_i 无法直接观测，我们观测得到的是含有噪声的图像 $Y_i(S) \in \Theta^S$，如下式：

$$Y_i(S) = X_i(S) + W_i(S), \quad i = 0, 1, \cdots, N \tag{3-36}$$

式中，$\Theta = \{q_0, q_1, \cdots, q_{J-1}\}$ 表示含有噪声图像的相位空间；$W_i(S)$ 表示均值为 0、方差矩阵为 $\sigma^2 \boldsymbol{I}$ 的高斯噪声；$\boldsymbol{I}$ 表示大小为 $M \times M$ 的矩阵，$M = |S|$。

很明显,对于任何一对 SAR 图像,共能产生 $K=2^M$ 个可能的变化图像。令 $H_k(k \in \{0,1,\cdots,K-1\})$ 表示第 k 个变化图像,且为二进制图像,取值为 0 或 1。$H_k(\alpha)=1$ 表示在第 k 个变化图像上,像素点 α 的状态为变化。同样,当 $x_i(\alpha)=x_j(\alpha)$ 时,令 $H_k(\alpha)=0$,表示在第 k 个变化图像上,像素点 α 的状态为不变化。假设所有变化图像满足 MRF 特性,其 Gibbs 势函数为 $V_C(H_k)$。于是,X_i 和 H_k 的边缘概率密度函数可以表示为:

$$P_X(x_i) = \frac{1}{Z_X} \exp\left[-\sum_{C \subset S} V_C(x_i)\right] \tag{3-37}$$

$$P_H(H_k) = \frac{1}{Z_H} \exp\left[-\sum_{C \subset S} V_C(H_k)\right] \tag{3-38}$$

其中:

$$Z_x = \sum_{x \in \Lambda^S} \exp\left[-\sum_{C \subset S} V_C(x)\right], \quad Z_H = \sum_{k=0}^{K-1} \exp\left[-\sum_{C \subset S} V_C(H_k)\right] \tag{3-39}$$

由于 $W_i(S)$ 是独立分布的高斯加性噪声,故 $Y_i(S)$ 相对于 $X_i(S)$ 的条件概率可以表示为:

$$P(y_i | x_i) = \frac{1}{(2\pi\sigma^2)^{M/2}} \exp\left[-\frac{1}{2\sigma^2}(y_i - x_i)^T(y_i - x_i)\right], \quad i = 0,1,\cdots,N \tag{3-40}$$

对于 H_k,我们可以把像素点 S 分成两个部分 S^{CH_k} 和 S^{NCH_k},分别表示变化像素点和不变化像素点,且满足 $S^{CH_k} \cap S^{NCH_k} = \Phi$ 和 $S^{CH_k} \cup S^{NCH_k} = S$。我们进一步假设已知不变化像素的结构情况,且一对非噪声图像间的变化像素点相互独立,则有:

$$P\{X_i(S^{CH_k}) = x_i^{CH_k}, X_j(S^{CH_k}) = x_j^{CH_k} | X_i(S^{NCH_k}) = X_j(S^{NCH_k}) = x_{ij}^{NCH_k}\}$$
$$= P\{X_i(S^{CH_k}) = x_i^{CH_k} | X_i(S^{NCH_k}) = x_{ij}^{NCH_k}\} \cdot$$
$$P\{X_j(S^{CH_k}) = x_j^{CH_k} | X_j(S^{NCH_k}) = x_{ij}^{NCH_k}\} \tag{3-41}$$

其中,$X_i(S^{CH_k})$ 和 $X_i(S^{NCH_k})$ 分别表示变化像素点和不变像素点。在此,我们简单假设一对图像之间,变化像素点的灰度值统计独立。我们注意到,一对图像中,对于不变化像素点,相同位置的像素点也是不变化的,该相同的结构值表示为 $x_{ij}^{NCH_k}$。为了方便描述,我们用 $X_i^{CH_k}$ 和 $X_i^{NCH_k}$ 分别代替 $X_i(S^{CH_k})$ 和 $X_i(S^{NCH_k})$。成对联合概率密度函数可表示如下:

$$P(x_i, x_j | H_k) \triangleq P\left\{\begin{matrix} X_i^{CH_k} = x_i^{CH_k}, X_i^{NCH_k} = x_{ij}^{NCH_k} \\ X_j^{CH_k} = x_j^{CH_k}, X_j^{NCH_k} = x_{ij}^{NCH_k} \end{matrix}\right\}$$
$$= P\{X_i^{CH_k} = x_i^{CH_k} | X_i^{NCH_k} = x_{ij}^{NCH_k}\} \cdot$$
$$P\{X_j^{CH_k} = x_j^{CH_k} | X_j^{NCH_k} = x_{ij}^{NCH_k}\} \cdot$$
$$P\{X_i^{NCH_k} = X_j^{NCH_k} = x_{ij}^{NCH_k}\} \tag{3-42}$$

X_i 和 X_j 位于同一场景,且假设它们统计一致,则所有可能发生变化的像素点的联合概率密度函数可以表示为:

$$P(x_i, x_j | H_k) = P\{X_i^{CH_k} = x_i^{CH_k} | X_i^{NCH_k} = x_{ij}^{NCH_k}\} \cdot$$
$$P\{X_j^{CH_k} = x_j^{CH_k} | X_j^{NCH_k} = x_{ij}^{NCH_k}\} \cdot$$
$$\sum_{\lambda \in \Lambda^{S^{CH}}} P(X_i^{CH_k} = \lambda, X_i^{NCH_k} = x_{ij}^{NCH_k}) \tag{3-43}$$

利用 Gibbs 势函数 $V_C(x_i)$ 表示式(3-43)的概率密度函数:

$$P(x_i, x_j \mid H_k) = \frac{1}{Z_X} \frac{\exp\left[-\sum_{C \subset S} V_C(x_i) - \sum_{C \subset S} V_C(x_j)\right]}{\sum_{\lambda \in \Lambda^{S^{\mathrm{CH}_k}}} \exp\left[-\sum_{C \subset S} V_C(\lambda, x_{ij}^{\mathrm{NCH}_k})\right]} \tag{3-44}$$

式中，$\sum_{C \subset S} V_C(x_i)$ 可以分解为：

$$\sum_{C \subset S} V_C(x_i) = \sum_{C \in S^{\mathrm{CH}_k}} V_C(x_i^{\mathrm{CH}_k}, \partial x_{ij}^{\mathrm{CH}_k}) + \sum_{C \subset S^{\mathrm{NCH}_k}} V_C(x_{ij}^{\mathrm{NCH}_k}) \tag{3-45}$$

$\partial x_{ij}^{\mathrm{CH}_k}$ 表示变化区域的边界部分。将式(3-45)代入式(3-44)，得：

$$P(x_i, x_j \mid H_k) = \frac{\exp\left[-E^k(x_i, x_j)\right]}{Z_x} \tag{3-46}$$

其中：

$$E^k(x_i, x_j) = \sum_{C \in S^{\mathrm{CH}_k}} V_C(x_i^{\mathrm{CH}_k}, \partial x_{ij}^{\mathrm{CH}_k}) + \sum_{C \in S^{\mathrm{CH}}} V_C(x_j^{\mathrm{CH}_k}, \partial x_{ij}^{\mathrm{CH}_k}) + 2\sum_{C \subset S^{\mathrm{NCH}}} V_C(x_{ij}^{\mathrm{NCH}_k}) + \ln Z_k \tag{3-47}$$

$$Z_k = \sum_{\lambda \in \Lambda^{S^{\mathrm{CH}_k}}} \exp\left[-\sum_{C \subset S} V_C(\lambda, x_{ij}^{\mathrm{NCH}_k})\right] \tag{3-48}$$

它们分别表示与 H_k 相关的图像联合能量方程和归一化常量。基于以上描述，我们设计了 SAR 图像变化检测算法。此处，我们只考虑离散 MRF 模型，连续的 MRF 模型与此类似。

3.3.1.2　基于 MRF 模型的变化检测实现

采用如图 3-5 所示的 8 邻域系统及其可能的 10 个集簇，根据 MAP 准则和 SA 算法可以实现 SAR 图像的变化检测。

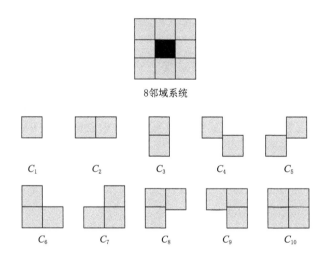

图 3-5　8 邻域系统及其可能的 10 个集簇

为了简化，只考虑其中的 5 个类型的集簇：C_1、C_2、C_3、C_4、C_5，分别表示单点、水平点对、垂直点对、左对角点对和右对角点对。Gibbs 能量方程可表示如下：

$$\sum_{C \subset S} V_C(X) = \frac{1}{2}\beta^{\mathrm{T}} J \tag{3-49}$$

式中，$\beta = [\beta_1, \beta_2, \cdots, \beta_5]^{\mathrm{T}}$ 表示噪声图像模型（Noisy Image Model，NIM）的参数矢量，J 可表示如下：

$$J = \left\{ \sum_{s \in S} x^2(s), \sum_{(s,t) \in C_2} [x(s) - x(t)]^2, \cdots, \sum_{(s,t) \in C_5} [x(s) - x(t)]^2 \right\}^T \tag{3-50}$$

它表示与集簇类型 C_1、C_2、C_3、C_4、C_5 相关联的噪声图像模型的势矢量。由上式可知,噪声图像模型的势矢量是二次形式,可以应用于许多图像建模问题,称为高斯 MRF(GMRF)模型。GMRF 模型适合描述具有大量灰度等级的平滑图像。

利用 GMRF 模型,式(3-49)可以表示为:

$$\sum_{C \subset S} V_C(x) = \frac{1}{2} x(S)^T \left[\sum{}^{-1} \right] x(S) \tag{3-51}$$

式中,$M \times M$ 阶矩阵 $\sum^{-1}$ 的元素 (s_a, s_b) 由下式得到:

$$\left[\sum{}^{-1} \right](s_a, s_b) = \begin{cases} \beta_1 + \sum_{i=2}^{5} 2\beta_i & \text{如果 } s_a = s_b \\ -\beta_i & \text{如果 } \{s_a, s_b\} \in C_i \\ 0 & \text{其他} \end{cases} \tag{3-52}$$

同理,可利用集簇 $[C_2, C_3, C_4, C_5]$ 定义变化图像的 Gibbs 能量方程:

$$\sum_{C \subset S} U_C(H_k) = \alpha^T L_k \tag{3-53}$$

式中,$\alpha = [\alpha_2, \alpha_3, \alpha_4, \alpha_5]$ 表示变化图像的参数矢量,并且

$$L_k = \left\{ \sum_{(s,t) \in C_2} I[H_k(s), H_k(t)], \cdots, \sum_{(s,t) \in C_5} I[H_k(s), H_k(t)] \right\} \tag{3-54}$$

它表示变化图像与集簇类型 $[C_2, C_3, C_4, C_5]$ 相关的势矢量,并且,如果 $a = b$,$I(a,b) = -1$,否则 $I(a,b) = 1$。

上述算法实现过程中,包括矩阵转置和矩阵相乘运算,对于一个大小为 $n \times n$ 的图像,其计算复杂度为 $O(n^3)$。每次循环时,式(3-54)中的 L_k 至少要计算 $2n^2$ 次,这样,算法总的复杂度为 $O(n^5)$。因此,直接利用上述算法进行 SAR 图像变化检测,计算量很大,效率相当低。为解决该问题,提出分块优化算法。该算法的思路是将图像分割成一定大小的子图像块,然后利用 MRF 模型实现变化检测。这种处理方法极大地提高了计算效率,但是子图像块的边界处割裂了原有图像的连续性,因此削弱了图像像素间的空间约束关系,致使变化检测效果不太理想。

提出基于双阈值的 MRF 模型变化检测算法。该算法的具体操作步骤为:在差值图像中选择两个阈值,一个大阈值 T_c 和一个小阈值 T_n,将小于阈值 T_n 的像素划分为绝对不变化类 S_n,大于阈值 T_c 的像素划分为绝对变化类 S_c,位于两个阈值之间的像素利用 MRF 模型进一步判断是否发生变化。实验表明,该算法不但可以提高变化检测效率,而且可以得到理想的检测效果。

阈值 T_c 和 T_n 的确定方法如下:

$$T_c = M_D(1 + \alpha) \tag{3-55}$$

$$T_n = M_D(1 - \alpha) \tag{3-56}$$

式中,M_D 表示差值图像统计柱状图 $h(X)$ 的中值,即

$$M_D = \frac{\max\{X_D\} - \min\{X_D\}}{2} \tag{3-57}$$

$\alpha \in (0,1)$ 是初始化参数,用来定义无法确定是变化还是不变化像素距中值 M_D 的范围。

3.3.1.3 实验结果与讨论

为了验证基于双阈值的 MRF 模型 SAR 图像变化检测算法的性能,利用 COSMO-SkyMed 图像数据进行实验。这两幅 COSMO-SkyMed 图像分别于 2008 年 5 月和 2009 年 4 月获得,图像分辨率为 2.5 m,大小为 810×1 017,如图 3-6(a)(b)所示。分别利用比值变化检测法、常规 MRF 模型变化检测法和基于双阈值的 MRF 模型变化检测法进行变化检测,检测效果如图 3-6(c)(d)(e)所示。

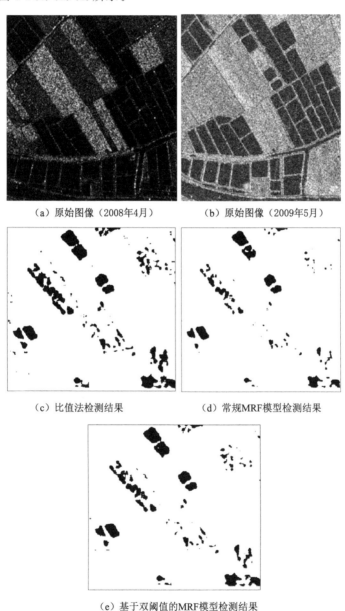

（a）原始图像（2008年4月）　　　　（b）原始图像（2009年5月）

（c）比值法检测结果　　　　（d）常规MRF模型检测结果

（e）基于双阈值的MRF模型检测结果

图 3-6　原始图像与不同方法检测结果

为了进一步评价不同算法的检测效果,采用平均检测率、虚警率和平均错误率分别对上述 3 种算法的检测结果进行定量评价。3 个指标分别定义如下:

（1）平均检测率：所有被检测出的变化像素的数量除以图像中所有变化像素数量。

（2）虚警率：被检测出是变化像素，而实际是不变化像素的数量除以图像中所有不变化像素的数量。

（3）平均错误率：被错误检测像素（实际是变化像素，而检测结果是不变化像素；实际是不变化像素，而检测结果是变化像素）的数量除以图像所有像素的数量。

上述 3 种方法的检测结果精度对比见表 3-1。

表 3-1   不同检测方法精度比较

检测方法	平均检测率/%	虚警率/%	平均错误率/%
比值检测法	86.2	12.5	13.1
常规 MRF 模型检测法	94.8	4.6	4.5
双阈值 MRF 模型检测法	93.7	5.1	4.8

从检测效果和精度对比可以得到下列结论：

（1）由于顾及了像素间的空间上下文关系，基于 MRF 模型的变化检测算法较比值变化检测算法，平均检测率大幅度提高，且虚警率和平均错误率大幅度减小，表明该算法具有很好的检测效果。

（2）首先利用双阈值法产生初始图像，然后对无法确定是否发生变化的像素，利用基于 MRF 模型的方法进一步检测。从精度对比中可以看出，基于双阈值的 MRF 模型变化检测算法较常规基于 MRF 模型的变化检测算法，平均检测率稍微下降，虚警率和平均错误率稍微增加，但实验表明前者计算效率大幅度提高。

为了验证算法的可靠性，进一步研究算法对图像噪声和图像配准精度的鲁棒性。首先，将原图像额外地人为添加平均值为 0，方差分别为 0.1、0.5、1.0、5.0 和 10.0 的高斯噪声，然后分别利用比值变化检测算法、常规 MRF 模型变化检测算法和基于双阈值的 MRF 模型变化检测算法进行检测，产生变化检测图像，计算检测结果的平均错误率，绘制噪声方差与平均错误率关系曲线，结果如图 3-7 所示。

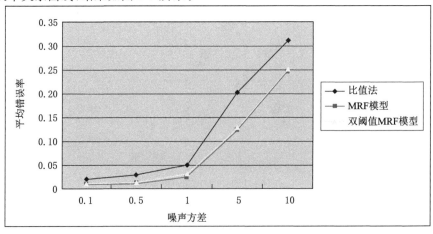

图 3-7   噪声方差与平均错误率关系曲线

为了研究算法对图像配准精度的鲁棒性,我们固定一个图像,沿 x 方向移动另外一个图像,分别移动 0.1、0.2、0.3、0.4、0.5、0.6 和 0.7 个像素,然后分别利用上述方法进行变化检测,计算检测结果的平均错误率,绘制图像失配准像素与平均错误率的关系曲线,所得结果如图 3-8 所示。

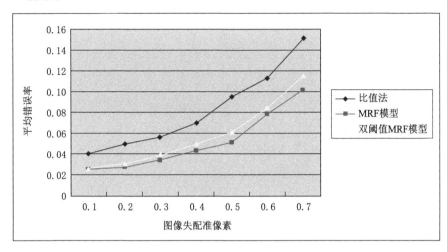

图 3-8　图像失配准像素与平均错误率关系曲线

由上述实验结果可以得出下列结论:

(1) 常规 MRF 模型变化检测算法与基于双阈值的 MRF 模型变化检测算法,较比值变化检测算法,对图像噪声和图像配准精度具有很好的鲁棒性,证明这两种算法很稳定。

(2) 虽然基于双阈值的 MRF 模型变化检测算法与常规 MRF 模型变化检测算法相比,其对图像噪声和图像配准精度的鲁棒性有稍微降低,但变化检测效率却有很大提高。

3.3.2　基于 MRF 模型的多通道 SAR 图像变化检测

与单通道 SAR 图像数据相比,多通道(多极化、多波段)SAR 图像数据能够提供更丰富的信息,具有更强的描述能力,而且现在和未来的传感器(如 COSMO-SkyMed 和 TerraSAR 等)都能够提供多通道 SAR 图像数据,所以利用多通道 SAR 图像数据进行变化检测,能够得到更好的检测效果且具有极大的潜力。

利用比值图像,重点研究基于 MRF 模型信息融合的多通道 SAR 图像自动变化检测算法。该变化检测算法利用著名的"对数评价池(LOGP)"一致性理论进行多通道数据融合,利用 NR、WR 和 LN 模型进行概率密度函数建模,利用 EM 结合 MoLC 算法估计模型参数,在利用 GKIT 算法实现初始变化检测的基础上,结合 MRF 模型数据融合算法,最终实现多通道 SAR 图像的变化检测。

3.3.2.1　算法流程

基于 MRF 模型的多通道 SAR 图像变化检测算法流程如图 3-9 所示。

3.3.2.2　基于变化检测的 MRF 模型

首先考虑一对多通道 SAR 图像的变化检测问题。设两幅经过配准的 n 通道 SAR 图像分别表示为 τ_0 和 τ_1,其获取时间分别为 t_0 和 t_1,假设不变化和变化像素分别表示为 H_0 和

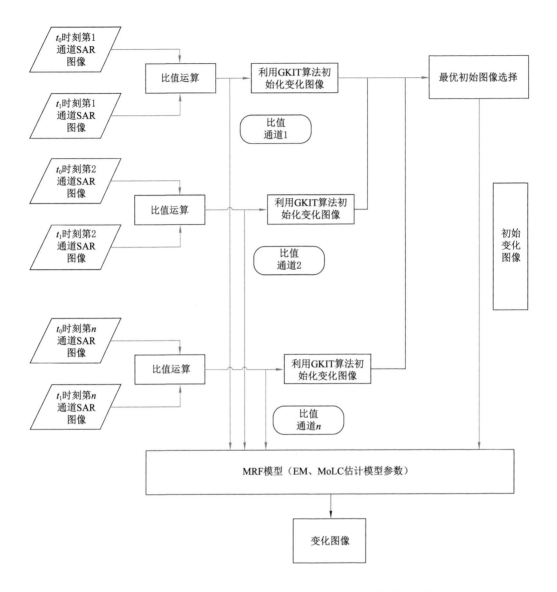

图 3-9　基于 MRF 模型的多通道 SAR 图像变化检测算法流程

H_1。通过计算图像通道对通道、像素对像素的灰度比值，即 $u = \tau_0/\tau_1$，产生一个比值图像 R。很明显，比值图像 R 也有 n 个通道，其可以表示成由 n 个随机变量组成的矢量 $\{u_1, u_2, \cdots, u_N\}$（$N$ 为图像像素的个数）。上述定义方法是为了检测在时间间隔 $[t_0, t_1]$ 内，图像像素灰度值减少导致的变化。如果要检测由于 SAR 图像像素灰度值增加而导致的变化，比值图像 R 的定义方法应为 $u = \tau_1/\tau_0$。如果 SAR 图像像素的灰度值既有增加也有减少，则要利用前面提到的比值的最小值，合并成一个"归一化比值图像"进行检测，这种方法需要调整下文会描述的参数估计过程，而且用于求比值的两幅 SAR 图像 τ_0 和 τ_1 必须在同一传感器在相同的条件下获得，这主要是为了避免两个不同时期获取的图像的像素间的差异是图像获取过程的差异造成的。

　　该算法的主要思路是将比值图像 R 的每个通道数据作为一个信息源，利用 MRF 模型融合这些多源信息实现变化检测。因此,首先要对比值图像 R 的每个通道数据进行建模,且应采用通过邻域系统定义的基于上下文的图像模型实现建模。假设 $l_k \in \{H_0, H_1\}$ 表示第 $k(k=1,2,\cdots,N)$ 个像素的类别标签,并且假设类别标签的结构 $\{l_1, l_2, \cdots, l_N\}$ 具有 MRF 特性。其后验概率可以表示如下($k=1,2,\cdots,N; i=0,1$):

$$P\{l_k = H_i \mid u_k, C_k\} = \frac{\exp[-U(H_i \mid u_k, C_k)]}{\sum_{j=0}^{1} \exp[-U(H_j \mid u_k, C_k)]} \tag{3-58}$$

式中,C_k 表示第 k 个像素邻域的类标;$U(H_i \mid u_k, C_k)$ 表示 MRF 模型的能量方程。利用 MRF 模型进行信息融合时,该能量方程被表示成能量分布的线性组合,它与比值图像每一通道的信息相关,即直接与比值图像每一通道的变化和不变化像素的单变量概率密度函数相关。能量方程可定义为($k=1,2,\cdots,N; i=0,1$):

$$U(H_i \mid u_k, C_k, \theta) = \sum_{r=1}^{n} \alpha_r[-\ln p_{ir}(u_{kr} \mid \xi_{ir})] - \beta m_{ik} \tag{3-59}$$

式中,$p_{ir}(\cdot \mid \xi_{ir})$ 表示第 r 个通道比值 u_{kr} 相对 H_i 的概率密度函数;ξ_{ir} 表示概率密度函数的参数矢量;m_{ik} 表示第 k 个像素的邻域中类标为 H_i 的数量;$\alpha_r(r=1,2,\cdots,n)$ 和 β 表示模型参数;$\theta = (\beta, \alpha_1, \alpha_2, \cdots, \alpha_n, \xi_{01}, \xi_{11}, \xi_{02}, \xi_{12}, \cdots, \xi_{0n}, \xi_{1n})$ 表示所有需要估计的模型参数矢量。

参数 $\beta, \alpha_1, \alpha_2, \cdots, \alpha_n$ 对式(3-59)所示的能量方程起着重要的作用。其中,参数 α_r 表示第 $r(r=1,2,\cdots,n)$ 个通道信息的可靠度,取值范围为 $[0,1]$,可表示如下:

$$\| 2\alpha - l \|_\infty \leqslant 1 \tag{3-60}$$

式中,l 表示具有 n 个单位值的 n 维矢量,$\alpha = (\alpha_1, \alpha_2, \cdots, \alpha_n)$。根据不同的分析目的,需要选择不同的限制条件。我们利用下列限制条件代替式(3-60):

$$\| 2\alpha - l \|_q \leqslant 1 \tag{3-61}$$

式中,$q \geqslant 2$,且 q 取一个整数值。当 q 取很大值时(如 $q=10$),式(3-61)的估计值与式(3-60)的估计值不同,而且可以避免得到不希望的退化参数值(如 $\alpha=0$ 的情况,$\alpha=0$ 意味着相应的通道影响将从 MRF 模型的能量方程中删除,这种情况在式(3-60)中可以出现,而式(3-61)中不会出现)。

3.3.2.3　概率密度函数模型

SAR 图像幅度比值的概率密度服从非高斯分布。采用 Nakagami Ratio(NR)模型、Weibull Ratio(WR)模型、Log-Normal(LN)模型来描述每个通道比值 u_{kr} 相对 H_i 的边缘概率分布($k=1,2,\cdots,N; r=1,2,\cdots,n; i=0,1$)。下面分别对上述模型进行介绍:

(1) NR 模型

NR 模型主要应用于 SAR 图像的幅度数据。对于每一个 H_i,假设在 t_0 和 t_1 时刻获得的 SAR 图像 τ_0 和 τ_1 是不相关的,并且具有相同的等效视数,下式表示图像幅度比值概率分布的 NR 模型:

$$p_i(u \mid L_i, \gamma_i) = \frac{2\Gamma(2L_i)}{\Gamma^2(L_i)} \frac{\gamma_i^{L_i} u^{2L_i - 1}}{(\gamma_i + u^2)^{2L_i}}, \ u > 0 \tag{3-62}$$

式中,L_i 和 $\gamma_i(L_i > 0, \gamma_i > 0)$ 表示模型参数($i=0,1$),$\Gamma(\cdot)$ 为 Gamma 方程。在此需要指出的是,同一区域的两幅图像在时间上是相关的,故上面提到的不相关的条件就无法得到满足。为了避免烦琐的条件参数模型和复杂的参数估计,在 SAR 图像变化检测时,可以近似认为图像满足该假设条件。

（2）WR 模型

如上文在 NR 模型中一样，仍然假设不同时刻获得的 SAR 幅度图像是相互独立的，即不考虑时间上的相关性。据此，我们得到下列幅度比值相对 H_i 的概率密度的 WR 模型：

$$p_i(u \mid \eta_i, \lambda_i) = \eta_i \lambda_i^{\eta_i} \frac{u^{\eta_i - 1}}{(\lambda_i^{\eta_i} + u^{\eta_i})^2}, \ u > 0 \tag{3-63}$$

式中，η_i 和 $\lambda_i (\eta_i, \lambda_i > 0)$ 表示模型参数。

（3）LN 模型

LN 模型是关于 SAR 图像密度数据和幅度数据的启发式概率密度模型。设 t_j 时刻获得的图像幅度数据为 $T_j(j = 0, 1)$，对于每一个 $H_i(i = 0, 1)$，如果在图像 T_j 中，第 k 个像素的幅度值 r_{jk} 服从 LN 分布，则它的对数 $\ln r_{jk}$ 服从高斯分布，并且图像的对数比值 $\ln u_k = \ln r_{0k} - \ln r_{1k}$ 也服从高斯分布，图像比值 $u_k(i = 0, 1; k = 1, 2, \cdots, N)$ 的概率密度的 LN 模型可表示如下：

$$p_i(u \mid \kappa_{1i}, \kappa_{2i}) = \frac{1}{u \sqrt{2\pi\kappa_{2i}}} \exp\left[-\frac{(\ln u - \kappa_{1i})^2}{2\kappa_{2i}}\right], \ u > 0 \tag{3-64}$$

式中，κ_{1i} 和 κ_{2i} 分别表示一阶和二阶对数累差。关于对数累差的内容将在后面介绍。

3.3.2.4 模型参数估计

我们的目的是基于式(3-58)和式(3-59)表示的 MRF 模型，通过最小化相应的能量方程产生变化图像。为了实现上述目的，首先必须采用合适的方法估计模型参数。本次采用 EM 结合对数累差（Method of Log-cumulants, MoLC）（EM-MoLC）的参数估计方法。EM 算法通过计算最大似然函数的估计值实现参数估计，它是循环估计方法，主要用于非完全数据情况下的模型参数估计。EM 参数估计的相关理论已在前文中进行了详细论述。但是，利用 EM 算法对(3-58)式和(3-59)式所示的 MRF 模型参数进行估计时存在两个问题：一个问题是由于算法同时包括 EM 估计和求上下文图像模型，且每次循环都需要 Gibbs 采样，所以计算量很大；另外一个更为严重的问题是，当采用 NR 和 WR 模型时，EM 算法没有相近的解决方式实现参数估计。为了解决上述问题，提出 EM-MoLC 参数估计方法，该方法基于最近提出的 Mellin 转换理论，通过定义一系列关于图像灰度分布的对数或对数累差的未知参数，将参数估计问题表示成求解一系列等式（常用非线性等式）的解。

MoLC 利用图像上下文信息进行参数估计，该方法被证明对许多 SAR 图像概率密度函数模型是有效的，且速度较快，具有很好的理论基础，更为重要的是，它对于 NR、WR 和 LN 模型都适用。下面首先介绍 MoLC，然后重点论述 NR、WR 和 LN 模型参数估计算法。

（1）MoLC 参数估计方法介绍

MoLC 是最近被提出的关于概率密度函数（Probality Density Function, PDF）模型的参数估计方法，其广泛应用于 SAR 图像幅度和密度数据模型的上下文参数估计。MoLC 基于矩统计，利用 Mellin 转换理论，而不是利用常规的 Fourier 和 Laplace 转换理论计算特征方程和矩生成方程。

给定随机变量 u，其矩生成方程（Moment Generagting Function, MGF）Φ_u 被定义为 PDF 的双向 Laplace 转换（Papoulis, 1991）：

$$\Phi_u(s) = L(p_u)(s) = \int_{-\infty}^{+\infty} p_u(u) \exp(su) \mathrm{d}u, \ s \in C \tag{3-65}$$

式中，$L(\cdot)$ 表示在 Lebesgue 空间 $L^1(R)$ 中的双向 Lebesgue 二次操作。据此，v 阶矩（$v=1,2,\cdots$）可以定义为：

$$m_v = E\{u^v\} = \Phi_u^{(v)}(0) \tag{3-66}$$

v 阶累差 k_v 被定义为：

$$\Psi_u(s) = \ln \Phi_u(s), k_v = \Psi_u^{(v)}(0) \tag{3-67}$$

很明显，一阶和二阶累差分别对应参数分布的均值和方差。

随机变量 u 的第二类特征方程 φ_u 被定义为关于 u 的 PDF 的 Mellin 转换，即

$$\varphi_u(s) = M(p_u)(s) = \int_0^{+\infty} p_u(u)u^{s-1}\mathrm{d}u, s \in C \tag{3-68}$$

式中，M 表示在 $L^1(0,+\infty)$ 上的 Mellin 转换。

分别定义下列公式：

① v 阶第二类矩：$u_v = \varphi_u^{(v)}(1)$，$v=1,2,\cdots$；

② 第二类矩的第二特征方程：$\psi_u(s) = \ln \varphi_u(s)$，$s \in S$；

③ v 阶第二类累差：$k_v = \psi_u^{(v)}(1)$，$v=1,2,\cdots$。

对数矩和对数累差也称为第二类矩和第二类累差，二者通过 u 的对数矩产生联系，即

$$u_v = E\{(\ln u)^v\}, k_1 = u_1 = E\{\ln u\}, k_2 = u_2^2 - u_1^2 = \mathrm{Var}\{\ln u\} \tag{3-69}$$

MoLC 是通过对数矩或通过求解一系列非线性等式，估计对数矩的采样矩来实现参数估计的。对于大部分 SAR 图像分布模型，这些等式的求解是可行的，且计算速度较快。

如果随机变量 u 满足下列等式，则称其服从广义高斯分布，即

$$p_u(u) = \frac{\gamma c}{2\Gamma(1/c)}\exp[-|\gamma(u-m)|^c], u \in R \tag{3-70}$$

式中，$c>0$，$\gamma>0$，$m \in R$，$m = E\{u\}$ 是广义高斯分布的期望值，c 是形状参数，c 用来控制概率密度函数的尖锐程度。

为了计算 p_r 的近似值，需进行极坐标变换，于是可以得到下列关于 SAR 图像幅度数据 $r(r \geqslant 0)$ 和相位 $\theta(\theta \in [0,2\pi])$ 的联合 PDF 分布：

$$p_{r\theta}(r,\theta) = \frac{\gamma^2 c^2 r}{4\Gamma^2(1/c)}\exp[-(\gamma r)^c(|\cos\theta|^c + |\sin\theta|^c)] \tag{3-71}$$

于是，相应图像幅度数据的边缘 PDF 可转化为：

$$p_r(r) = \int_0^{2\pi} p_{r\theta}(r,\theta)\mathrm{d}\theta = \frac{\gamma^2 c^2 r}{4\Gamma^2(1/c)}\int_0^{2\pi}\exp[-(\gamma r)^c(|\cos\theta|^c + |\sin\theta|^c)]\mathrm{d}\theta, r \geqslant 0 \tag{3-72}$$

因为相位 $\theta \in [0,2\pi] \mapsto |\cos\theta|^c + |\sin\theta|^c$ 以 $\pi/2$ 为周期，故最后可以得到：

$$p_r(r) = \frac{\gamma^2 c^2 r}{\Gamma^2(1/c)}\int_0^{\pi/2}\exp[-(\gamma r)^c(|\cos\theta|^c + |\sin\theta|^c)]\mathrm{d}\theta, r \geqslant 0 \tag{3-73}$$

我们将该分布称为广义高斯瑞利分布（Generalized Gaussian Rayleigh，GGR）（Rudin，1976）。

将式（3-73）代入式（3-68），得：

$$\varphi_r(s) = M(p_r)(s) = \frac{\gamma^2 c^2}{\Gamma^2(1/c)}\int_0^{+\infty} r^s \int_0^{\pi/2}\exp[-(\gamma r)^c(|\cos\theta|^c + |\sin\theta|^c)]\mathrm{d}\theta\mathrm{d}r$$

$$= \frac{\gamma^2}{\lambda^2\Gamma^2(\lambda)}\int_0^{+\infty} r^s \int_0^{\pi/2}\exp[-(\gamma r)^{1/\lambda}A(\theta,\lambda)]\mathrm{d}\theta\mathrm{d}r, s \in C \tag{3-74}$$

设置辅助参数 $\lambda = 1/c$ 和辅助方程 $A:[0,\pi/2] \times (0,+\infty) \rightarrow R$，即 $A(\theta,\lambda) = |\cos\theta|^{1/\lambda} +$

$|\sin\theta|^{1/\lambda}$。根据 Fubini-Tonelli 理论,方程 $(r,\theta)\mapsto r^s\exp[-(\gamma r)^{1/\lambda}A(\theta,\lambda)]$ 在 $[0,+\infty)\times[0,\pi/2]$ 上是 Lebesgue 可积的,为了进行积分运算,做如下变换:

$$\varphi_r(s)=\frac{\gamma^2}{\lambda^2\Gamma^2(\lambda)}\int_0^{\pi/2}\mathrm{d}\theta\int_0^{+\infty}r^s\exp[-(\gamma r)^{1/\lambda}A(\theta,\lambda)]\mathrm{d}r \qquad(3-75)$$

进一步变换处理 $r\mapsto\xi=(\gamma r)^{1/\lambda}A(\theta,\lambda)$,得:

$$\varphi_r(s)=\frac{\gamma^2}{\lambda^2\Gamma^2(\lambda)}\int_0^{\pi/2}\mathrm{d}\theta\int_0^{+\infty}\frac{\xi^{\lambda s}}{\gamma^s A(\theta,\lambda)^{\lambda s}}\exp(-\xi)\frac{\lambda\xi^{\lambda-1}}{\gamma A(\theta,\lambda)^\lambda}\mathrm{d}\xi$$

$$=\frac{1}{\lambda\gamma^{s-1}\Gamma^2(\lambda)}\int_0^{+\infty}\xi^{\lambda s+\lambda-1}\exp(-\xi)\mathrm{d}\xi\int_0^{\pi/2}\frac{1}{A(\theta,\lambda)^{\lambda s+\lambda}}\mathrm{d}\theta \qquad(3-76)$$

一阶积分称为 Gamma 方程,最终得到下列 GGR 模型的第二类特征方程:

$$\varphi_r(s)=\frac{\Gamma(\lambda s+\lambda)}{\lambda\gamma^{s-1}\Gamma^2(\lambda)}\int_0^{\pi/2}\frac{1}{A(\theta,\lambda)^{\lambda s+\lambda}}\mathrm{d}\theta \qquad(3-77)$$

于是第二类矩的第二特征方程变为:

$$\Psi_r(s)=\ln\varphi_r(s)=\ln\Gamma(\lambda s+\lambda)-\ln\lambda-(s-1)\ln\gamma-$$

$$2\ln\Gamma(\lambda)+\ln\int_0^{\pi/2}\frac{\mathrm{d}\theta}{A(\theta,\lambda)^{\lambda s+\lambda}} \qquad(3-78)$$

式中,$\Psi(\cdot)$ 表示 digamma 方程(通过求 Gamma 方程的对数导数得到),$\Psi(v,\cdot)$ 表示 v 阶 polygamma 方程(通过求 digamma 方程的 v 阶导数得到,$v=1,2,\cdots$),据此可以得到:

$$\psi'_r(s)=\lambda\Psi(\lambda s+\lambda)-\ln\gamma-\lambda\int_0^{\pi/2}\frac{\ln A(\theta,\lambda)}{A(\theta,\lambda)^{\lambda s+\lambda}}\mathrm{d}\theta\left[\int_0^{\pi/2}\frac{\mathrm{d}\theta}{A(\theta,\lambda)^{\lambda s+\lambda}}\right]^{-1} \qquad(3-79)$$

$$\psi''_r(s)=\lambda^2\Psi(1,\lambda s+\lambda)+\lambda^2\int_0^{\pi/2}\frac{\ln^2 A(\theta,\lambda)}{A(\theta,\lambda)^{\lambda s+\lambda}}\mathrm{d}\theta\left[\int_0^{\pi/2}\frac{\mathrm{d}\theta}{A(\theta,\lambda)^{\lambda s+\lambda}}\right]^{-1}-$$

$$\lambda^2\left[\int_0^{\pi/2}\frac{\ln A(\theta,\lambda)}{A(\theta,\lambda)^{\lambda s+\lambda}}\mathrm{d}\theta\right]^2\left[\int_0^{\pi/2}\frac{\mathrm{d}\theta}{A(\theta,\lambda)^{\lambda s+\lambda}}\right]^{-2} \qquad(3-80)$$

通过下列方程

$$G_v(\lambda)=\int_0^{\pi/2}\frac{\ln^v A(\theta,\lambda)}{A(\theta,\lambda)^{2\lambda}}\mathrm{d}\theta,\ v=0,1,2,\cdots \qquad(3-81)$$

可以得到一阶和二阶对数累差:

$$k_1=\psi'_r(1)=\lambda\Psi(2\lambda)-\ln\gamma-\lambda\frac{G_1(\lambda)}{G_0(\lambda)} \qquad(3-82)$$

$$k_2=\psi''_r(1)=\lambda^2\Psi(1,2\lambda)+\lambda^2\frac{G_2(\lambda)G_0(\lambda)-G_1(\lambda)^2}{G_0(\lambda)^2} \qquad(3-83)$$

利用 MoLC 进行参数估计时,首先利用图像数据 $T=\{r_1,r_2,\cdots,r_N\}$,计算 k_1 和 k_2 的采样均值和方差的估计值:

$$\hat{k}_1=\frac{1}{N}\sum_{k=1}^N\ln r_k,\ \hat{k}_2=\frac{1}{N-1}\sum_{k=1}^N(\ln r_k-\hat{k}_1)^2 \qquad(3-84)$$

这样,就可以利用式(3-82)和式(3-83)求 λ 和 γ 的估计值 $\hat{\lambda}$ 和 $\hat{\gamma}$。需要强调的是,式(3-83)不包括 γ,因此需要将非线性求解问题分成两个步骤:第一步通过求解式(3-84)估计 λ;第二步将 λ 的估计值 $\hat{\lambda}$ 代入式(3-83)得到 γ 的估计值。

(2)模型参数估计算法

① NR 模型参数估计算法

SAR 图像密度数据 v_0 和 v_1 服从 Gamma 分布［相应的幅度数据 $r_0 = \sqrt{v_0}$ 和 $r_1 = \sqrt{v_1}$ 服从 Nakagami 分布（Oliver，1998；Tison，2004）］。假设 v_0 和 v_1 具有相同的视数 L，其均值分别为 $\mu_0 = E\{v_0\}$ 和 $\mu_1 = E\{v_1\}$，则图像的密度数据比值 $q = v_0/v_1$ 的概率密度函数可表示如下：

$$p_q(q) = \gamma^L \frac{\Gamma(2L)}{\Gamma^2(L)} \frac{q^{L-1}}{(\gamma+q)^{2L}}, \ q > 0 \tag{3-85}$$

式中，$\gamma = \mu_0/\mu_1$，$\Gamma(\cdot)$ 表示 Gamma 方程。这样可以得到图像幅度比值 $u = r_0/r_1 = \sqrt{q}$ 的概率密度函数：

$$p_u(u) = 2u p_q(u^2) = \gamma^L \frac{2\Gamma(2L)}{\Gamma^2(L)} \frac{u^{2L-1}}{(\gamma+u^2)^{2L}}, \ u > 0 \tag{3-86}$$

根据 Mellin 转换理论，可以得到下列对数均值和对数方差：

$$E\{\ln v_j\} = \ln \mu_j + \Psi(L) - \ln L, j = 0, 1$$
$$\mathrm{Var}\{\ln v_j\} = \Psi(1, L), \ j = 0, 1 \tag{3-87}$$

式中，$\Psi(\cdot)$ 表示 Gamma 方程的一阶对数导数。由于 $2\ln u = \ln q = \ln v_0 - \ln v_1$，则图像幅度比值 u 的对数均值（一阶对数累差）可以表示为：

$$\kappa_1 = E\{\ln u\} = \frac{1}{2}(\ln \mu_0 - \ln \mu_1) = \frac{1}{2}\ln \gamma \tag{3-88}$$

同理，图像幅度比值 u 的对数方差（二阶对数累差）可以表示为：

$$\kappa_2 = \mathrm{Var}\{\ln u\} = \frac{1}{4}\mathrm{Var}\{\ln q\} = \frac{1}{4}(\mathrm{Var}\{\ln v_0\} + \mathrm{Var}\{\ln v_1\}) = \frac{1}{2}\Psi(1, L) \tag{3-89}$$

据此，NR 模型参数估计的结果如下：

$$2\kappa_{1i} = \ln \gamma_i, \quad 2\kappa_{2i} = \Psi(1, L_i) \tag{3-90}$$

式中，$\kappa_{1i} = E\{\ln u | H_i\}$，$\kappa_{2i} = \mathrm{Var}\{\ln u | H_i\}(i = 0, 1)$ 分别表示一阶和二阶对数累差；$\mathrm{Var}(\cdot)$ 表示求方差；$\Psi(1, \cdot)$ 表示一阶多项式方程（如 Gamma 方程）的二阶对数导数。可以利用比值图像 R 的直方图计算 κ_{1i} 和 κ_{2i} 的估计值 $\hat{\kappa}_{1i}$ 与 $\hat{\kappa}_{2i}$，结果如下：

$$\hat{\kappa}_{1i} = \frac{\sum_{u \in R_i} h(u) \ln u}{\sum_{u \in R_i} h(u)}, \hat{\kappa}_{2i} = \frac{\sum_{u \in R_i} h(u)(\ln u - \hat{\kappa}_{1i})^2}{\sum_{u \in R_i} h(u)} \tag{3-91}$$

于是，通过求解式（3-90）即可得到 L_i 和 γ_i 的估计值 $\hat{L}_i$ 与 $\hat{\gamma}_i$。

② WR 模型参数估计算法

对于 SAR 图像幅度数据 r_j，其服从 Weibull 分布，表示如下：

$$f_j(r) = \frac{\eta}{\xi_j^\eta} r^{\eta-1} \exp\left[-\left(\frac{r}{\xi_j}\right)^\eta\right], \ r > 0; j = 0, 1 \tag{3-92}$$

式中，ξ_0 和 ξ_1 是标量参数，η 是形状参数。假设 r_0 和 r_1 相互独立，则图像幅度比值 $u = r_0/r_1$ 的概率密度函数可以表示为：

$$p_u(u) = \int_0^{+\infty} r f_0(ur) f_1(r) \mathrm{d}r, \ u > 0 \tag{3-93}$$

将式（3-92）代入式（3-93），得：

$$p_u(u) = \frac{\eta^2 u^{\eta-1}}{(\xi_0 \xi_1)^\eta} \int_0^{+\infty} r^{2\eta-1} \exp[-A(u) r^\eta] \mathrm{d}r \tag{3-94}$$

其中：

$$A(u)=\frac{1}{\xi_1^\eta}+\frac{1}{\zeta_0^\eta}$$

进行变量变换 $r\mapsto\rho=A(u)r^\eta$，处理后得：

$$p_u(u)=\frac{\eta u^{\eta-1}}{(\xi_0\xi_1)^\eta A\ (u)^2}\int_0^{+\infty}\rho\exp(-\rho)\mathrm{d}\rho=\eta u^{\eta-1}\ \frac{(\xi_0\xi_1)^\eta}{(\xi_0^\eta+\xi_1^\eta u^\eta)^2} \tag{3-95}$$

令 $\lambda=\xi_0/\xi_1$，则有：

$$p_u(u)=\eta\lambda^\eta\ \frac{u^{\eta-1}}{(\lambda^\eta+u^\eta)^2} \tag{3-96}$$

根据 Mellin 转换理论，可以得到 Weibull 分布的一阶和二阶对数累差，即

$$E\{\ln r_j\}=\ln\xi_j+\frac{\psi(1)}{\eta},\mathrm{Var}\{\ln r_j\}=\frac{\psi(1,1)}{\eta^2} \tag{3-97}$$

据此，可以计算图像幅度比值的一阶对数累差：

$$\kappa_1=E\{\ln u\}=E\{\ln r_0-\ln r_1\}=\ln\xi_0-\ln\xi_1=\ln\lambda \tag{3-98}$$

根据独立性假设，可以得到图像幅度比值的二阶对数累差：

$$\kappa_2=\mathrm{Var}\{\ln u\}=\mathrm{Var}\{\ln r_0\}+\mathrm{Var}\{\ln r_1\}=\frac{2\Psi(1,1)}{\eta^2} \tag{3-99}$$

据此，WR 模型参数估计的结果如下：

$$\kappa_{1i}=\ln\lambda_i,\kappa_{2i}=\frac{2\Psi(1,1)}{\eta_i^2} \tag{3-100}$$

这样，可以通过解式(3-100)即可得到估计值 $\hat{\eta}_i$ 和 $\hat{\lambda}_i$。

③ LN 模型参数估计算法

对于 LN 模型，由于其分布参数直接是一阶和二阶对数累差，因此其参数估计比较简单，直接利用式(3-91)就可以实现参数估计。

3.3.2.5 GKIT 初始化

对于 SAR 图像每一通道的比值数据，采用广义 K&I 方法(Generalized Kittler & Illingworth Technique，GKIT)进行初始化，产生初始变化图。下面对 GKIT 初始化算法进行介绍。

(1) GKIT 初始化原理

GKIT 通过计算分类误差的最小值，自动确定最佳分类阈值，从而实现一幅比值图像两个类别的分类。给定一个单波段图像 $T=\{z_1,z_2,\cdots,z_N\}$，其由一系列独立分布的随机变量 p_z 构成的模型组成，设 H_0 和 H_1 分别表示需要划分的两个类别，τ 表示阈值。对于第 k 个像素，如果 $z_k<\tau$，该像素被划分为 H_0；如果 $z_k>\tau$，则该像素被划分为 $H_1(k=1,2,\cdots,N)$。对于每一个 $H_i(i=0,1)$，K&I 假设图像灰度 $z_k(k=1,2,\cdots,N)$ 的概率密度函数服从均值为 m_i、方差为 σ_i^2 的高斯分布，即 $N(m_i,\sigma_i^2)$。$p_i(\cdot\mid m_i,\sigma_i)$ 表示概率密度函数，且每一个 H_i 的先验概率为 $P_i=P(H_i)$，可根据贝叶斯准则(最大后验概率准则)求分类误差的最小值。实际操作时，本书通过最小化一个标准方程 $J(\tau)$ 来选择最优阈值。

通常将图像灰度级 T 量化成 Z 个级别 $\{0,1,\cdots,Z-1\}$，用 $\{h(z):z=0,1,2,\cdots,Z-1\}$ 表示 T 的归一化柱状图，通过求代价函数 $c(z,\tau)$ 的平均值来确定标准方程 $J(\tau)$。代价函数用于定量表示分类的代价，一般由基于直方图的代价函数的均值 $E\{c(z,\tau)\}$ 的估计值表示，

通过估计图像灰度直方图的绝对概率密度函数 p_z 得到,即

$$J(\tau) = \sum_{z=0}^{Z-1} h(z) c(z, \tau) \tag{3-101}$$

对于每一个 $H_i (i=0,1)$,需要估计的参数包括 P_i、m_i 和 σ_i^2,结果如下:

$$\hat{P}_{i\tau} = \sum_{z \in R_{i\tau}} h(z)$$

$$\hat{m}_{i\tau} = \frac{\sum_{z \in R_{i\tau}} z h(z)}{\sum_{z \in R_{i\tau}} h(z)}$$

$$\hat{\sigma}_{i\tau}^2 = \frac{\sum_{z \in R_{i\tau}} h(z) (z - \hat{m}_{i\tau})^2}{\sum_{z \in R_{i\tau}} h(z)} \tag{3-102}$$

其中:

$$R_{0\tau} = \{0, 1, \cdots, \tau\}, \quad R_{1\tau} = \{\tau+1, \tau+2, \cdots, Z-1\} \tag{3-103}$$

分别表示划分为 H_0 和 H_1 的像素的灰度值。

利用下式确定代价函数:

$$c(z, \tau) = \begin{cases} -\ln \hat{p}_{0\tau} - \ln p_0(z \mid \hat{m}_{0\tau}, \hat{\sigma}_{0\tau}), & z = 0, 1, \cdots, \tau \\ -\ln \hat{p}_{1\tau} - \ln p_1(z \mid \hat{m}_{1\tau}, \hat{\sigma}_{1\tau}), & z = \tau+1, \tau+2, \cdots, Z-1 \end{cases} \tag{3-104}$$

于是,标准方程可以表示为:

$$J(\tau) = \sum_{i=0}^{1} \hat{P}_{i\tau} (\ln \hat{\sigma}_{i\tau} - \ln \hat{P}_{i\tau}) \tag{3-105}$$

根据最小误差准则,最优阈值 τ^* 可以由下式得到:

$$\tau^* = \arg \min \{J(\tau) : \tau = 0, 1, \cdots, Z-1\} \tag{3-106}$$

（2）GKIT 初始化的实现

设 T_0 和 T_1 分别表示在 t_0 和 $t_1 (t_1 > t_0)$ 时刻获得的,位于同一区域、大小相等且经过配准的两幅 SAR 图像。对 t_j 时刻获取的图像 T_0 和 T_1 进行建模,即 $T_j = \{r_{j1}, r_{j2}, \cdots, r_{jN}\}$（$N$ 表示图像像素的个数）$(j=0,1)$。我们的目的是检测出在时间段 $[t_0, t_1]$ 内发生变化的像素。

设 $R = \{u_1, u_2, \cdots, u_N\}$ 表示比值图像,其中 $u_k = r_{0k}/r_{1k} (k=1,2,\cdots,N)$。设 H_0 和 H_1 分别表示不变化和变化类别,根据最优阈值 τ^* 划分 R 中的不变化和变化像素。

为了既检测后向散射增强的像素,又检测后向散射减弱的像素,须采用双阈值法。τ_1 和 τ_2 表示双阈值 $(\tau_1 < 1 < \tau_2)$,对于比值 u_k 的第 k 个像素,如果满足 $\tau_1 < u_k \leqslant \tau_2$,则该像素划分为不变化类;如果满足 $u_k \leqslant \tau_1$ 或 $u_k > \tau_2 (k=1,2,\cdots,N)$,则该像素划分为变化类。为了简化阈值选择过程,在 SAR 图像变化检测时常选择单阈值,即如果满足 $u_k \leqslant \tau$,则该像素划分为不变化将类;如果满足 $u_k > \tau$,则该像素划分为变化类。特别需要指出是,该算法是为了检测后向散射减弱的情况。可以利用该单阈值方法,检测后向散射增强的情况,操作方法是反向求图像比值,即

$$\tilde{R} = \{\tilde{u}_1, \tilde{u}_2, \cdots, \tilde{u}_N\}$$

式中,$\tilde{u}_k = r_{1k}/r_{0k} = 1/u_k (k=1,2,\cdots,N)$。

3.3.2.6　变化检测实现

基于 MoLC 参数估计算法和 EM 算法的基本理论描述,运用混合 EM-MoLC 算法,对

式(3-58)所示的概率密度函数模型进行参数估计,在 GKIT 初始化的基础上,经过循环操作,最终实现多通道 SAR 图像变化检测。其中,第 t 次循环操作如下:

(1) 利用式(3-58)和式(3-59)计算每个通道第 k 个像素的后验概率 $P\{l_k=H_i|\mu_k,C_k^t,\theta^t\}(k=1,2,\cdots,N;i=0,1)$。

(2) 通过最小化 MRF 模型能量方程,设置 l_k^{t+1} 的类标为 H_i,该类标对应于能量方程 $U(H_i|\mu_k,C_k^t,\theta^t)(k=1,2,\cdots,N;i=0,1)$ 的最小值,然后更新每个通道第 k 个像素的类标。

(3) 更新空间参数 β 和对数均值及对数方差,方法如下 $(k=1,2,\cdots,N;i=0,1)$:

$$k_{1ir}^{t+1}=\frac{\sum_{k=1}^N\omega_{ik}^t\ln\mu_{kr}}{\sum_{k=1}^N\omega_{ik}^t}$$

$$k_{2ir}^{t+1}=\frac{\sum_{k=1}^N\omega_{ik}^t(\ln\mu_{kr}-k_{1ir}^{t+1})^2}{\sum_{k=1}^N\omega_{ik}^t} \tag{3-107}$$

$$\beta^{t+1}=\arg\max_{\beta>0}\sum_{k=1}^N\left[\beta\sum_{i=0}^1\omega_{ik}^t m_{ik}^t-\ln\sum_{i=0}^1\exp(\beta n_{ik}^t)\right]$$

如果第 k 个像素在步骤(2)被标示为 H_i,则 $\omega_{ik}^t=P\{l_k=H_i|\mu_k,C_k^t,\theta^t\}$,否则 $\omega_{ik}^t=0(k=1,2,\cdots,N;i=0,1)$。

(4) 将步骤(3)中计算的对数均值 k_{1ir}^{t+1} 和对数方差 k_{2ir}^{t+1} 代入相应的 MoLC 公式中,估计未知参数,对每一个通道 r 和每一个假设 H_i,应将概率密度函数模型(NR、WR 或 LN)中的参数矢量 ξ_{ir} 更新为 ξ_{ir}^{t+1}。

(5) 利用下式更新每一个通道 r 的可靠因子 $\alpha_r(r=1,2,\cdots,n)$:

$$\alpha_r^{t+1}=\frac{1}{2}+\frac{1}{2}\sqrt[q-1]{\frac{c_r^t}{\|c^t\|_{q'}}} \tag{3-108}$$

其中:

$$q'=\frac{q}{q-1},\quad c_r^t=\sum_{k=1}^N\sum_{i=0}^1\omega_{ik}^t\ln p_{ir}(\mu_{kr}|\xi_{ir}^{t+1}) \tag{3-109}$$

式中,$\|c^t\|_{q'}$ 表示矢量 $c^t=(c_1^t,c_2^t,\cdots,c_n^t)$ 的 q' 范数。

当两次估计得到的参数之差小于一个给定的阈值(采用的阈值是 0.001)时,循环过程结束,输出最终的变化检测图像。

3.3.2.7 实验结果与讨论

(1) 实验数据和检测结果

为了验证所研究的基于 MRF 模型多通道 SAR 图像变化检测算法的性能和可靠性,采用 TerraSAR-X 图像的 3 个通道数据(X-HH、X-HV 和 X-VV)进行实验,图 3-11(a)和图 3-11(b)分别表示 2010 年 3 月 8 日和 2010 年 6 月 19 日的原始图像,图像大小为 177×192。首先利用 GKIT 初始化算法和 LN 模型对每个比值通道数据进行初始化,图 3-11(c)表示图像 X-HH 通道数据的初始化结果;其次利用上述 3 个通道数据,采用 LN 模型进行变化检测(取 $q=2$),图 3-11(d)表示检测结果。

为了进一步验证算法的性能,将其检测结果与基于 MRF 模型单通道数据(X-HH 通道)的检测结果和提出的基于多元 LN 模型的多通道 SAR 图像变化检测算法的检测结果进行比较。基于多元 LN 模型的多通道 SAR 图像变化检测算法是利用 LN 模型对多通道比值数据进行联合建模的,所有 n 个通道幅度比值矢量 μ_k 相对 H_i 的联合概率密度函数模型表示如下:

$$p_i(\mu_k|\kappa_{1i},K_{2i})(\kappa=1,2,\cdots,N;i=0,1) \tag{3-110}$$

该模型包括下列参数:n 维矢量 κ_{1i},其第 r 个元素表示相对 H_i 的对数均值;$n \times n$ 维矩阵 K_{2i},其第 (r,s) 个元素表示对数协方差 $E\{(\ln \mu_{kr}-\kappa_{1ir})(\ln \mu_{ks}-\kappa_{1is})|\ell_k=H_i\}(i=0,1;r,s=1,2,\cdots,n)$。通过最小化下列能量方程实现非监督变化检测 $(i=0,1;k=1,2,\cdots,N)$:

$$U(H_i|\mu_k,C_k,\theta)=-\ln p_i(\mu_k|\kappa_{1i},K_{2i})-\beta m_{ik} \tag{3-111}$$

式中,$\theta=(\beta,\kappa_{10},\kappa_{11},K_{20},K_{21})$。

图 3-10(e) 和图 3-10(f) 分别表示 X-HH 单通道数据的检测结果和基于多元 LN 模型的多通道 SAR 图像变化检测算法的检测结果。

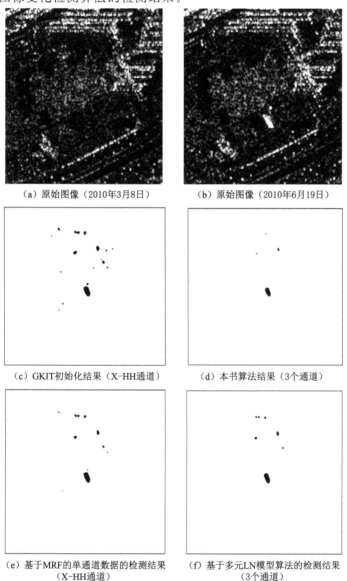

（a）原始图像（2010年3月8日）　　　　（b）原始图像（2010年6月19日）

（c）GKIT初始化结果（X-HH通道）　　　（d）本书算法结果（3个通道）

（e）基于MRF的单通道数据的检测结果　　（f）基于多元LN模型算法的检测结果
　　　（X-HH通道）　　　　　　　　　　　　（3个通道）

图 3-10　原始图像和不同算法变化检测结果

（2）检测结果精度评定

为了定量评价本书研究的算法性能,仍然采用平均检测率、虚警率和平均错误率进行定量精度评价。对于上述算法的 4 种检测结果,即 GKIT 初始化结果(X-HH 通道数据)、本书研究的算法($q=2$,LN 模型)的检测结果、X-HH 单通道数据的检测结果(LN 模型)、基于多元 LN 模型算法的检测结果,分别计算其平均检测率、虚警率和平均错误率。具体计算结果见表 3-2。

表 3-2 不同算法的检测结果精度对比表

精度指标	GKIT(LN 模型) (X-HH 通道)	本书算法(LN 模型) (3 个通道)	本书算法 (X-HH 通道)	多元 LN 模型 算法(3 个通道)
平均检测率/%	48.95	96.01	91.65	93.16
虚警率/%	3.35	0.13	2.75	2.05
平均错误率/%	7.49	0.91	3.98	2.85

从表 3-2 的精度对比中可以看出,利用多通道数据进行变化检测的结果比仅利用单通道数据进行检测的结果精度高,这主要是因为仅仅利用单通道数据进行检测,易受到图像噪声和初始化结果的影响。同时对 X-HH、X-VV 和 X-HV 三个通道数据进行变化检测,本研究的算法与基于多元 LN 模型的多通道 SAR 图像变化检测算法相比,平均检测率高出近 3 个百分点,且虚警率和平均错误率低很多,这主要是因为本算法将每一个比值通道数据作为不同的信息源,分别对单比值通道数据进行统计建模,单独利用它们的边缘概率密度函数进行估计,这样就可以充分利用图像不同通道信息和空间上下文信息;基于多元 LN 模型的多通道 SAR 图像变化检测算法是对所有比值通道数据进行联合建模的,而联合幅度比值的概率密度函数的估计精度受到的限制比每一个幅度比值单个概率密度函数估计精度受到的限制多。

（3）算法鲁棒性分析

为了进一步研究算法的可靠性,将图像每个通道数据加入同一均值的乘性噪声,使其等效视数(Equivalent Number of Looks,ENL)分别为 4,3.5,3,2.5,2,1.5,1。对于含有不同等效视数的图像,分别利用本研究的算法(为了进行公平对比,采用 LN 模型)和基于多元 LN 模型的多通道 SAR 图像变化检测算法进行变化检测,分别计算检测结果的平均检测率和平均错误率,并绘制它们与等效视数的关系曲线,结果如图 3-11 所示。

由上述实验结果可以看出,当 ENL≥3 时,本研究的算法和基于多元 LN 模型的算法都较稳定,随着 ENL 的逐渐减小,基于多元 LN 模型算法的稳定性也逐渐变差,而本研究的算法仍然很稳定;当 ENL 分别取 4 和 1 时,两种算法的平均检测率之差分别为 1.8% 和 3.8%,这进一步说明本研究的算法对图像噪声检测有很强的鲁棒性。

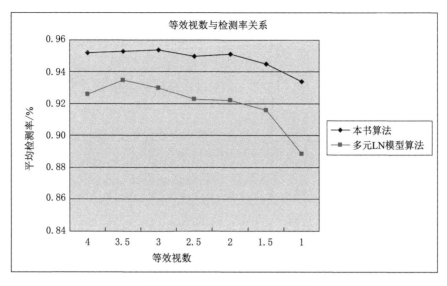

（a）等效视数与平均检测率的关系曲线

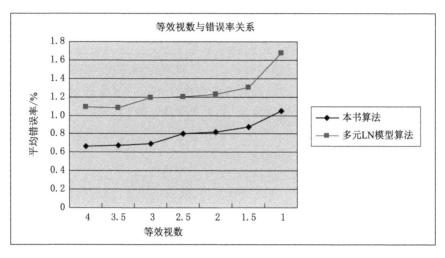

（b）等效视数与平均错误率的关系曲线

图 3-11　平均检测率和平均错误率与等效视数关系曲线

第 4 章　基于 SVM 的遥感图像分类

　　分析常用的遥感图像分类方法可知,监督分类和非监督分类,这些常规的统计分类方法依据的都是数理统计学理论,如 ISODATA、最大似然法等。由于是基于数理统计理论的,所以常规统计算法一般在样本数目趋于无穷大时,才能获得较好的分类精度,但是在实际工作中样本的数目往往是有限的,所以这些分类方法难以取得理想的分类效果。除无监督学习和聚类、最大似然估计法外,近年来,贝叶斯决策法、BP 神经网络这两类机器学习算法被广泛应用于遥感影像分类研究中,取得了很好的结果。但这两种方法也存在一些固有的缺陷:贝叶斯决策法需要不同种类地物分布的先验概率;BP 神经网络方法需要精细复杂的网络结构,初始输入参数的微小变化对收敛速度影响很大。

　　基于此,Vapnik 等人在统计学习理论的基础上提出了支持向量机(Support Vector Machine,SVM)理论。支持向量机作为一种最新的也是最有效的统计学习方法,近年来成为模式识别与机器学习领域一个新的研究热点。

　　支持向量机方法是建立在统计学习理论的 VC 维理论和结构风险最小原理基础上的,根据有限的样本信息在模型的复杂性(即对特定训练样本的学习精度)和学习能力(即无错误地识别任意样本的能力)之间寻求最佳折中,以获得最好的推广能力。支持向量机方法的主要优点有:

　　① 专门针对有限样本,其目标是得到现有信息下的最优解而不仅仅是样本数趋于无穷大时的最优值;

　　② 算法最终将转化成为一个二次型寻优问题,从理论上说,得到的将是全局最优解,解决了在神经网络方法中无法避免的局部极值问题;

　　③ 算法将实际问题通过非线性变换转换到高维特征空间,在高维空间中构造线性判别函数来实现原空间中的非线性判别函数,特殊性质能保证机器有较好的推广能力,同时巧妙地解决了维数问题,其算法复杂度与样本维数无关;

　　SVM 的最大特点是根据结构风险最小化原则,尽量提高学习机的泛化能力,即由有限的训练集样本得到的小误差能够保证对独立测试集仍保持小的误差,这种具有小样本学习、抗噪声性能好、学习效率高的 SVM 方法在遥感信息提取方面,特别是在缺少先验知识的情况下,具有较强的推广能力。

　　在 SVM 方法中,只要定义不同的内积函数,就可以实现多项式逼近、贝叶斯分类器、径向基函数(Radial Basic Function 或 RBF)、多层感知器网络等许多现有学习算法。

　　统计学习理论从 20 世纪 70 年代末诞生,到 20 世纪 90 年代之前都处在初级研究和理论准备阶段,近几年才逐渐得到重视和趋向完善,并产生了支持向量机这一将这种理论付诸实现的有效的机器学习方法。目前,SVM 算法在模式识别、回归估计、概率密度函数估计等方面都得到广泛应用。例如,在模式识别方面,对于手写数字识别、语音识别、人脸图像识别、文章分类等问题,SVM 算法在精度上已经超过传统的学习算法或与之不相上下。

作为 SVM 的奠基者,Vapnik 早在 20 世纪 60 年代就开始了统计学习理论的研究。1971 年,他和 Chervonenkis 提出了 VC 维理论。1982 年,Vapnik 进一步提出了结构风险最小化原理,奠定了 SVM 算法的基石。1995 年,Vapnik 完整地提出了 SVM 分类算法。1997 年,他又与 Ggokowich 和 Smola 详细介绍了基于 SVM 的回归算法和信号处理方法。

在遥感影像分析领域,SVM 算法的应用研究起步稍晚,但近年来引起了很多学者的关注。在国外,Blumberg 等利用基于 SVM 的算法对 ASTER 数据进行分类处理,结果表明,该方法具有收敛性好、训练速度快、分类精度高等性能。Foody 等研究了小样本在高光谱分类时对 SVM 分类的影响。Vails 等提出了用模糊 Sigmoid 核进行遥感影像分类可取得较高的分类精度,并且与其他核函数相比具有较低的计算量。Vails 等还研究了多种 SVM 混合核函数对高光谱遥感分类的影响,提出了交叉信息核的概念。Bruzzone 等提出了用一种增量 SVM 进行半监督的遥感影像分类方法,能够应用无标识的样本进行分类,对小样本学习更具有优势。Fauvel 等应用 SVM 与决策树融合进行高光谱遥感影像分类,取得了较好的分类效果。

在国内,张艳宁等采用 SVM 方法对二值化后的可见光遥感影像进行分类,获得了比欧几里得距离法和神经网络法更好的性能。刘志刚等提出了特征空间中的类间可分性度量,并基于该度量通过聚类算法构造了二叉树和单层聚类两种层次 SVM。沈照庆提出一种基于 NPA 的加权“1Vm”SVM 高光谱影像分类算法,并且成功应用于高光谱遥感影像分类。杜培军、谭琨等比较分析了 SVM 的核函数对分类精度的影响,提出 RBF 核函数在高光谱遥感影像分类中具有较高的分类精度。黄昕提出了一种多尺度空间特征融合的分类方法,旨在利用不同尺度的空间邻域特征弥补传统方法的不足,针对不同尺度特点,用小波变换压缩空间邻域特征,并结合 SVM 得到不同尺度下的分类结果,然后根据尺度选择因子为每个像元选择最佳类别,结果表明该算法能有效提高高分辨率遥感影像分类精度。

4.1　SVM 理论及算法原理

4.1.1　引言

机器学习是从观测数据(样本)出发寻找规律,研究计算机怎样模拟或实现人类的学习行为,利用这些规律对未来数据或无法观测的数据进行预测以获取新的知识或技能,重新组织已有的知识结构使之不断改善自身性能。机器学习的应用遍及人工智能的各个领域,但是迄今为止,还没有一种被共同接受的关于机器学习的理论框架。机器学习的实现有两种方法:

第一种称为经验非线性方法,它利用已知样本建立非线性模型,克服了传统参数估计方法的困难,如人工神经网络(ANN)。但是,这种方法缺乏统一的数学理论。

第二种方法是经典(参数)统计估计方法。这种方法基于统计学基础,模型中参数的相关形式是已知的,根据从总体中抽取的样本估计总体分布中包含的未知参数的值,包括模式识别、神经网络方法等。这种方法有两个方面的局限性:

① 它需要已知样本分布形式,但这往往很难做到,且代价高昂;

② 实际问题中,样本数往往是有限的,而经典统计估计方法却是研究样本数目趋于无

穷大时的渐近理论,脱离实际情况,在实际表现中可能不尽如人意。

与传统的统计学相比,SVM 是 20 世纪 90 年代中期,Vapnik 等在统计学习、VC 维、结构风险最小化、核函数等理论的基础上提出的一种新的机器学习方法。从分类的角度来讲,SVM 是一种广义的线性分类器,它是在 Rossenblatt 线性感知器的基础上,通过引入风险最小化理论、核函数理论、最优化理论演化而成的。

4.1.2 统计学习理论的核心内容

传统机器学习方法都是在样本数目足够多的前提下,采用经验风险最小化原则(Empirical Risk Minimization,ERM)进行研究的。但实际问题中,样本数量往往是有限的,直接采用经验风险最小化原则很不合理。统计学习理论为解决有限样本学习问题提供了统一的框架,它从小样本条件出发研究机器学习规律,将很多现有方法纳入其中,解决许多原来难以解决的问题,比如神经网络结构选择问题、局部极小问题等。SVM 则是在统计学习理论基础上产生的新的学习方法,它以结构风险最小化和高维空间低 VC 维为原则构造最优分类平面。

(1)统计学习理论

统计学习理论的基本内容诞生于 20 世纪 60 至 70 年代,到 90 年代中期,随着其理论研究的不断发展和成熟,同时由于神经网络等学习方法在理论上缺乏实质性进展,统计学习理论受到世界机器学习界的广泛重视,形成一个较完善的理论体系。统计学习理论第一次强调了小样本统计学习问题,它主要包括四个方面的内容:

① 学习问题一致性的充要条件:经验风险值收敛于实际风险值;

② 在学习问题一致性的充要条件下关于统计学习方法推广性界的结论;

③ 在推广能力界的基础上针对小样本的归纳推理原则——结构风险最小化原则;

④ 实现结构风险最小化原则的实际算法——支持向量机。

(2)VC 维

统计学习理论的一个核心概念就是 VC 维概念,它是描述函数集或学习机器的复杂性或者学习能力的一个重要指标,在此概念基础上发展出了一系列关于统计学习的一致性、收敛速度、推广性能等重要结论。

模式识别方法中 VC 维的直观定义是:对于一个指示函数集,如果存在 n 个样本能够被函数集中的函数按所有可能 $2n$ 种形式分开,则称函数集能够把 n 个样本打散;函数集的 VC 维就是它能打散的最大样本数目 n。若对任意数目的样本都有函数能将它们打散,则函数集的 VC 维是无穷大。有界实函数的 VC 维可以通过一定的阈值将它转化成指示函数来定义。VC 维反映了函数集的学习能力,VC 维越大则学习机器越复杂(容量越大),它是描述函数集或学习机器复杂性的一个重要指标。目前尚没有通用的理论可以计算任意函数集的 VC 维,对于一些比较复杂的学习机器,其很难确定 VC 维。

(3)推广性的界

统计学习理论系统地研究了各种类型函数集的经验风险和实际风险之间的关系,即推广性的界。关于两种分类问题,对指示函数集中的所有函数(包括使经验风险最小的函数),经验风险 $R_{emp}(w)$ 和实际风险 $R(w)$ 之间以至少 $1-\eta$ 的概率满足如下关系:

$$R(w) = R_{emp}(w) + \sqrt{\frac{h\left(\ln\left(\frac{2n}{h}\right) + 1\right) - \ln(\eta/4)}{n}} \tag{4-1}$$

式中，h 是函数集的 VC 维，n 是样本数。

这一结论从理论上说明了学习机器的实际风险是由两部分组成的：一是经验风险（训练误差），另一部分称作置信范围，它和学习机器的 VC 维及训练样本数有关。可以简单地表示为：

$$R(w) = R_{emp}(w) + \Phi(h/n) \tag{4-2}$$

它表明在有限训练样本下，学习机器的 VC 维越高（复杂性越高）则置信范围越大，导致真实风险与经验风险之间可能的差别越大，这就是出现过学习现象的原因。机器学习过程不但要使经验风险最小，还要使 VC 维尽量小以缩小置信范围，才能取得较小的实际风险，即对未来样本有较好的推广性。

需要指出的是推广性的界是对最坏情况的结论，在很多情况下是较松的，尤其当 VC 维较高时更是如此，而且，这种界只在对同一类学习函数进行比较时有效，可以指导我们从函数集中选择最优函数，在不同函数集之间比较却不一定成立。Vapnik 指出，寻找更好地反映学习机器能力的参数和得到更紧的界是学习理论今后的研究方向。

（4）结构风险最小化原则

传统机器学习方法中的经验风险最小化原则在小样本情况下是不合理的，在机器学习过程不仅需要最小化经验风险 $R_{emp}(w)$，同时要最小化置信范围 $\Phi(h/n)$。如果机器学习能力过强（VC 维很大），虽然能够取得小的经验风险，但是置信范围会很大，真实风险与经验风险之间差别较大，出现过学习现象；VC 维太小又会导致大的经验风险，出现欠学习现象。因此，必须在两者之间进行权衡。

统计学习理论对此提出了一种新的策略：把函数集 $S = \{f(x,w), w \in \Omega\}$ 分解为一个嵌套的函数子集序列：

$$S_1 \subset S_2 \subset \cdots \subset S_k \subset \cdots \subset S \tag{4-3}$$

使各个子集能够按照 VC 维的大小进行排列：

$$h_1 \ll h_2 \ll \cdots \ll h_3 \ll \cdots \ll h \tag{4-4}$$

这时同一个子集中置信范围相同，在每一个子集中寻找最小经验风险，通常它随着子集复杂度的增加而减小。选择使最小经验风险与置信区间之和最小的子集，就可以达到期望风险最小，这个子集中使经验风险取最小值的函数就是我们所要求的最优函数，这种在样本逼近程度和函数复杂程度之间取得折中策略的方法称为结构风险最小化原则（Structural Risk Minimization，SRM）（如图 4-1 所示），简称 SRM 原则。

4.1.3　SVM 理论及算法

SVM 是一种学习机制，可以改善传统神经网络学习方法的理论弱点。SVM 是从线性可分情况下的两种分类问题发展而来的，建立在统计学习理论的 VC 维理论和结构风险最小化准则基础上，采用结构风险最小化，根据有限的样本信息在对待定训练样本的学习精度和无错误地识别任何样本的能力之间寻求平衡，获得最好的推广能力。此外，SVM 是一个凸二次优化问题，能保证求解出的值是全局最优解。在实现过程中，对于特征空间中线性不

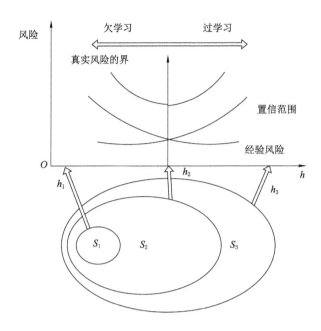

图 4-1 结构风险最小化原则示意图

可分的问题,SVM 通过核函数将输入特征向量映射到高维空间,并采用一个惩罚因子来综合考虑间隔和松弛因子的影响,从而在此空间构造最优分类超平面,有效克服了过高的维数带来的庞大计算量,在解决非线性问题时表现出巨大的优势。SVM 理论比人工神经网络的结构简单,而且具有较好的推广能力,能够解决小样本情况下的高维特征空间分类问题,并且具有较高的精度。相比高分辨率遥感影像的庞大数据量,SVM 只需较少的样本就能建立精度很高的分类模型,在高分辨率遥感影像分类中表现出独特的优势,已经得到广泛应用。

从分类角度来说,SVM 可以被认为是一种广义的线性分类器,其以线性分类器为基础研究理论,由 SRM、最优分类平面和核函数三者相结合演化而成。SVM 的目标在于寻求有限的样本信息在模型的复杂性和学习能力之间的最佳折中,获得最好的推广能力。SVM 在解决小样本、非线性及高维模式识别中表现出许多特有的优势,主要表现在以下几个方面:

(1) SVM 是一种有坚实理论基础的小样本学习方法,其不仅仅可获得样本数趋于无穷大时的最优值,更追求获得现有信息下的最优解。

(2) 由于 SVM 的最终决策函数只由少数的支持向量所确定,支持向量的数目决定了计算的复杂性程度,而与样本空间的维数无关,这在某种意义上避免了"维数灾难"。

(3) 由于 SVM 算法最终将转化为求解一个二次型寻优问题,因此从理论上说,用该算法得到的将是全局最优点,可以避免类似神经网络方法中仅获得局部极值的问题。

(4) 经典的 SVM 算法只给出了二类分类的算法,在解决多类分类问题上可以通过多个二类 SVM 的组合来解决。

实现 SRM 原则可以有两种思路:一种思路是在每个子集中求最小经验风险,然后选择使最小经验风险和置信范围之和最小的子集,显然当子集数目很大或者无穷时,这个方法比较费时,甚至行不通;另一种思路是保持经验风险值固定而最小化置信范围,即设计函数的某种结构使每个子集都能取得最小经验风险,然后选择适当的子集使置信范围最小,则这个子集中使经验风险最小的函数就是最优函数。

SVM 的思想主要包括两个方面：首先，SVM 是针对线性可分情况进行分析的，当数据分布呈现线性不可分时，SVM 选用适当核函数，将低维空间向量非线性映射到高维空间，在高维特征空间进行线性分析；其次，该分类器基于 SRM 理论，通过在特征空间构建最优间隔超平面，得到全局最优解，同时整个样本空间的期望风险能以某个概率满足一定上界。支持向量机及其核心理论见图 4-2。

图 4-2 支持向量机及其核心理论

（1）线性可分 SVM 算法原理

SVM 基本思想是将非线性问题通过核函数映射到一个高维特征空间，然后在高维特征空间中构造线性判别函数来实现原空间中的非线性分类，并在高维特征空间中计算最优分类超平面。该超平面不但能够将训练样本最大可能地正确分类，且可使训练样本中离分类面最近的点到分类面的距离最大，即分类间隔最大。分类间隔越大，分类器的总误差就越小。用二维可分情况说明其基本思想，如图 4-3 所示，圆点代表一类样本，方点代表另一类样本，H 为两类不同的样本之间的分类线，H_1 和 H_2 分别表示经过各样本中与 H 距离最近的样本且平行于 H 的直线，H_1 和 H_2 之间的距离叫作分类间隔，最优分类线要求 H_1 和 H_2 不但能将两类样本正确分开，且满足分类间隔最大。多维情况时，可以假定训练样本可以被一个超平面分开，如果样本集合能被超平面正确分开，并且满足分类间隔最大，则这个超平面被称为最优超平面。如果训练集中的所有特征向量都能被该超平面正确分类，并且满足分类间隔最大，那么这个超平面就是最优超平面，与超平面距离最近的特征向量被称为支持向量（Support Vector），一组支持向量可以确定唯一最优超平面。

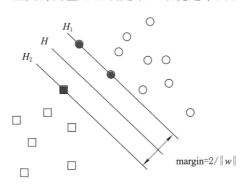

图 4-3 最优分类超平面

给定一组两类可分的训练样本集 (x_i, y_i)，$i = 1, 2, \cdots, n$，$x_i \in R^d$，$y_i \in \{+1, -1\}$，其中 $+1$ 表示正类，-1 表示负类，分类面方程可表示为：

$$w \cdot x + b = 0 \qquad (4-5)$$

判别函数的一般形式为：

$$g(x) = w \cdot x_i + b \tag{4-6}$$

式中，x 是 d 维特征向量，又称样本向量；w 称为权向量；b 为常数，称为阈值权。

将判别函数归一化处理使两类所有的样本都满足 $|g(x\_i)| \geqslant 1$，即令离分类面最近的样本的 $|g(x\_i)| = 1$。判别函数可以看成特征空间中某点 x 到超平面的距离的一种代数度量，把 x 表示成：

$$x = x_p + r \cdot \frac{w}{\|w\|} \tag{4-7}$$

式中，x_p 为 x 在 H 上的投影向量；r 为 x 到 H 的垂直距离；$w/(\|w\|)$ 为方向上的单位向量。

将式(4-6)代入式(4-5)，整理可得：

$$g(x) = w^T \left(x_p + r \cdot \frac{w}{\|w\|} \right) + b = r \cdot \|w\| \tag{4-8}$$

则 r 可写成 $r = g(x)/(\|w\|)$。

因为 $|g(x_i)| \geqslant 1$，离分类面最近的样本的 $|g(x_i)| = 1$，那么分类间隔就等于 $2/(\|w\|)$，因此间隔最大等价于使 $\|w\|$（或者 $\|w\|^2$）最小，求解最优超平面等于最小化 $1/2\|w\|^2$。

得到二次规划(QP)问题，即在

$$y_i [(w \cdot x_i) + b] - 1 \geqslant 0, \ i = 1, 2, \cdots, n \tag{4-9}$$

不等式的约束下，求函数

$$\varphi(w) = \frac{1}{2} \|w\|^2 = \frac{1}{2}(w \cdot w) \tag{4-10}$$

的最小值。为此，构造 Lagrange 函数：

$$L(w, b, \alpha) = \frac{1}{2}(w \cdot w) - \sum_{i=1}^{n} \alpha_i \{ y_i [(w \cdot x_i) + b] - 1 \} \tag{4-11}$$

式中，$\alpha_i > 0$ 为 Lagrange 系数，对 w 和 b 求 Lagrange 函数的极小值。使式(4-9)分别对 w 和 b 求偏微分并令它们等于 0，就可以把原始问题转化为如下的对偶问题，即在约束条件

$$\sum_{i=1}^{n} y_i \alpha_i = 0, \ i = 1, 2, \cdots, n \tag{4-12}$$

下对 α_i 求解下列函数的最大值：

$$Q(\alpha) = \sum_{i=1}^{n} \alpha_i - \sum_{i,j=1}^{n} \alpha_i \alpha_j y_i y_j (x_i x_j) \tag{4-13}$$

若 α_i^* 为最优解，则

$$w^* = \sum_{i=1}^{n} \alpha_i^* y_i x_i \tag{4-14}$$

这是一个不等式约束下的二次函数求极值问题，存在唯一解。且根据 KKT 定理，这个优化问题的解需要满足：

$$\alpha_i \{ y_i [(w \cdot x_i) + b] - 1 \} = 0, \ i = 1, 2, \cdots, n \tag{4-15}$$

因此，对于多数样本，α_i^* 将为 0，取值不为 0 的 α_i^* 对应使式(4-9)等号成立的样本，即支持向量，其通常只是全体样本中的很少一部分。

基于最优分类面的分类规则就是解上述问题得到的最优分类函数：

$$f(x) = \text{sgn}\{ (w^* \cdot x) + b^* \} = \text{sgn} \left\{ \sum_{i=1}^{n} \alpha_i^* y_i (x_i \cdot x) + b^* \right\} \tag{4-16}$$

式中,sgn( )为符号函数,由于非支持向量机对应的 α_i^* 均为 0,因此式(4-16)中的求和实际只对支持向量进行;b^* 为分类阈值,可以通过任意一个支持向量用式(4-9)求得,或通过两类中任意一对支持向量通过计算中值求得。

（2）线性不可分 SVM 算法原理

最大间隔分类是分析和构造更为复杂的支持向量机的起点,但它在许多实际问题中无法使用,这是由于数据存在噪声,特征空间一般不能被线性分开,最优分类面会被少数样本所控制。在真实数据中,噪声总是存在的,也就是说数据在特征空间中都是线性不可分的。最优分类面是在线性可分的前提条件下,就是某些训练样本在不能满足条件式(4-9)时得到的最优分类面,称为广义最优分类面,因此在式(4-9)中增加一个松弛变量 $\varepsilon_i \geqslant 0$,使支持向量机算法能用于线性不可分情况,将约束条件式修改为:

$$y_i \big[(w \cdot x_i) + b \big] - 1 + \varepsilon_i \geqslant 0, \ i = 1, 2, \cdots, n \tag{4-17}$$

为了限制样本被错误划分,对目标函数引入惩罚因子 C,则函数式变为:

$$\varphi(w, \varepsilon) = \frac{1}{2}(w \cdot w) + C \sum_{i=1}^{n} \varepsilon_i \tag{4-18}$$

式中,C 是一个常数,可以调节错分样本的惩罚系数,实现错分样本的比例和算法复杂程度之间的折中,值越大,惩罚系数越大。同样的,采用拉格朗日(Lagrange)算法,并根据 Kuhn-Tucker 条件将其转化为对偶问题,即在

$$\sum_{i=1}^{n} y_i \alpha_i = 0, \ 0 \leqslant \alpha_i > C, \ i = 1, 2, \cdots, n \tag{4-19}$$

的约束条件下求下式

$$Q(\alpha) = \sum_{i=1}^{n} \alpha_i - \frac{1}{2} \sum_{i,j=1}^{n} \alpha_i \alpha_j y_i y_j (x_i x_j) \tag{4-20}$$

的最大值。求解出上述各系数 α、w、b 对应的最优解 α^*,w^*,b^* 后,得到的最优分类函数为

$$f(x) = \mathrm{sgn} \Big\{ \sum_{i=1}^{n} \alpha_i^* y_i (x_i \cdot x) + b^* \Big\} \tag{4-21}$$

4.1.4　核函数相关理论

（1）核函数基本理论

为了将线性支持向量机推广到非线性情况,Vapnik 提出了核函数(Kernel Function, KF)的概念,其基本思想是:通过事先选择的内积核函数,将输入空间中的数据非线性映射到高维特征空间,从而将输入空间中的非线性问题转化为某个高维特征空间中的线性可分问题,随后在高维特征空间构造一个不但能将两类样本正确分开,而且可使分类间隔最大的最优分类超平面。但是,在低维输入空间向高维特征空间映射过程中,由于空间维数急速增加,使得大多数情况下难以直接在特征空间计算出最优分类超平面。为此,支持向量机通过定义核函数(KF),巧妙地将这一问题转化到输入空间进行计算。其具体机理如下:根据泛函相关理论,只要核函数 $K(x_i, x_j)$ 满足 Mercer 条件,就对应于某一变换空间中的内积。因此,在最优分类面中用适当的内积核函数 $K(x_i, x_j)$ 就可以实现从低维空间向高维空间的映射,从而使得非线性分类问题在高维空间变得可分。

（2）核函数选择

核函数的基本作用是实现低维空间到高维空间的映射。不同的核函数具有不同的映射函数，而不同的映射函数具有不同的性能，它们在改变样本数据空间分布时的复杂程度也不相同。所以在从低维特征空间到高维特征空间映射时，要选择合适的核函数，将样本特征映射到合适的高维特征空间，才能提高支持向量机分类器的泛化能力。目前比较常用的核函数数主要有以下几种：

① 线性核函数

$$K(x,x_i)=[x,x_i]$$

② 多项式核函数

$$K(x,x_i)=[(x,x_i)+1]^q$$

③ 高斯径向基核函数（RBF 核函数）

$$K(x,x_i)=\exp\left\{-\frac{//x-x_i//^2}{\sigma^2}\right\}$$

④ S 形核函数

$$K(x,x_i)=\tanh\{v(x,x_i)+c\}$$

如果 SVM 采用线性核函数，那么实际上是在输入空间构造分类超平面，因此分类能力有限。如果采用多项式核函数，虽然分类能力随着 q 的增加而增强，但是计算量也逐渐增加。S 型核函数分类能力强，但需要指定两个参数，缺乏直观性，使用不方便。RBF 核函数分类能力不弱于高阶多项式核函数和 S 型核函数，而且可以视线性核函数为其特殊情况，其另外一个优点是只有一个核参数，计算复杂度相对较低。

4.1.5　非线性 SVM 算法原理

在输入空间，直接建立的超平面只有在样本集呈线性（或者接近线性）分布时，才能得到较高的分类精度。但现实问题是很复杂的，如果样本集在原空间是非线性可分的，那么原输入空间直接建立的超平面无法用于解决实际分类问题。当分类面是非线性时，支持向量机通过一个变换 $\varphi:x\in R^N\to\varphi(x)\in F$，将原空间数据集 x_i 映射到一个高维线性特征空间 F 中，即可在特征空间中寻求最优分类面。向量映射 $\varphi(x)$ 满足：

$$\varphi(x)=[\varphi_1(x),\varphi_2(x),\cdots]^T\in F \tag{4-22}$$

当选择合适映射 $\varphi(x)$ 后，可以将不能线性分类的数据集 $\{x^1,x^2,\cdots,x^n\}\in R^n$ 映射为 $[\varphi_1(x),\varphi_2(x),\cdots]^T\in F$，在高维线性特征空间 F 中可得到线性分类超平面：

$$w\cdot\varphi(x)+b=0 \tag{4-23}$$

在原空间 R^n 中，它实际上是一个分类曲面，这样就实现了非线性问题的分类。在最优分类面中，采用适当的核函数 $K(x_i,x_j)$ 就可以实现从低维特征空间向高维特征空间的转化，并在高维特征空间中实现解决某一非线性问题的线性分类。此时，最优化目标函数变为：

$$Q(\alpha)=\sum_{i=1}^n\alpha_i-\frac{1}{2}\sum_{i,j=1}^n\alpha_i\alpha_jy_iy_jK(x_ix_j) \tag{4-24}$$

对应的分类函数也变为：

$$f(x)=\mathrm{sgn}\left\{\sum_{i=1}^n\alpha_i^*y_iK(x_i\cdot x)+b^*\right\} \tag{4-25}$$

支持向量机的基本思路可以概括为:首先,将非线性问题通过适当的核函数映射(非线性变换)到高维特征空间,通过低维向高维的映射,从而使低维特征空间的非线性问题在高维特征空间中可解;其次,在高维特征空间中求最优线性分类面。

用支持向量机求得的分类函数类似于一个神经网络,会输出含若干中间层节点的线性组合,每个中间层节点对应输入样本与一个支持向量的内积,如图 4-4 所示。

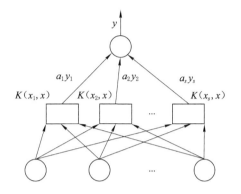

图 4-4　支持向量机分类示意图

由于最终的判别函数中只包含支持向量的内积与求和,因此识别时的计算复杂程度取决于支持向量的个数。

如果一组训练样本能够被一个最优分类面或者广义最优分类面分开,则测试样本分类错误率的期望上界,是训练样本中平均的支持向量数占训练样本总数的比例,即

$$E(P(\text{error})) \leqslant \frac{E[\text{支持向量数}]}{\text{训练样本总数} - 1} \tag{4-26}$$

因此,支持向量机的推广与变换空间的维数无关,只要能够适当地选择一种核函数(内积定义),构造一个支持向量数相对较少的最优或广义最优分类面,就可以得到较好的推广性。

4.1.6　SVM 多类分类算法

从分类的角度讲,支持向量机主要用来解决二类分类问题,无法直接将其用于解决多类分类问题。但是遥感影像往往都是多类分类问题,因此,利用 SVM 解决多类分类问题值得研究。目前,利用 SVM 构造多类分类器主要有两种思路:第一种是修改目标函数,直接考虑多类问题,即一次求解所有训练样本的二次规划问题,所采用算法包括块算法和 SMO 算法。该思路虽然简单,但在运算过程中变量很多,计算复杂,训练时间较长,所以在实际应用中较少采用。第二种是构造一系列 SVM 分类器,每个分类器可识别其中两个类别,并将它们的识别结果以某种方式组合起来实现多类分类。将 k 类问题转换成多个二类问题,包括一对一(1-against-1,简称 1-a-1)、一对多(1-against-rest,简称 1-a-r)、二进制纠错编码(Error Correcting Codes,简称 ECC-SVM)、超球体二叉树、有向无环图(Directed-Acyclic-Graph,简称 DAG-SVM)等 SVM 分类算法。这些算法统称为多类支持向量机(Multi-Category SVM,M-SVMs)。

（1）1-a-1 SVM

一对一方法（1-a-1）是基于两类问题进行分类的，在 k 类训练样本中进行两两组合，构造所有可能的二分类支持向量机，共需要 $k(k-1)/2$ 个分类器。在测试阶段，将测试数据用 $k(k-1)/2$ 个分类器进行分类，通过投票表决决定样本类别，得票最多的类就是待测样本所属类别。由于 1-a-1 SVM 方法中，每个 SVM 分类器只考虑两类方法，因此训练容易，但分类器的数目随着类别 k 的增加而急剧增加，导致决策速度减慢，另外在决策阶段采用了投票法，可能存在两类别票数一致情况，降低了分类的精度。

（2）1-a-r SVM

一对多方法（1-a-r）是最广泛使用的多类别分类策略。根据类别，构造 k 个 SVM 子分类器，生成的每个两类分类器用来区分该类与剩下其他所有类别，讨论第 i 个 SVM 分类问题时，将第 i 个类中的训练样本作为一类，其余 $k-1$ 类视为另一类，测试时，将待分类样本通过所有的分类器分类，具有最大决策值的类别即测试数据类别。1-a-r SVM 法随着训练样本数目的增加，训练速度减慢，计算量增大。另外，训练样本的不平衡降低了分类精度，并且存在混分和拒分区域。

（3）二进制纠错编码 SVM

二进制纠错编码（ECC-SVM）可对类别进行二进制编码，将 k 类问题转化为多个二类问题，从而实现多类别分类，这种方法在 1-a-r 和 1-a-1 之间进行折中，训练精度较高。但是 ECC-SVM 训练时间比上面两种方法更长，并且编码长度和码间的距离不容易确定。

（4）超球体二叉树 SVM

二叉树 SVM（BT-SVM）首先将待分类的类别分为两类，再将子类划分成两个次级子类，如此迭代下去，直到得到一个单独的类别为止，最终得到一个二叉树。根据多类分类划分原则不同，二叉树又可以分为偏态 BT-SVM 和正态 BT-SVM：

① 从顶层开始，每一个包含多个类别的节点上的分类器只将一个类别与其他类别分开，这样的结构称为"偏态树"；

② 从顶层开始，每一个包含多个类别的节点上的分类器都将类别均分为两类，这样的结构称为"正态树"。

超球体二叉树 SVM 的基本思想是利用球结构支持向量机构造超球体，当输入空间中的 k 类样本点经核函数映射后构造 k 个超球体，并将这 k 个超球体空间分布作为构造二叉树的依据。

（5）有向无环图 SVM

DAG-SVM 算法的训练过程与 1-a-1 相同，先把多类划为两大类，再在两个不同的大类中依次往下划分，直到分出所有的类别。

这种方法的优点是不会出现混分或漏分样本，共需要 $k(k-1)/2$ 个分类器，决策阶段采用一个有向无环图进行决策，判别样本 x 不属于某类，据此判断下一步该走图的哪一边。

DAG-SVM 加快了判决速度，但是分类结果的精度过分依赖 DAG 中类别的排列顺序，不同的决策树结构以及根节点的选择会导致分类结果的不同，误差不断累积，影响分类精度。该结构如图 4-5 所示。

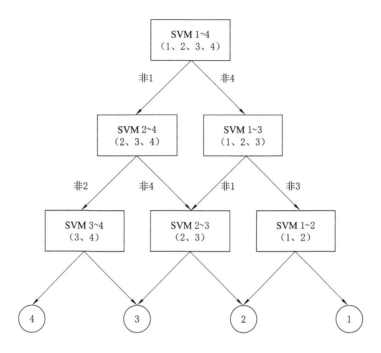

图 4-5　DAG-SVM 4 类分类的树形结构

4.2　基于 SVM 算法的遥感图像分类实现

前述分析了传统的非监督分类和监督分类的原理和常用算法以及它们的优缺点和适应性。对近年来应用广泛的神经网络分类法和支持向量机分类法进行了研究,分析了利用神经网络进行遥感影像分类时存在的问题和局限性,着重阐述了支持向量机分类的基本原理以及它在解决小样本分类问题时的优越性,支持向量机通过核函数把分类问题映射到高维特征空间,在高维特征空间中构造分类超平面,从而解决了在原始空间中不能分类的问题。由于支持向量机是基于二分类问题提出的,还研究了将其推广到多类分类问题中的主要算法,主要包括一对一方法、一对多方法和多对多方法,并分析了每种算法的优缺点以及适用范围。本章主要针对具体的研究区域,在 ENVI 4.8 下进行预处理,利用前面提到的 SVM 分类方法进行分类,并对分类结果进行分析。

4.2.1　数据获取

（1）无人机影像

试验所用无人机影像数据由无人机遥感平台 Sky-01C 航拍得到。平台传感器为佳能 5D Mark Ⅱ 全画幅单反相机,配备 35 mm 光圈镜头,有效像素为 2 110 万。航拍时,航向重叠度为 60%,旁向重叠度为 30%,相对高度为 700 m,航行速度为 90 km/h,设定相机快门速度为 1/2 000,曝光时间间隔为 3 s,影像格式是"JPEG"。试验区位于四川省绵竹市汉旺镇,该区域主要地物为道路和房子,纹理清晰,适合分类。各选择 1 200 * 1 200 像素大小的子区域作为试验区,遥感影像如图 4-6 所示。

（2）Landsat 8 OLI/TIRS 影像

试验所用的 Landsat 8 OLI/TIRS 遥感影像为杭州地区的 Band-6、Band-5 和 Band-4 合成影像，地物纹理和色彩都比较清晰，适合分类。选择 1 200 * 1 200 像素大小的子区域作为试验区，该区域范围内的地物为房屋、水体、山地和农田。其遥感影像如图 4-7 所示。

图 4-6　无人机图像　　　　　　　　图 4-7　Landsat 8 OLI/TIRS 影像

（3）SAR 影像

试验所用的 SAR 遥感影像为广州地区的 CosMos SAR 遥感影像，纹理比较清晰，适合分类，选择 1 200 * 1 200 像素大小的子区域作为试验区，确定该区域范围内的地物为房屋、水体、道路和农田等 4 种类型。该区域遥感影像如图 4-8 所示。

图 4-8　SAR 影像

4.2.2　数据处理

（1）遥感影像裁剪

原始遥感影像一般覆盖范围较大，在实际应用中，需要从大范围的遥感影像中得到研究区域的较小范围影像，这个过程称为影像裁剪。遥感影像的裁剪有两种方式：规则裁剪和不规则裁剪。规则裁剪是指把影像裁剪成一个规则矩形，通过矩形的左上角和右下角两点的坐标或者所有顶点坐标，确定影像的裁剪位置；不规则裁剪是把影像裁剪为任意多边形，由于裁剪的形状不规则,无法通过顶点坐标确定裁剪位置。

本试验所涉及的遥感影像的裁剪均利用 ENVI 4.8 遥感图像处理软件实现。

(2)样本提取

根据前面的背景资料和预处理结果,选择视觉效果最佳的彩色合成图像,建立各类地物的训练区。各类地物的解译标志,即地物明显的影像特征——色调、纹理等,通过目视解译方法用鼠标在工作区影像图上选择其训练区,并使训练区的分布尽量均匀。在实际的工作中,由于 SVM 支持小样本分类,因此在分类时,最大似然法的样本总数和 SVM 方法的样本总数相同。

从汉旺地区的无人机影像上选取了五类地物:耕地(Land)、植被(Vegetation)、道路(Road)、房屋(Buildings)、裸土(Soil)。

4.3　结果与分析

分别利用最大似然分类法和 SVM 分类法,对无人机遥感影像、Landsat 8 OLI/TIRS 影像和 SAR 影像进行分类。

4.3.1　汉旺镇无人机遥感影像分类结果与分析

无人机影像包括五种地物类型:农田(Land)、植被(Vegetation)、道路(Road)、房屋(Buildings)和裸土(Soil),对应颜色分别为:深绿色、绿色、白色、红色和紫色。最大似然分类法和 SVM 分类法的分类结果如图 4-9(a)(b)所示。分析图 4-9 分类结果可知:

(a)最大似然法分类结果　　　　　　(b)SVM法分类结果

图 4-9　汉旺镇无人机遥感影像分类结果

最大似然分类结果显示房屋和道路的分类效果较好,但是影像右侧的农田部分分类效果很差,将大部分农田划分为裸地,出现较多的混分区域且分类的破碎点很多,分布杂乱;左侧的农田部分分类效果相对较好,但是部分与植被混分严重。植被分类时,影像右侧道路周围的植被分类较为完好;影像左侧的农田区域存在错分区域,呈现一定的杂乱性。房屋分类时,存在很多分类错误,一部分房屋被错分为道路。道路分类时,能整体提取出道路,但是一部分路面以及影像下部的道路仍存在错分现象。裸地分类时,在房屋附近的裸地分类效果较好,但是很多农田被错分为裸地,在影像右侧的道路也被错分为裸地,错分现象比较严重。

SVM算法分类结果显示:道路、农田、植被和房屋分类效果较好,边界和轮廓都能得到很好的反映。但是,房屋和道路分类时,存在一定的混分现象,有部分房屋被分类成道路,一部分道路被分成房屋;农田和植被分类时,在影像的左边混分现象较为严重,影像右边的道路两边的植被和农田也存在一定的混分现象,部分农田被错分为裸地、道路和房屋;裸地分类时,房屋周围的裸地提取较好,部分裸地被分为道路,部分道路也被分为裸地。

4.3.2 焦作市无人机遥感影像分类结果与分析

从焦作市无人机航拍影像中选取了四类地物:植被(Vegetation)、道路(Road)、房屋(Buildings)和汽车(Car),对应的颜色分别为:绿色、白色、红色和黄色。其遥感影像分类结果如图 4-10 所示。分析图 4-10 分类结果可知:

(a) 最大似然法分类结果　　　(b) SVM法分类结果

图 4-10　焦作市无人机遥感影像分类结果

最大似然分类结果显示:植被和道路分类效果较好,但是部分房屋分类效果很差,将其划分为道路,出现较多的混分现象且破碎点很多,分布杂乱。道路分类时,能整体提取出道路,但是部分道路仍存错分现象。

SVM 分类结果显示:植被和道路分类时,效果较好,但是仍然存在道路和房屋相互错分现象,有较少的道路被错分为了房屋,部分房屋被错分成道路。

4.3.3 杭州市 Landsat 遥感影像分类结果与分析

杭州市 Landsat 遥感影像选取了四种地物类型:水体(Water)、农田(Land)、山地(Mountain)和房屋(Buildings),分别对应的颜色为:蓝色、绿色、黄色和红色。分类结果如图 4-11 所示。分析图 4-11 分类结果可知:

最大似然分类结果显示:山地和水体分类时,两者的提取轮廓相对较好,尤其是水体上方的桥可以清晰看到;水体分类时,存在误分现象,部分水体误分类为房屋;房屋分类时,部分房屋被错分为农田,部分农田也被错分为房屋。

SVM 分类结果显示:山地和水体分类时,两者的提取轮廓相对较好,水体几乎不存在误分和混分现象;农田和房屋的分类效果与实际地物相匹配的程度较高。

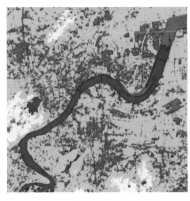

（a）最大似然法分类结果　　　　　（b）SVM法分类结果

图 4-11　杭州市 Landsat 遥感影像分类结果

4.3.4　不同遥感影像 SVM 分类结果比较

综合无人机影像、Landsat 8 OLI/TIRS 影像以及微波遥感影像的 SVM 分类结果,可以比较得出:

（1）地物的轮廓提取完好程度为:无人机遥感影像＜Landsat 8 OLI/TIRS 影像＜微波遥感影像。

（2）SAR 影像分类噪声点较少,分类结果受光谱特征相近的地物影响。

（3）无人机影像和 Landsat 8 OLI/TIRS 影像分类的噪声点较多,无人机影像受光谱特征影响更为明显。

（4）最大似然法在解决地物的光谱特征差异性明显的分类问题时效果较好,但是对光谱特征相近的地物分类效果较差。SVM 在给定准确的训练样本的情况下分类效果较好,但是也受到地物光谱特征的影响,相对最大似然分类结果影响较小,在光谱特征相近的地物分类时也会出现错分现象。

4.4　精 度 评 价

为了定量地比较分类的效果,要对遥感影像分类后的结果进行精度评价。分类精度是指分类影像中像元被正确分类的程度。对分类精度进行评价的方法很多,在遥感影像分类中一般常用的就是总体精度、混淆矩阵和 Kappa 系数。

4.4.1　总体精度

总体精度由被正确分类的像元总和除以总像元数计算。地表真实图像或地表真实感兴趣区限定了像元的真正分类。被正确分类的像元沿着混淆矩阵的对角线分布,它显示出被正确分类到地表的像元数。像元总数是所有参与地表真实分类的像元总和。

4.4.2 混淆矩阵

在遥感影像分类中还可采用混淆矩阵来进行分类精度评定,其原理是统计分类结果图中的类别与实际类别之间的混淆程度。混淆矩阵的定义关系如下:

$$\boldsymbol{M} = \begin{bmatrix} m_{11} & m_{12} & \cdots & m_{1n} \\ m_{21} & m_{22} & \cdots & m_{2n} \\ \vdots & \vdots & & \vdots \\ m_{n1} & m_{n2} & \cdots & m_{nn} \end{bmatrix} \tag{4-27}$$

式中,m_{ij} 表示试验区内应属于 i 类的像素被分到 j 类中的像素总数,n 为类别数。如果混淆中对角线上的元素值越大,则表示分类结果的可靠性越高;如果混淆矩阵中非对角线上的元素值越大,则表示错误分类的现象越严重。

4.4.3 Kappa 系数

由于总分类精度只利用了混淆矩阵对角线上的元素,而未利用整个混淆矩阵的信息,作为分类误差的全面衡量尚显不足,因此许多研究者提出了将 Kappa 系数作为分类精度的一个指标。Kappa 系数可用下式计算:

$$K = \frac{N \sum_{i=1}^{n} m_{ii} - \sum_{i=1}^{n} (m_{i+} * m_{+i})}{N^2 - \sum_{i=1}^{n} (m_{i+} * m_{+i})} \tag{4-28}$$

式中,n 为分类矩阵行列数,m_{ii} 为混淆矩阵中第 i 行第 i 列的元素值,m_{i+} 和 m_{+i} 分别表示分类混淆矩阵的 i 行总和及 i 列总和,N 为混合矩阵中所有元素的和。Kappa 系数全面地利用了混淆矩阵的信息,因此可作为分类精度评价的综合指标。混淆矩阵通过像元抽样产生。抽样时需确定抽样点数和抽样方法,并逐个确定像元点的实际类别。

4.4.4 精度评价与分析

在 ENVI 4.8 和 ConquerSVM 软件中计算混淆矩阵、总体精度和 Kappa 系数的功能允许对两幅分类影像做评价,进而生成精度报告。

下面按照前面讨论的精度评价指标和方法对分类结果进行精度评定。表 4-1 至表 4-7 是对不同影像进行分类后的精度分析表。

表 4-1 汉旺地区最大似然法分类精度

类型	道路	房屋	农田	裸土	植被	精度/%
道路	4 152	401	680	110	0	81.40
房屋	116	2 269	0	13	0	76.27
农田	33	257	2 734	149	112	47.30
裸土	799	48	2 231	1369	5	82.87
植被	1	0	135	11	5 669	97.98

总体精度:76.044 9%　Kappa 系数:0.697 5

表 4-2　汉旺地区 SVM 法分类精度

类型	道路	房屋	农田	裸土	植被	精度/%
道路	4 704	93	46	169	0	92.22
房屋	31	2 755	21	9	0	92.61
农田	263	127	5 524	830	116	95.57
裸土	102	0	99	629	0	38.08
植被	1	0	90	15	5 670	98.00

总体精度:90.551 3%　Kappa 系数:0.875 8

表 4-3　某城市航拍图最大似然法分类精度

类型	道路	房屋	植被	汽车	精度/%
道路	3 486	130	0	21	94.19
房屋	149	3 813	2	200	92.37
植被	0	0	13 807	0	99.91
汽车	66	185	11	928	80.77

总体精度:96.648 8%　Kappa 系数:0.941 3

表 4-4　某城市航拍图 SVM 法分类精度

类型	道路	房屋	植被	汽车	精度/%
道路	3 513	255	0	53	94.92
房屋	182	3 685	0	198	89.27
植被	0	0	13 820	1	100.00
汽车	6	188	0	897	78.07

总体精度:96.126 9%　Kappa 系数:0.932 1

表 4-5　杭州地区 Landsat 8 OLI/TIRS 影像最大似然法分类精度

类型	水体	房屋	山地	农田	精度/%
水体	1 438	0	0	0	98.02
房屋	29	1 469	8	100	73.82
山地	0	0	1 750	17	97.87
农田	0	521	30	1 391	92.24

总体精度:89.560 2%　Kappa 系数:0.860 8

表 4-6　杭州地区 Landsat 8 OLI/TIRS 影像 SVM 法分类精度

类型	水体	房屋	山地	农田	精度/%
水体	1 467	0	0	4	100.00
房屋	0	1 815	0	262	91.21
山地	0	0	1 748	32	97.76
农田	0	175	40	1 210	80.24

总体精度:92.403 4%　Kappa 系数:0.898 1

表 4-7　广州地区 SAR 影像 SVM 法分类精度

类型	水体	农田	房屋	道路	精度/%
水体	8 647	1 969	194	1 327	97.55
农田	22	6 243	1 450	1 288	69.86
房屋	0	229	560	31	24.18
道路	195	495	112	351	11.71

总体精度:68.364 1%　Kappa 系数:0.504 1

从分类结果精度分析表(表 4-1 至表 4-6)中可以看出,与传统的最大似然分类相比,利用 SVM 分类后,总体精度有很大的提高,尤其是地物光谱特性差异较大时,精度的提高空间也越大,如表 4-1 和表 4-2 所示,分类的总体精度从 76.044 9% 提高到了 90.551 3%,提高了约 14%,Kappa 系数也相应从 0.697 5 提高到了 0.875 8,提高了约 0.18。

当地物光谱差异达到了一定程度之后,不足以影响分类效果时,最大似然分类和 SVM 分类的效果几乎一致,甚至最大似然分类的总体精度会略高于 SVM 的总体分类精度,如表 4-3 和表 4-4 所示,最大似然分类的总体精度和 Kappa 系数分别为:96.648 8% 和 0.941 3;而 SVM 分类的总体精度和 Kappa 系数分别为:96.126 9% 和 0.932 1。两者的总体精度和 Kappa 系数的值几乎一致,但是最大似然分类的精度略优于 SVM 分类的精度。

相对于无人机遥感影像和 Landsat 8 OLI/TIRS 影像分类精度而言,SAR 影像的分类精度较差,分类更易受到地物光谱特性的影响,尤其是当两种地物的光谱特性接近时,会极大地影响分类精度。从表 4-7 中我们可以看出,SAR 提取水体的精度最高,达到 97.55%,相对而言,农田、道路和房屋都存在严重错分现象,尤其是道路大部分被错分为农田,而有些农田被种植水稻,田中存在一部分水,因此,水体和农田出现了混分现象。

在用 ENVI 4.8 进行 SVM 和最大似然分类时,由于自身的局限,会使训练样本数目发生改变。如表 4-3 和表 4-4 所示,选择的植被像素总数是 13 820 个,但是处理后在混淆矩阵中显示的样本数目是 13 821 个,而用最大似然法分类时,混淆矩阵中显示为 13 807 个;同时,两者的对应精度在混淆矩阵中的表现也存在问题,与实际不符。

总体而言,遥感影像的分类都会存在"同物异谱"和"同谱异物"的现象,从试验的结果可以得出:

(1)当地物光谱特性存在差异但是不太大时,采用传统的分类方法不能取得较好的效果,而采用 SVM 分类方法能取得较为满意的效果。

(2)当地物光谱特性差异明显时,采用传统的分类方法也能取得较好的精度效果。

(3)当使用的影像有要求时,尽量采用光谱差异较大的影像如无人机航拍影像和 Landsat 系列的影像等,相对而言,SAR 影像分类的结果精度较差,但是提取水体异常敏感且提取的效果较好。

(4)相对无人机影像和 Landsat 8 OLI/TIRS 影像分类,SAR 影像分类对地物的边界提取更加完好,为以后制作专题图和提取地物边界提供参考。

(5)SAR 影像分类的噪声点较少,无人机影像和 Landsat 8 OLI/TIRS 影像分类的噪声点较多,这三者的分类效果都受光谱特征相近的地物影响。

(6)相对最大似然法分类结果,SVM 法分类精度有所提高,取得了较好的分类效果。

（7）最大似然法在解决地物的光谱特征差异性明显的分类问题时效果较好,但是对光谱特征相近的地物分类效果较差。SVM 在给定准确的训练样本的情况下分类效果较好,但是也受到地物光谱特征的影响,相对最大似然分类结果影响较小,在光谱特征相近的地物分类时也会出现错分现象。

第5章 冬小麦种植分布精确提取及变化分析

粮食是经济发展、社会和谐和国家安全的基础,保障国家粮食安全是治国安邦的头等大事,也是我国面临的全局性重大战略问题。随着人口的增长,我国对粮食的需求量也逐年上升,但粮食保障依旧非常薄弱。近年来,我国经济飞速发展,粮食供求关系不稳定。国家"十四五"规划中提出我国粮食综合生产能力在2025年要达到6.5亿吨以上。各省份相继出台相关政策,围绕"十四五"规划制定了确保国家粮食安全的生产目标。河南省作为农业大省,是我国重要的粮食主产区(全国1/4的小麦都产自河南),对保护国家粮食安全和维护粮食稳定产出具有重大作用。因此,及时准确地获取冬小麦空间分布和种植信息,对国家制订农业计划、出台相关政策具有重要意义。

随着遥感技术的飞速发展,农作物种植信息获取变得更加容易和便捷。随着遥感大数据时代的到来,遥感卫星每天都可以获取海量的影像,使用遥感影像提取作物种植信息的技术越来越成熟。各国家纷纷研发遥感云计算平台,多源、多时相、多特征的作物提取逐渐成为主流。

5.1 冬小麦精确提取研究

5.1.1 作物精确提取研究现状

(1)基于多时相作物提取研究

由于单期影像包含的信息量不足,使用单期的遥感影像进行作物提取时,容易出现"同物异谱"和"同谱异物"现象,导致提取结果不精准。使用多个时期的遥感影像提取农作物,较单期影像,提取效果更好,错分率更低。国内外大量研究均以多时相的遥感影像为数据源,提取农作物种植信息。韩林果以多时相的GF-1/WFV影像为数据源,以NDVI增长值作为阈值构建决策树模型,提取了祥符区的冬小麦种植区,总体精度高达96.85%,与实地种植情况保持一致;Cai等以时列Sentinel影像为数据源,并使用S-G滤波对时间序列影像进行处理,最后使用随机森林算法提取了洞庭湖湿地的水稻种植分布情况,总体精度高达95%;白燕英使用多时相Landsat影像,分析各类作物的NDVI曲线,确定阈值,构建决策树,对内蒙古默特右旗平原区的作物分布进行提取,总体精度达到了82.69%,实现了区域作物信息的高效准确提取;Xu等使用多时相Sentinel-1微波影像,基于K-均值聚类法建立时间强度模型,并将其作为分类特征,得到分类精度较高的作物空间分布图。上述的多时相作物种植信息提取的研究在遥感影像时相选择时,并未将物候信息作为遥感影像选择的依据,获取的时相数据不具有代表性。蔡耀通等使用多个关键物候期的遥感影像,基于CNN算法对高异质化的长株潭核心区的水稻面积进行提取,得到精准的水稻空间分布图,总体精度达92%;杨闫军等使用全生育期的高分一号WFV数据,提出了一种模型阈值参数自动确定方法,完成了冬小麦种植区的自动提取;李长春等使用多个生育期的 Sentinel 影像,基于随机森林算法完成县域冬小麦种植面积提取,获得了较为精准的冬小麦空间分布图。上述研究以生育期为依据进行遥感影像筛选,但是大量的生育期影像必定会导致数据冗余,对提取结果造成负面影响。面对多个时相的遥感影像,如何确定合理的影像合成时间窗成为本研究的关键。

（2）基于多特征作物提取研究

早期的作物种植信息提取均以单时相数据为主,当加入作物物候特征后,提取精度得到了一定的提升。已有不少学者结合光谱特征和植被特征对作物进行提取。Sonobe 等使用 Sentinel-2 数据,计算了 82 个植被指数,基于支持向量机和随机森林算法对作物进行提取,获取了较高的提取精度;吴静等将植被指数 NDVI 和 RENDVI 进行结合,对景泰县的作物进行提取,获得了较好的提取精度;宋宏利等以 Sentinel-2A/B 影像为数据源,基于随机森林算法,对黑龙港流域南部的作物进行提取,研究结果表明归一化差值红边指数＋典型时相多光谱数据组合的提取精度最高。

仅使用光谱特征＋植被特征的组合提取作物,受限于特征数量,在算法参数相同的前提下,提取精度很难得到提升。纹理特征可通过光谱特征和植被指数特征计算获得,包含更多的遥感信息,有利于作物提取。张超等使用多时相高分一号 WFV 数据,通过相关性分析确定了 6 种植被指数,结合纹理特征,有效地提取出玉米,制图精度高达 93.34%。Aguilar 等以 Worldview-2 遥感影像为数据源,探究了用光谱特征＋纹理特征＋植被特征的组合在绘制西非小农作物种植地图时的潜力。周壮等使用高分 2 号遥感影像,基于 CNN 算法,对原阳县的作物结构进行提取,证明了光谱特征＋纹理特征的组合更有利于作物种植信息提取。大量的分类特征会降低数据的处理速度,更有甚者会对提取结果造成干扰。杨惠宇等以冬小麦生育期的 9 个关键时相的高分一号 WFV 影像为数据源,并通过增加分类特征的数量完成特征优选,使用最优特征绘制了许昌市的冬小麦种植空间分布图。面对众多特征,如何对特征变量进行优选,进而降低数据的维度,获得更高的提取精度,绘制更符合实际情况的冬小麦空间分布图,是本研究需要解决的问题。

（3）基于多源遥感影像作物提取研究

受限于遥感卫星时间分辨率和遥感影像质量,单一类型传感器影像不易构建高时间分辨率的数据源,无法满足作物种植信息的提取要求。不同类型的传感器影像在时间和空间上有所不同,在特定的时间段内,研究区内存在不同类型的传感器影像。Xu 将 Landsat-8 和 Sentinel-2 光学遥感影像进行结合,聚合了 6 个生育期的遥感影像,设置三组传感器间的对照试验,得到用多传感器的数据组合可以绘制更精准的冬小麦空间分布图的结论;王九中等以 Landsat-5、Landsat-7 和 Landsat-8 卫星影像为数据源,构建 NDVI 增幅算法模型,提取了河南省 2002 年和 2015 年的冬小麦;熊元康等以 Landsat-7、Landsat-8 和 Sentinel-2 影像为数据源,基于随机森林算法对天山北坡经济带的作物种植结构进行提取,得到多源数据的融合能更准确地表述农作物在不同时期的生长状态的结论;Liu 等使用多传感器类型的遥感影像,基于 CART 算法,绘制了省级尺度的作物种植结构图。将这些影像进行结合可以有效地解决"同物异谱"和"同谱异物"现象造成的结果差异,进而提高作物的提取精度。

目前,国内外学者将气候、温度、地形等数据与遥感影像进行结合,该方法提高了作物的提取精度,为作物提取提供了新的思路。王刚将地形数据与 Landsat 影像进行融合,研究表明融合数据可以提高果园提取精度；何昭欣等将 Sentinel-2 影像与地形数据进行融合,绘制了江苏省 2017 年夏收作物的空间分布图,得到了 92％ 的提取精度;徐晗泽宇等将 Landsat 系列卫星影像与地形数据进行融合,基于随机森林算法对赣南的柑橘果园进行提取。多源数据的融合并不意味着多源遥感影像的提取结果一定优于单传感器数据,只有根据各类传感器影像的特点对影像进行融合才能发挥多源遥感影像的优势。

5.1.2 研究区及数据

5.1.2.1 研究区自然概况

河南省(如图 5-1 所示)位于华北平原南部的黄河中下游地区,介于北纬 $31°23'\sim36°22'$、东经 $110°21'\sim116°39'$ 之间,北与河北、山西相连,南与湖北相接,西与陕西接壤,东连山东、安徽,总面积为 16.7 万 km^2。河南省地势特征总体为西高东低,西部是高大起伏的山地,东部是地域广阔的平原,从西向东由中山、低山、丘陵到平原。主要以平原为主,中、东部为黄淮海冲积平原,西南部为南阳盆地。河南省属亚热带-暖温带、湿润-半湿润季风气候,全省由南向北年均气温为 $10.5\sim16.7$ ℃,无霜期为 $201\sim285$ d,年均日照 $1\ 285\sim2\ 292$ h,年均降水量一般为 $407.7\sim1\ 295.8$ mm。河南省优越的地理位置和气候环境为种植冬小麦提供了得天独厚的条件。

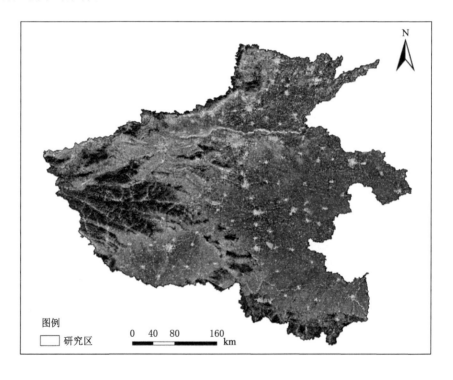

图 5-1 研究区地理位置图

5.1.2.2 河南省冬小麦物候

冬小麦物候期指冬小麦分蘖、开花、收获等在不同环境条件下(气候、水文和土壤)的周期性变化,以及以年为单位的生长发育节律。河南省的夏收作物以冬小麦为主,播种面积和年总产量稳居全国榜首,准确了解冬小麦的物候期,对于影像选择、冬小麦提取和野外数据调查有着至关重要的作用,也是精准提取冬小麦的基础和关键。根据河南省农业农村厅发布的农时农事信息,最终确定了近 20 年河南省冬小麦物候期的大致范围,河南省的冬小麦物候期数据如表 5-1 所示。

表 5-1　河南省冬小麦物候期

时间	当年 10 月	当年 11 月	当年 12—次年 1 月	次年 2—3 月	次年 4 月	次年 5 月	次年 6 月
物候期	播种	出苗分蘖	分蘖越冬	越冬返青	拔节抽穗	开花乳熟	成熟

5.1.2.3　遥感数据介绍

（1）Landsat 数据

Landsat 陆地卫星是美国航天局(National Aeronautics and Space Administration, NASA)于 1972 年开始发射的系列卫星,目前已经发射 9 颗,其中第 6 颗发射失败。陆地卫星计划是 NASA 运行时间最久的地球观测计划,该计划已经获取数以百万计的珍贵卫星影像,被存储在美国和各地区的接收站。该系列卫星提供的遥感影像已经广泛应用于农业、林业、城市规划、资源管理和海岸研究等领域。该系列卫星影像的空间分辨率均为 30 m,时间分辨率为 16 d,本研究使用的数据包括 Landsat-5、Landsat-7 和 Landsat-8 的反射率数据(Surface Reflectance,SR),其主要波段信息见表 5-2。

表 5-2　Landsat 遥感影像主要波段信息

遥感数据	传感器	主要波段	光谱范围/μm	分辨率/m
Landast-5	MSS 和 TM	B1/Blue	0.45～0.52	30
		B2/Green	0.52～0.60	30
		B3/Red	0.63～0.69	30
		B4/NIR	0.76～0.90	30
		B5/SWIR I	1.55～1.75	30
		B7/SWIR II	2.08～2.35	30
Landsat-7	ETM+	B1/Blue	0.450～0.515	30
		B2/Green	0.525～0.605	30
		B3/Red	0.630～0.690	30
		B4/NIR	0.775～0.900	30
		B5/SWIR I	1.550～1.750	30
		B7/SWIR II	2.080～2.350	30
Landsat-8	OLI 和 TIRS	B2/Blue	0.452～0.512	30
		B3/Green	0.533～0.590	30
		B4/Red	0.636～0.673	30
		B5/NIR	0.851～0.879	30
		B6/SWIR I	1.566～1.651	30
		B7/SWIR II	2.107～2.294	30

Landsat-5 是该计划中发射的第五颗卫星,也是在轨时间最长的光学遥感卫星(于 2013 年 6 月正式退役),该卫星携带的传感器为多光谱扫描仪(MSS)和专题制图仪(TM)。在 GEE 中,该数据集的 ID 为"LANDSAT/LT05/C02/T1_L2"。Landsat-7 卫星于 1999 年 4 月 15 日发射,是陆地卫星计划中的第七颗卫星,该卫星装备有增强型专题制图仪传感器 (ETM+)。相比 Landsat-5 的 TM 传感器,ETM+传感器增加了一个分辨率为 15 m 的全色波段,且红外波段的分辨率更高,准确性更强。但是,自 2003 年 5 月 31 日起,该卫星的扫描仪校正器发生异常,此后获取的影像均在不同程度上出现数据条带丢失的状况,严重影响了数据的使用。在 GEE 中,该数据集的 ID 为"LANDSAT/LE07/C02/T1_L2"和"LANDSAT/LE07/C01/T1_SR"。Landsat-8 是陆地卫星计划中发射的第八颗卫星,该卫星装备的传感器包括陆地成像仪(OLI)和热红外传感器(TIRS)。OLI 传感器拥有 9 个光谱波段,波长的覆盖范围从红外波段到可见光波段。与 ETM+传感器相比,OLI 传感器新增了 2 个波段,海蓝波段(Coastal)和卷云波段(Cirrus),获取的影像质量更好,数据的信噪比更高,影像的几何精度也更好。本研究使用的是用 OLI 传感器获取的影像集,在 GEE 中,该数据集的 ID 为"LANDSAT/LC08/C02/T1_L2"和"LANDSAT/LE07/C01/T1_SR"。本研究使用的 Landsat 影像为 Landsat Collection 1 和 Collection 2,其中 Collection 2 系列的影像于 2020 年发布。与 2016 年发布的 Collection 1 影像相比,Collection 2 Level1 数据的辐射定标与几何精度均有较大的提升。对于 2002 年、2006 年和 2011 年的遥感影像,本研究选取 Landsat Collection 2 系列的 Landsat-5 和 Landsat-7 影像作为数据源。由于 2016 和 2019 年的 Collection 2 系列的 Landsat-7 和 Landsat-8 影像不兼容,融合过程会出现错误,对于这个 2 个观测时期,本研究使用 Collection 1 系列的影像作为数据源。

(2) Sentinel-2 数据

Sentinel-2 卫星是欧洲空间局哥白尼计划中的地球观测卫星,该卫星主要对地球表面进行观测,并且提供相关遥测服务。Sentinel-2 是由两颗卫星组成的卫星群,分别为 2A 和 2B。该卫星影像的时间分辨率在 Sentinel-2B 成功发射后上升至 5 d,两颗卫星均携带多光谱成像仪(MSI),轨道宽度为 290 km。该卫星获取的多光谱数据拥有涵盖可见光、近红外与短波红外的 13 个波段,不同波段的空间分辨率也有所差异。其中 R、G、B、NIR 波段的空间分辨率为 10 m,RE1、RE2、RE3、nNIR、SWIR Ⅰ、SWIR Ⅱ 波段的空间分辨率为 20 m,其余波段的空间分辨率为 60 m。目前,Sentinel-2 影像是唯一 1 个拥有 3 个红边波段的卫星遥感数据,红边波段对植被健康信息的检测非常重要。受限于 GEE 平台的数据运算能力以及研究区在 2018 年并未覆盖 L2A 数据,在提高数据处理速度的前提下,本研究使用 Sentinel-2 数据的 L1C 级产品,该数据是已经过正射校正和几何精校正的反射率产品。在 GEE 中,该数据集的 ID 为"COPERNICUS/S2",其主要波段信息见表 5-3。

(3) MODIS 数据

中分辨率成像光谱仪 MODIS(Moderate-resolution Imaging Spectroradio-meter)是搭载在 Terra 和 Aqua 卫星上的两颗传感器,是美国地球观测系统(EOS)计划中用来观测全球生物和物理过程的重要仪器。该数据具有光谱范围广、更新频率高、数据使用简单的优势,同时拥有 250 m、500 m 和 1 000 m 的 3 种空间分辨率。两颗卫星独立运行,获取的影像在时间上并不重复。NASA 为该数据源制作了 44 种产品,根据产品的特征可以将其划分

表 5-3　Sentinel-2 卫星主要波段信息

遥感数据	传感器	主要波段	中心波长/nm	分辨率/m
Sentinel-2A	MSI	B2/Blue	496.6	10
		B3/Green	560.0	10
		B4/Green	664.5	10
		B8/NIR	835.1	10
		B11/SWIR Ⅰ	1613.7	20
		B12/SWIR Ⅱ	2202.4	20
Sentinel-2B	MSI	B2/Blue	492.1	10
		B3/Green	559.0	10
		B4/Green	665.0	10
		B8/NIR	833.0	10
		B11/SWIR Ⅰ	1610.4	20
		B12/SWIR Ⅱ	2185.7	20

为陆地数据产品、海洋数据产品、大气数据产品和校正数据产品。本研究使用的是陆地专题产品中的 MOD13Q1 V6 和 MYD13Q1 V6,前者的获取时间为从 2000 年 2 月 18 日至今,后者的获取时间为从 2002 年 7 月 4 日至今。本研究将这两种陆地专题产品进行合并,最终得到时间分辨率为 8 d、空间分辨率为 250 m 的植被指数(NDVI/EVI)时间序列产品(其中2001 年时序数据产品的时间分辨率为 8 d)。在 GEE(Google Earth Engine)中,上述影像集的 ID 分别为"MODIS/006/MYD13Q1""MODIS/006/MOD13Q1"。

5.1.2.4　遥感数据预处理

（1）去云

光学遥感影像易受云层的影响,这对于冬小麦分布提取非常不利。在使用该影像前,需要完成影像去云操作。在图 5-2 中,(a)和(b)图分别表示去云前后的遥感影像,可以看到,使用去云算法后矩形框内的云层被明显消除。对于经去云造成的影像缺失,可使用同期遥感影像完成修补,修补函数为 mosaic( )。不同类型的影像,云处理方法有所差异。本研究使用的去云算法是 CFMASK 算法。

（2）波段统一

对于去云后的影像集,不能直接合成影像,还要统一各种类型的传感器之间的光谱分辨率和空间分辨率。不同类型传感器之间的光谱分辨率差异较大,若不对波段进行统一处理,对冬小麦种植面积的提取结果会造成巨大干扰且影响后续的分析。根据表 5-2 和表 5-3,传感器为 TM 的 Landsat-5 影像和传感器为 ETM＋的 Landsat-7 影像具有相同的波长范围,传感器为 OLI 的 Landsat-8 影像和传感器为 MSI 的 Sentinel-2 影像具有相近的波长范围。但是前两者和后两者的波段范围仍旧存在较大差异,为了降低差异,本研究采用 Roy 提出的基于普通最小二乘法(OLS)回归建立的转换函数,将 TM 和 ETM＋传感器的光谱反射率转换成 OLI,反射率公式见表 5-4。

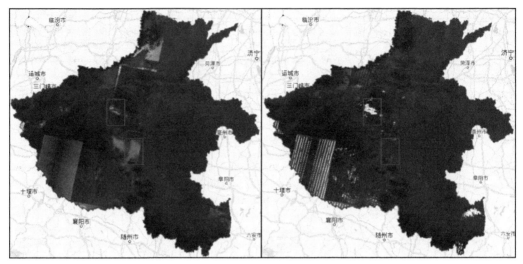

（a）去云前影像　　　　　　　　　　　（b）去云后影像

图 5-2　GEE 中遥感影像去云前后对比图

表 5-4　ETM＋(TM)与 OLI(MSI)影像之间的转换公式

影像波段	影像转换公式
Blue	OLI＝0.000 3＋0.847 4ETM＋
Green	OLI＝0.008 8＋0.848 3ETM＋
Red	OLI＝0.006 1＋0.904 7ETM＋
NIR	OLI＝0.041 2＋0.846 2ETM＋
SWIR I	OLI＝0.025 4＋0.893 7ETM＋
SWIR II	OLI＝0.017 2＋0.907 1ETM＋

（3）影像镶嵌与裁剪

研究区范围较大会造成单景的遥感影像无法完全覆盖整个研究区,因此需要对多景遥感影像进行拼接与合成,制作出一幅可以覆盖整个研究区的影像。在使用 GEE 平台的影像筛选函数选取影像时,很容易出现影像重叠或者影像缺失问题。具体方法如下:首先使用研究区、云量、日期等函数(相关函数为 filterBounds( )、filterDate( )、filterMetadata( )),筛选出目标影像集合;其次使用 mean( )、median( )等函数对影像集进行运算,最终镶嵌成同一期的无云遥感影像。Landsat-5 和 Landsat-7 影像边缘有瑕疵,使用 updateMask( )函数进行修复。Landsat-7 数据的条带未进行修复,研究认为该部分的影像缺失,应使用同时期影像进行修补。

在影像裁剪(图 5-3)时,可使用矢量边界文件将目标研究区裁剪出来并移除多余部分,数据量的降低可以提高影像的处理速度。查阅河南省统计年鉴,近 20 年河南省的行政区划并无较大变动。因此本研究使用 2020 年版的全国矢量边界图,将研究区外的部分裁剪掉,只保留研究区内的影像。该过程使用 GEE 中的函数 clip( )分别对各期影像进行了裁剪。

（a）矢量边界　　　　　　（b）裁剪前影像　　　　　　（c）裁剪后影像

图 5-3　GEE 中遥感影像裁剪过程展示图

5.1.2.5　其他数据

（1）土地利用数据

由于研究区范围比较广,在制作样本数据时,只以野外调查和统计的方式获取样本点,工作量比较大,耗时耗力;直接目视解译 Google Earth 历史影像,也非常耗费时间。本章使用中国科学院地理科学与资源研究所制作的全国土地利用类型遥感监测空间分布数据,该数据是我国精度最高的土地利用遥感监测数据产品(空间分辨率为 30 m),已经被应用在国家土地资源规划、生态研究、水文等领域中。该数据是基于 Landsat 系列卫星影像,利用人工目视解译制作的。该土地利用数据包括 6 个一级类型以及 25 个二级类型,其中 6 个一级类型分别为耕地、林地、草地、水域、居民地和未利用土地,耕地分为水田和旱地。

为了方便样本点的选取,本章按照分类体系对土地利用产品进行重分类。将二级分类进行合并,将草地、林地以及耕地中的二级分类水田合并为一类,二级分类中的旱地合并为一类,对二级分类中的水域、居民用地、未利用土地分别进行合并,最终得到只有目标地物类别的重分类影像。具体操作如下,将目标影像加载到 ArcGIS 中,使用重分类工具(Spatial Analyst→重分类→重分类),将重分类后的影像导出。重分类过程(以 2000 年为例)如图 5-4 所示,(a)和(b)图分别表示重分类前和重分类后的土地利用数据。

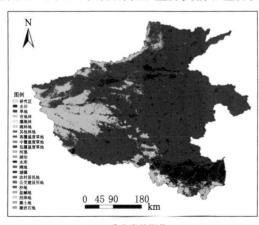
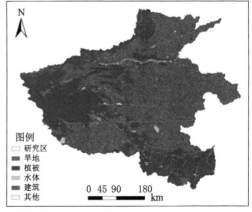

（a）重分类前影像　　　　　　　　　　　　（b）重分类后影像

图 5-4　土地利用数据重采样过程(以 2000 年为例)

（2）农业统计数据

本研究使用的各种农业统计数据来源于中国统计年鉴、中华人民共和国农业农村部、河南统计年鉴和河南省各市统计局，各类数据的统计时间为 1999 年至 2019 年。农业统计数据包括河南省冬小麦种植面积数据、乡村总人口数、城镇化率、农民人均收入、灌溉面积、化肥施用折纯量等，该数据被应用于冬小麦种植变化驱动因子分析。

（3）地形数据

SRTM 数据是由美国国防部国家测绘局（NIMA）和 NASA 携手测量与绘制的数字地形高程模型。目前，该数据按精度可以分为 SRTM1 和 SRTM3，对应的分辨率分别为 30 m和 90 m。本研究使用的是 30 m 分辨率的 SRTM1 数据（图 5-5），该数据被用来计算各种地形特征。在 GEE 中，本研究使用的影像集的 ID 为"USGS/SRTMGL1_003"。

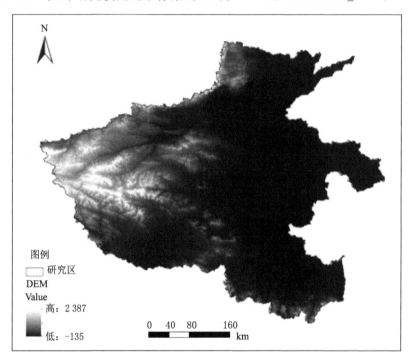

图 5-5 河南省数字高程模型

（4）ERA5 数据

ERA5 数据来源于欧洲中期天气预报中心（European Centre for Medium-range Weather Forecasts，ECMWF），是全球气候的第五代大气再分析产品。其将全世界各地区地面观测数据与模型数据相结合生成全球完整且一致的数据集。目前，GEE 中该系列的数据有月度 ERA5 产品和日度 ERA3 产品。ERA5 月度数据能以月为尺度提供 7 个物候再分析参数，包括 2 m 气温（2 m 最低气温、2 m 最高气温和 2 m 平均气温，单位为 K）、2 m 露点温度、总降水量（单位 m）、表面压力、平均海平面压力、10 m 风的 u 分量和 10 m 风的 v 分量。本研究基于月度 ERA5 数据，获取了研究区内各研究阶段 2 m 平均气温和总降水量的平均值，从而用于驱动因素分析。在 GEE 中，对 2001 年 6 月份的 2 m 平均气温［图 5-6（a）］和总降水量［图 5-6（b）］进行了显示。在 GEE 中，本研究所使用的影像集 ID 为"ECMWF/

ERA5/MONTHLY"。

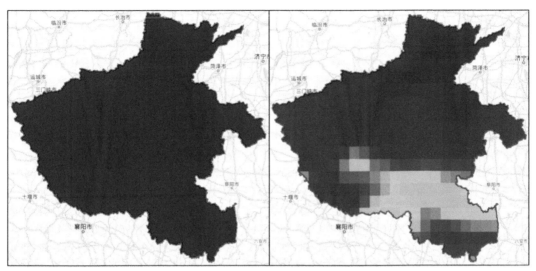

(a) 平均气温　　　　　　　　　　　　　　(b) 总降水量

图 5-6　GEE 平台中的 ERA5 影像展示

5.1.2.6　基于半自动化的分层样本数据采集

选择高精度的样本点是精准分类的前提。根据研究区概况和研究目的,将样本数据划分为 5 个类别,分别是冬小麦(观测期间的冬小麦)、植被(其他作物、其他覆盖的植被等)、水体(河流、水库、湖泊等)、建筑(建筑用地、道路等)、其他(荒地、未利用土地等),这 5 种地物在 Google Earth 上具有易于与其他地物区分的特征,因而将其作为研究区主要地物类型的解译标识。

基于半自动化的分层样本数据采集方法,主要包括样本点的随机生成和 Google Earth 样本标记。样本点的随机生成主要使用 ArcGIS 中的创建精度评估点功能;Google Earth 样本标记则使用采样点和 Google Earth 平台,通过目视解译对 ArcGIS 的采样点进行纠正,生成每一期精准的样本数据。具体流程如下:一是样本点的随机生成。打开 ArcMap 软件,将重分类后的土地利用数据导入;使用创建精度评估点工具,选择采样策略为"所有样本点数目相等",生成目标样本点;将生成的图层文件转换为 KML 格式,以便后续的 Google Earth 中样本点标记使用。二是 Google Earth 样本标记。打开 Google Earth 软件,将 KML 文件导入,文件保存在"我的位置"中。将样本点放大至可以查看其具体类别,然后查看历史影像,确定该时期的地物类型,若不与样本类型匹配,则进行修改。完成操作后,将纠正过的样本点导出成 KML 格式文件,然后直接上传至 GEE 的 Assets 中。各期样本点均随机且均匀地分布于整个河南省。将各期的样本数据进行随机分配,其中约 70% 的样本数据用于构建训练模型,约 30% 的样本数据用于构建混淆矩阵和精度评估。

2010 年前,Google Earth 中没有河南省的高分辨率卫星影像,无法在 Google Earth 上进行样本点的校正。因此将样本点导入 GEE 中,对合成的影像进行目视解译,以此完成样本点纠正。本研究最终生成 2002 年、2006 年、2011 年、2016 年和 2019 年五期的样本数据,如图 5-7 和表 5-5 所示。

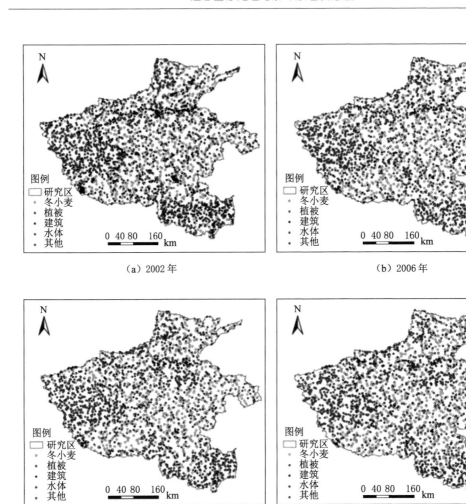

(a) 2002 年   (b) 2006 年

(c) 2011 年   (d) 2016 年

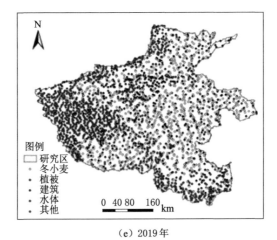

(e) 2019 年

图 5-7　样本点空间分布图

表 5-5　样本点数目

地物类型	描述	样本点
冬小麦	观测期间的冬小麦	910
植被	其他作物、其他覆盖的植被等	900
建筑	居民用地、道路等	480
水体	河流、水库、湖泊等	210
其他	荒地、未利用土地等	290

5.1.2.7　GEE 云平台介绍

GEE 平台是谷歌公司、美国地质调查局和卡内基梅隆大学联合研发的一款集科学分析和地理数据可视化于一体的综合性云计算平台。该平台具有海量多类型数据、强大的运算能力、非营利用户免费使用等优势。平台拥有全球近 40 多年的公开遥感影像数据集,包括遥感影像数据(Sentinel、Landsat、MODIS 影像等)、天气与气候数据(TRMM、NCEP-CFSv2 数据等)、地球物理数据(SRTM、GlobCover 数据等),平台存储的总数据量已经超过 50 PB,每天可产生约 5 000 景影像;数据处理不受计算机运算能力和存储空间的限制,平台用户无须下载影像,只需要编辑代码即可完成地理空间数据分析,可以高效、快速地完成大范围区域影像的处理;平台面向科研单位、教育工作者、学生等非营利性质机构和用户,免费为其提供服务,可以促进科研、教育、学习的发展,进而彰显 5G 信息时代的优势。平台的 API 接口有 Python 和 JavaScript 两个版本,用户可以直接登录 Web 网站使用 JavaScript API,界面如图 5-8 所示。GEE 的在线开发平台界面主要包括搜索区、Git 存储库区、代码编辑区、输出显示内容区和地图展示区。

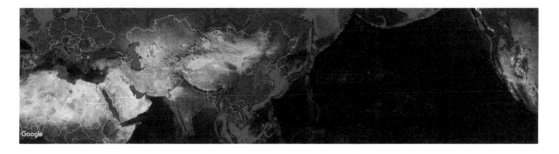

图 5-8　GEE 在线开发平台界面

5.1.3 基于机器学习的河南省冬小麦种植信息提取

5.1.3.1 特征变量计算

特征变量的选择对于遥感信息的提取至关重要,选择合适的特征变量可以获得更为精准的遥感分类结果。综合考虑河南省的生态环境、不同地物的结构、冬小麦的物候特征、土壤背景信息的影响以及各种分类特征的意义,将多种特征变量进行有效结合,从而提高冬小麦提取的精度。本小节选取光谱特征、植被指数特征、纹理特征、主成分特征和地形特征完成冬小麦种植信息提取。

（1）光谱特征

选择 R、G、B 和 NIR 四个波段作为分类的光谱特征。

（2）植被指数特征

植被指数特征是利用光谱波段计算得到的,可以反映作物的生长状态、土壤背景构成、作物结构等相关信息,不同植被指数的作用和意义有所差异。常见的植被指数有,归一化植被指数(Normalized Difference Vegetation Index,NDVI)、增强型植被指数(Enhanced Vegetation Index,EVI)、修正土壤调节植被指数(Modified Soil-Adjusted Vegetation Index,MSAVI)、植被指数增长幅度(NDVIincrease,Increase of NDVI)和绿色归一化差异植被指数(Green Normalized Difference Vegetation Index,GNDVI)等。选取 NDVI、EVI 和 NDVIincrease 作为本研究的植被指数特征,各特征计算方法如表 5-6 所示。

表 5-6 植被指数计算公式

植被指数	计算公式
归一化植被指数	$NDVI = \dfrac{NIR-R}{NIR+R}$
增强型植被指数	$EVI = \dfrac{2.5 \times (NIR-R)}{NIR+6.0R-7.5B+1}$
植被指数增长幅度	$NDVI_{increase} = (NDVI_{越冬后} - NDVI_{越冬前})/|NDVI_{越冬前}|$

NDVI 通过计算红波段和近红外波段之间的差异来量化植被的覆盖情况、消除部分辐射误差,是目前监测植被生长状态的最佳指标;EVI 是一种改进的植被指数,降低了土壤背景和气溶胶散射的影响,高生物量地区的敏感性得以提高,并且通过对植被冠层背景信号的去耦合和大气效应的减少增强了植被监测能力;NDVIincrease 由王九中等提出,是一种针对冬小麦种植面积提取的植被指数。NDVIincrease 通过计算每个位置上的像元在越冬前和越冬后的变化幅度与越冬前像元绝对值的比值,可以有效地降低数据冗余的影响,增强遥感信息,使得数据处理更加简单。三种植被指数呈互补作用,优化了植被变化监测能力,更有利于冬小麦种植信息的提取。

（3）纹理特征

纹理表达了影像的表面或结构属性,可以作为提高植被分类精度的特征变量。纹理特征的获取方法比较多,常见的纹理分析方法按照纹理特征描述方法可以分为统计法、模型法、结构法和信号处理法。统计法主要包括灰度共生矩阵(Gray Level Co-occurrence Matrix,GLCM)、分行模型、自相关函数、局部二值模型、半方差等方法,其中灰度共生矩阵是目前研究中使用最多且最成熟的纹理特征提取方法。GLCM 是 Haralick 等于 20 世纪 70 年代提出的,已被广泛地应用在遥感影像处理和分析领域。本研究使 glcmTexture( )函数生成 NDVI 和 EVI 的纹理特征,滑动窗口像素为 3 * 3。该函数可以生成包含均值(Mean)、变化量(Variance)、对比度(Contrast,CON)、角二矩阵(Energy,ASM)、熵(Entropy,ENT)等在内的 14 种纹理特征。大量的纹理特征会造成数据的冗余,在保留最大信息量、不超出 GEE 云平台计算限制、提高分类精度的前提下,选取角二矩阵、对比度、相关性(Correlation,COR)和熵值作为本研究的特征变量。已有研究表明这 4 种纹理特征可以最大程度地保留遥感影像的信息量,分类效果比较好。角二矩阵表达纹理的粗细程度和灰度分布均匀程度,该值越大,表示灰度变化越小;对比度表达纹理沟纹的深浅和影像的清晰程度,该值越小,表示影像的清晰度越低,反之则越清晰;相关性表达局部区域纹理的一致性,其大小与矩阵中的元素和计算方向有关;熵值表达纹理的复杂程度,该值越大,表示影像的信息量越大,反之则越小。上述 4 种纹理特征的计算公式见表 5-7。

表 5-7　纹理特征的计算公式

纹理特征	计算公式
角二矩阵	$\mathrm{ASM} = \sum\limits_{i=0}^{L-1} \sum\limits_{j=0}^{L-1} [p(i,j,d,\theta)]^2$
对比度	$\mathrm{CON} = \sum\limits_{i=0}^{L-1} \sum\limits_{j=0}^{L-1} (i-j)^2 \cdot p(i,j,d,\theta)$
相关性	$\mathrm{COR} = \sum\limits_{i=0}^{L-1} \sum\limits_{j=0}^{L-1} [ijp(i,j,d,\theta) - \mu_1\mu_2]/(\sigma_1^2\sigma_2^2)$
熵值	$\mathrm{ENT} = -\sum\limits_{i=0}^{L-1} \sum\limits_{j=0}^{L-1} p(i,j,d,\theta) \cdot \log p(i,j,d,\theta)$

(4) 主成分特征

多光谱遥感影像的各波段之间均存在相关性和数据冗余,一般是由下面三种因素造成的:地物类型具有相似的波谱反射值、地形、传感器波段之间的重叠。在遥感影像各波段相关性很高的情况下,对全部的波段都进行分析是不必要的。数据量过于充足可能会对影像分析造成负面的影响。为实现数据压缩、去除噪声和图像增强,本研究使用主成分分析(Principal Components Analysis,PCA)方法去除波段间的冗余信息,将相关性高的多波段信息压缩转换成不相关的信息,最终获得比原有波段数目更少且更有效的少数几个转换性波段。

主成分分析将一景 n 波段的多光谱遥感影像 X 乘以一个线性转换矩阵 A 后,生成一组新的多光谱影像 Y,表达式如下:

$$Y = AX \tag{5-1}$$

一般情况下原始影像的各波段与第一主成分(PC_1)的相关性最高,与后面各主成分的相关性较低。在实际应用中,如 Landsat-5 TM 影像经过主成分分析后,PC_1、PC_2、PC_3 三个波段基本包含了遥感影像 95% 的信息量,后面的主成分波段噪声比较多,一般无法使用。因此本小节对光谱波段 R、G、B、NIR、SWIR Ⅰ、SWIR Ⅱ使用主成分分析算法,保留 PC_1、

PC_2、PC_3 三个波段。

（5）地形特征

在进行冬小麦种植面积提取时,地形参数是一个重要的特征变量,加入地形特征可以提高分类精度。该特征会对不同地区的地物类型和农作物种植结构的提取产生重要影响。平原地区的冬小麦种植区与裸地、植被、建筑区拥有相近的海拔和坡度等,地形特征差异较小。河南省的平原面积比山区面积高出 10% 左右,地形特征差异较大。研究区内的冬小麦一般种植在地势较为平坦的地区,例如周口、商丘、南阳盆地等,这些地区的冬小麦种植区呈现大面积连片的特征;小部分的冬小麦种植区分布在坡地,如洛阳、三门峡等,这些地方的冬小麦呈现碎片耕种的特征。为了使耕地效率最大化,一般会选择在坡度较小、海拔较低的地方种植。因此对于地形结构差异明显的河南省,选择地形特征作为冬小麦种植面积提取的特征变量是非常有必要的。本研究综合考虑河南省的地形特征,使用 ee. Terrain. products( ) 函数对 30 m 分辨率的 DEM 进行计算,生成坡度(Slope)、海拔(Elevation)、坡向(Aspect)、阴影(Hillshade)特征变量,用于获取更高的冬小麦种植面积提取精度。

5.1.3.2 特征选择

在进行冬小麦种植面积提取的时候,提取精度会随着特征变量的增加而增大。特征变量累积到一定的程度时,提取精度并不会增加,可能会产生"维数灾难"的现象。因此使用过多的特征变量,会产生大量的数据冗余,增加数据处理时间,拖慢云平台的数据处理效率。当数据量超过平台限制的时候,会产生运行超时的错误,无法获取提取结果。因此,对特征进行选择和区分是完成实验的前提,也是非常必要的。

特征选择是对特征集合进行优化并且选择最优特征子集的过程。根据是否拥有先验知识,可以把特征选择分为监督选择和无监督选择。不需要先验知识(即标签信息)的是无监督选择,它可以直接利用特征变量之间的相关性,完成最优特征子集的选择,例如主成分分析法、最大方差法、正则自表示法等。需要先验知识的是监督选择,它通过计算类别与特征之间的相关性,完成特征子集的选择。如果某类别与某特征的相关性比较高,那么这个特征将被保留。监督选择的方法主要有 J-M 距离、Relier 算法和 LASSO 算法等,其中 J-M 距离的通用性较强,是一种最常用的度量类别分离性的工具。因此,论文选择 J-M 距离进行特征选择,完成冬小麦分类特征的构建。

J-M 距离是一种用于统计类别可分性的重要指标,它使用类间样本的距离衡量类间可分性,对训练样本可分性大的特征进行保留。J-M 距离的计算公式如式(5-2)和(5-3)所示。J-M 距离的取值范围为 $[0, \sqrt{2}]$。若 J-M 距离越接近 $\sqrt{2}$,则类别之间在相应特征下的可分离性越高,使用该特征进行分类时,分类效果越好。若 J-M 距离越小,则类别之间在相应特征下的可分离性越低,使用该特征进行分类时可能出现大量的误分和漏分现象。

$$J = \sqrt{2(1 - e^{-B})} \tag{5-2}$$

$$B = \frac{1}{8}(m_1 - m_2)^2 \frac{2}{\delta_1^2 + \delta_2^2} + \frac{1}{2}\ln\frac{\delta_1^2 + \delta_2^2}{2\delta_1\delta_2} \tag{5-3}$$

式中,B 代表样本之间在某一特征上的巴氏距离,m_i 代表某类特征的样本均值向量,δ_i 代表某类特征的样本标准差矩阵。

5.1.3.3 模型提取

选取决策树、支持向量机、随机森林等算法进行提取。

（1）CART 决策树

决策树分类（Classification and Regression Trees，CART）又称分类回归树。该算法由 Breiman 于 1984 年提出，是一种以分割阈值为依据对遥感影像的像元完成类别划分的非参数监督分类算法。与神经网络等其他机器学习算法相比，CART 算法拥有收敛速度快且计算复杂程度低的特点，可以从大量的数据中迅速查找决策计算规则。

决策树的类型主要有 ID3、C4.5 和 CART。ID3 算法是一种最早被提出的决策树方法，它在决策树各个结点上对应信息增益准则选择特征，递归地构建决策树。而 C4.5 和 CART 算法是 ID3 算法的改进。C4.5 算法可以对残缺数据进行处理，并且使用信息增益效率对属性进行选择，克服了用信息增益选择属性时偏向选择取值多的属性的不足。由于 C4.5 算法多次构造决策树，需要对数据集进行多次的顺序扫描和排序，因此该算法运算效率低下。而 CART 决策树（图 5-9）使用基尼系数（Gini index，Gini）代替信息增益模型，基尼系数越小，重要性越高。在计算过程中，通过基尼系数对特征进行优选，并确定该特征的最优二元切分点，最后构成一棵二叉树。本研究选取 CART 算法完成冬小麦种植面积提取，在 GEE 云平台中调用 ee.Classifier.smileCart() 函数即可完成分类模型的构建。基尼系数的计算方法如下：

$$\text{Gini} = 1 - \sum_{e=1}^{E} p^2(e|m) \tag{5-4}$$

$$p(e|m) = \frac{n(e|m)}{n(m)} \tag{5-5}$$

$$\sum_{e=1}^{E} p(e|m) = 1 \tag{5-6}$$

式中，$p(e|m)$ 表示从训练样本中随机选取一个样本，当它的某一测试变量值为 m 时属于第 e 类的概率；$n(e|m)$ 表示从训练样本中随机测试变量值为 m 时属于第 e 类的样本个数；$n(m)$ 表示训练样本集中测试变量值为 m 的样本个数；e 表示类别个数。

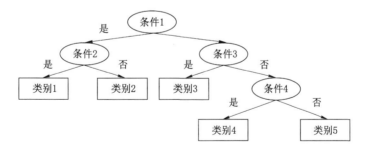

图 5-9　CART 决策树示意图

（2）支持向量机

支持向量机（Support Vector Machine，SVM）由 Vapnik 等于 20 世纪 90 年代中后期提出，是一种以统计学习理论为基础的机器学习算法。该算法同时支持分类和回归，从分类的角度对该算法进行解读，它是一种广义的线性分类器，可以在样本数量信息不足的情况下获得优质的统计规律，也可以解决数据维度产生的问题。该算法一经提出，因其在影像处理中的优秀表现而受到广泛关注，被应用在土地利用分类和农作物种植信息提取的研究中。

该算法的基本原理如下：首先使用非线性转换方法，将训练集从原始模型空间的非线性问题转化为高维特征空间中的线性问题，为确保可以获取更好的推广能力，同时在高维特征空间中构造线性判别函数来实现原特征空间中的非线性判别。由于数据被映射到高维特征空间，计算量激增，为增大计算机处理数据的速率，此时引入核函数。引入核函数可以减少运算量，使得支持向量机更加实用。然后在变换后的高维特征空间中求解最优分类面（即非线性问题中的最优分类超平面），有效解决了冬小麦提取的非线性问题。

目前常用的支持向量机核函数包括线性核函数（Liner Kernel，SVM-L）、高斯径向基核函数（Gaussian Kernel，SVM-G）、多项式核函数（Polynomial Kernel，SVM-P）和多层感知器核函数（Sigmoid Kernel，SVM-S），公式如表 5-8 所示。其中，线性核函数已经被广泛应用在农作物的识别中且效果最佳。因此，本研究选取线性支持向量机完成冬小麦种植面积的提取。如图 5-10 所示，平面 A_1 未将类别进行区分，平面 A_2 和 A_3 将类别分开，但是 A_2 以最大的间隔将类别进行区分。相比之下，A_3 却以最小的间隔将类别分开，平面 A_3 被定义为最优超平面。在 GEE 云平台中调用 ee. smileClassifier. libsvm（ ）函数即可完成分类模型的构建。

表 5-8　常见的 4 种核函数

核 函 数	计 算 公 式
线性核函数	$K(X,Y) = X^{\mathrm{T}}Y$
高斯径向基核函数	$K(X,Y) = \exp\left(-\dfrac{(X-Y)^2}{2\sigma^2}\right)$
多项式核函数	$K(X,Y) = (X^{\mathrm{T}}Y)^n$
多层感知器核函数	$K(X,Y) = \tanh[a(X^{\mathrm{T}}Y) - b], a,b > 0$

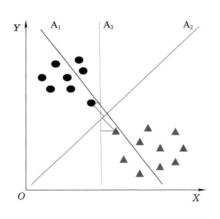

图 5-10　线性支持向量机示意图

（3）随机森林

随机森林（Random Forest，RF）由美国科学家 Breiman 于 1996 年提出，是一种集成学习的机器学习算法。该算法由大量 CART 决策树构成。他使用一系列的决策树进行投票决策，可以得到一个公平合理的结果。与单棵决策树相比，随机森林算法的泛化能力更强，在分类中的表现更优秀。该算法已被广泛应用于农情农事监测且取得了优异的成果。该算法拥有以下优势：运行速度快，在样本量激增的情况下，一般不会产生过拟合现象；不仅可以确定类别，也可以评估各种特征变量对结果的影响程度；在数据资料丢失的情况下，可以使用特定的数据处理方法，依旧可以对数据进行精准的预测，抗噪能力比较强。

　　随机森林算法的基本原理如下：首先，确定训练集，使用 Bootstrap 取样方法将样本数据分为训练样本和验证样本，将约 0.7 的样本数据作为训练样本，约 0.3 的数据作为验证样本，每一个训练样本可生成一棵决策树，将验证样本作为袋外数据完成分类精度评估；其次，确定节点的分裂条件，以最小基尼系数为原则确定每一棵决策树中的每一个结点的分裂方式，决策树构成森林；最后，使用投票方式确定类别，基于单个决策树的分类结果，采用投票方法确定新样本类别。在 GEE 云平台中调用 ee. Classifier. smileRandomForest( )函数即可完成随机森林分类模型的构建。其基本原理如图 5-11 所示。

$$H(x) = \mathrm{Carg}_e \max \sum_{n=1}^{T} h_n^2(x) \tag{5-7}$$

式中，$H(x)$ 表示随机森林模型，T 表示决策树的数量，h_n 表示第 n 个决策树，Carg_e 表示类别 e 的标记。

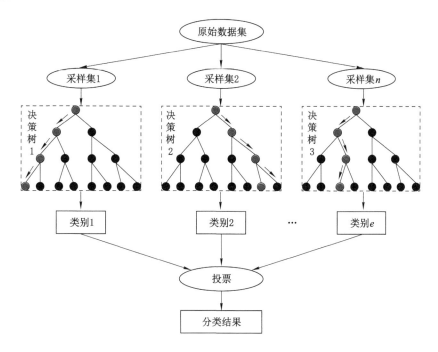

图 5-11　随机森林算法示意图

5.1.3.4　精度评定方法

　　本研究使用 ROC 曲线、误差矩阵等方法来评判分类精度。使用基于地面参考数据计算的误差矩阵（也称混淆矩阵，Confusion Matrix）来定量评价分类精度。分析误差矩阵，可以了解各种地物类型被错误分类的情况，从而间接地评价分类效果。仅使用误差矩阵无法直接获取提取精度，但是通过误差矩阵计算出一系列精度评价指标，可以从不同的侧面反映制图效果。误差矩阵的基本形式如表 5-9 所示。

表 5-9   误差矩阵的基本形式

		分类数据					
		类别 1	类别 2	...	...	类别 m	总和
地面数据	类别 1	X_{11}	X_{12}	...	...	X_{1m}	X_{1+}
	类别 2	X_{21}	X_{22}	...	...	X_{2m}	X_{2+}
	...	...	...	...	...	...	...
	类别 m	X_{m1}	X_{m2}	...	...	X_{mn}	X_{m+}
	总和	X_{+1}	X_{+2}	...	...	X_{+m}	X

通过误差矩阵计算得来的精度评定指标，包括总体精度（Overall Accuracy，OA）、Kappa 系数（Kappa Coefficient，Kappa）、生产者精度（Producer Accuracy，PA）、用户精度（User Accuracy，UA）以及 F_1 测度（F_1 Measure，F_1）。从描述精度的侧面进行分类，上述指标被分为两大类。第一类，总体精度和 Kappa 系数，它们是评定分类结果的总体指标；第二类，生产者精度、用户精度和 F_1 测度，是评定各类地物分类精度的指标。下面就这 5 种指标的功能进行详细的说明。

总体精度可以描述分类结果的整体精准，是被正确分类像元与总类别像元的比值；Kappa 系数用来评估分类结果的一致性，可以在类别不均衡的情况下反映实际的分类精度，一般取值为（-1,1），绝对值越大，表示结果越可靠。生产者精度与用户精度从不同的角度反映各种地物的分类精度，若某种地物的生产者精度较低，说明该地物容易被误分为其他类型的地物；若某种地物的用户精度较低，说明其他类型的地物容易被误分为该地物。F_1 测度通过生产者精度和生用户精度计算得来，是一种综合性指标，可以更加全面地对各种地物类型的分类精度做出评价。各种精度评定指标及计算公式如表 5-10 所示。其中 m 表示类别数目，N 表示样本总数目；X_{ij} 代表某类别为 i 被分类为 j 的数据。

表 5-10   精度评定指标及计算公式

评价指标	计算公式
总体分类精度	$\mathrm{OA} = \sum\limits_{i=1}^{m} \dfrac{x_{ii}}{N} \times 100\%$
Kappa 系数	$\mathrm{Kappa} = \dfrac{N \sum\limits_{i=1}^{m} X_{ii} - \sum\limits_{i,j=1}^{m} X_{i+} X_{+j}}{N^2 - \sum\limits_{i,j=1}^{m} X_{i+} X_{+j}}$
生产者精度	$\mathrm{PA} = \dfrac{X_{ii}}{X_{+j}}$
用户精度	$\mathrm{UA} = \dfrac{X_{ii}}{X_{i+}}$
F_1 测度	$F_1 = 2 \times \dfrac{\dfrac{X_{ii}}{X_{i+}} \times \dfrac{X_{ii}}{X_{+j}}}{\dfrac{X_{ii}}{X_{i+}} + \dfrac{X_{ii}}{X_{+j}}}$

5.1.3.5　多源遥感影像合成

（1）S-G 滤波

合并后的 MODIS 数据集,时间分辨率从 16 d 提升为 8 d(其中 2001 年影像的时间分辨率仍为 16 d),且该数据经过预处理后,一定程度上消除了云层和气溶胶对地面地物植被指数真实值的影响。但是,由于雨雪天气的影响,仍存在一些异常信号值,这些值会明显低于或高于真实值,在时间序列曲线上呈现为明显的峰值或者谷值。异常值的存在严重影响植被指数曲线的连续性和趋势性,特别是随着物候变化的季节性作物。冬小麦的物候特征比较明显,植被指数随着物候生育期的变化比较大。因此,需要对 MODIS 时间序列数据集进行去噪重构处理,本研究选择 S-G 滤波算法对研究区内的时间序列影像进行滤波平滑处理。

S-G 滤波算法是一种基于最小二乘法的局部拟合算法,它通过对局部窗口内的相邻值做多项式最小二乘拟合,完成影像的滤波处理。MODIS 时序植被指数产品中的噪声一般为低频噪声,使用该算法对植被指数曲线进行重构,不会产生过拟合现象。该算法最大程度地对植被指数曲线的变化趋势进行保留,只对局部的异常值进行处理,最终的时序曲线符合作物的物候变化情况。因此本研究使用 S-G 滤波对时序植被指数产品进行噪声去除和影像重构。S-G 滤波的计算公式为:

$$Y_j^* = \frac{\sum_{i=-n}^{n} C_i Y_{j+i}}{M} \tag{5-8}$$

式中,Y_j^* 表示平滑后的植被指数值,Y 表示滤波前的植被指数值,C_i 表示第 i 个植被指数值的滤波系数,M 表示滤波器的长度,n 为平滑窗口的大小,j 为植被指数在时序数据中的序数。

该算法对时序数据的重构效果主要取决于平滑窗口的大小和平滑多项式的阶数。滑动窗口的大小可以对植被指数曲线的平滑产生直接影响,平滑窗口过大会造成物候信息的缺失;平滑窗口过小,则无法精准评估时序植被指数的变化情况。平滑多项式的阶数过大会造成过度平滑,阶数过小则无法有效降低噪声的影响。本研究通过大量实验,最终确定平滑参数。图 5-12 分别表示平滑前和平滑后的时序植被指数曲线,图中的低频噪声值经过 S-G 滤波处理,更符合冬小麦的物候特征,曲线更真实。

（2）基于植被指数曲线的冬小麦影像合成与分析

本研究使用 S-G 滤波算法对各年份的地物时序植被指数曲线进行平滑处理,并以日期为横坐标轴,绘制各种地物的植被指数(NDVI/EVI)曲线图。冬小麦的物候期会随着纬度的增加而往后推移,纬度每增大 $2°$,物候差异越明显。为了合成更符合冬小麦提取的遥感影像,本书将研究区划分为 3 个区域(图 5-13),分别为区域 Ⅰ($31°23'\sim33°N$)、区域 Ⅱ($33°\sim34°42'N$)和区域 Ⅲ($34°42'\sim36°22'N$),同一区域的冬小麦生育期比较接近,可以降低提取误差。分别对各区域的冬小麦进行取样,各区域取样 35 个。为了分析各种植被类型的植被指数特征,本研究对划分为植被的常绿林、落叶林和作物分别进行绘制。首先尽量选取纯净像元的样本点,然后计算平均值。图 5-14 至图 5-18 分别为各年份时序植被指数曲线图。

在云雨、光照等因素的影响下,冬小麦的生育期可能没有光学影像覆盖,光学影像的质

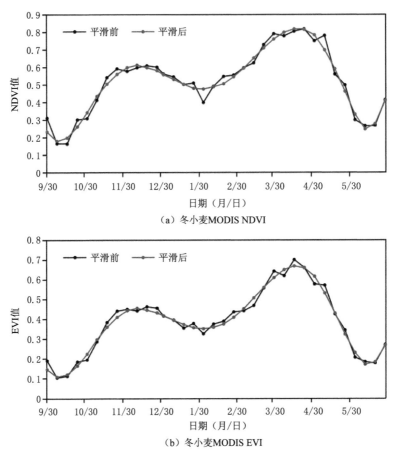

（a）冬小麦MODIS NDVI

（b）冬小麦MODIS EVI

图 5-12　河南省冬小麦时序植被指数曲线平滑前后对比

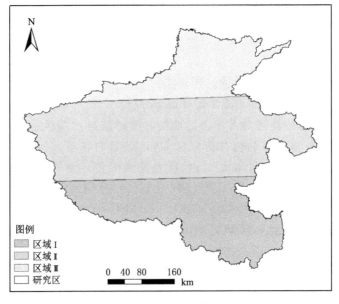

图 5-13　分区结果

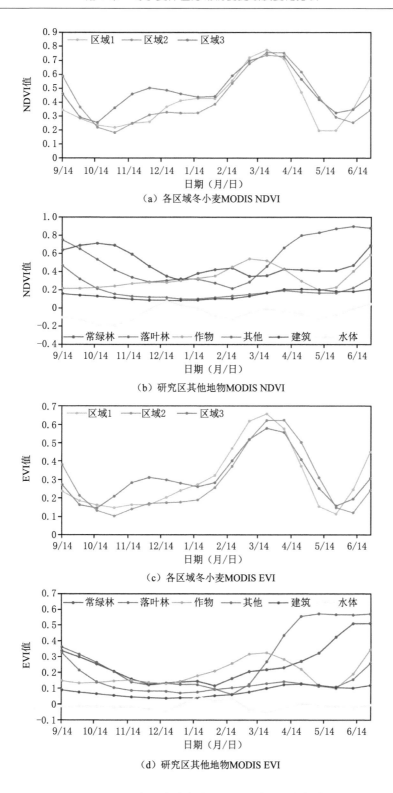

（a）各区域冬小麦MODIS NDVI

（b）研究区其他地物MODIS NDVI

（c）各区域冬小麦MODIS EVI

（d）研究区其他地物MODIS EVI

图 5-14　2002 年河南省各类型地物时序植被指数曲线

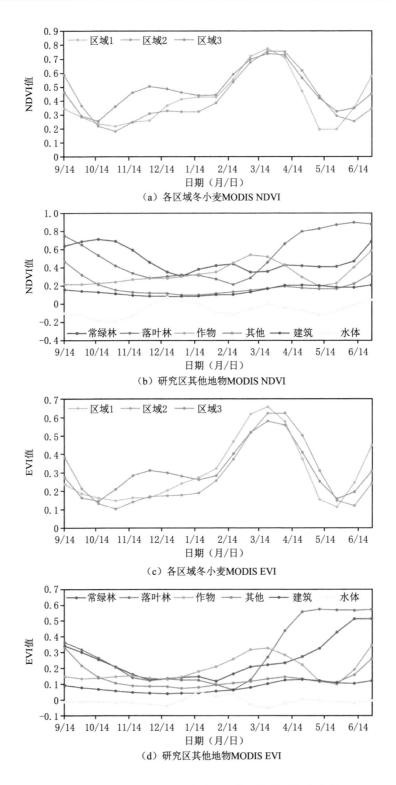

图 5-15　2006 年河南省各类型地物时序植被指数曲线

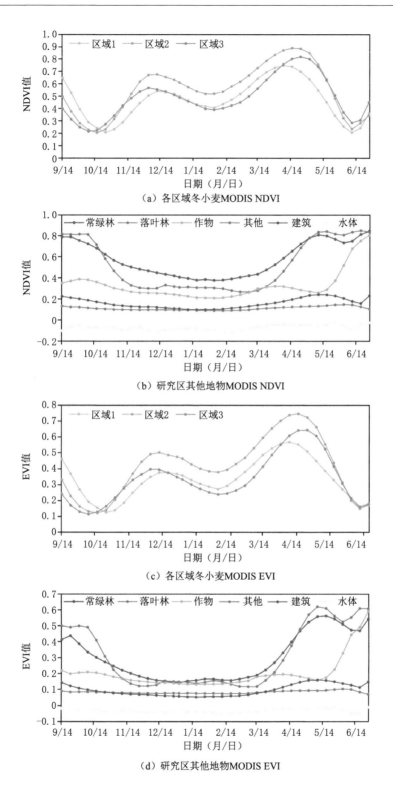

（a）各区域冬小麦MODIS NDVI

（b）研究区其他地物MODIS NDVI

（c）各区域冬小麦MODIS EVI

（d）研究区其他地物MODIS EVI

图 5-16　2011 年河南省各类型地物时序植被指数曲线

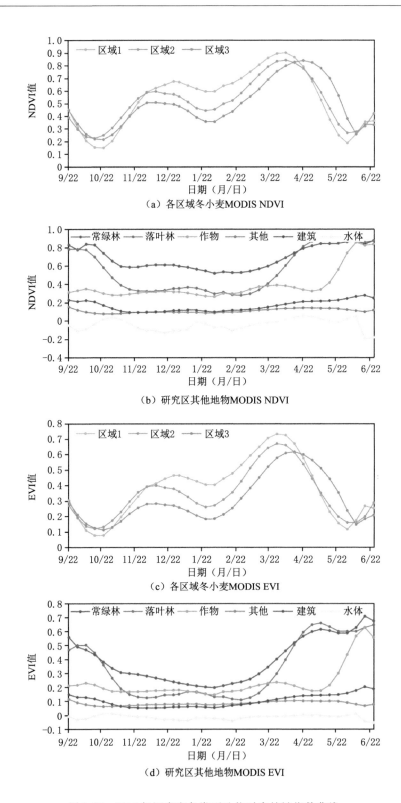

图 5-17　2016 年河南省各类型地物时序植被指数曲线

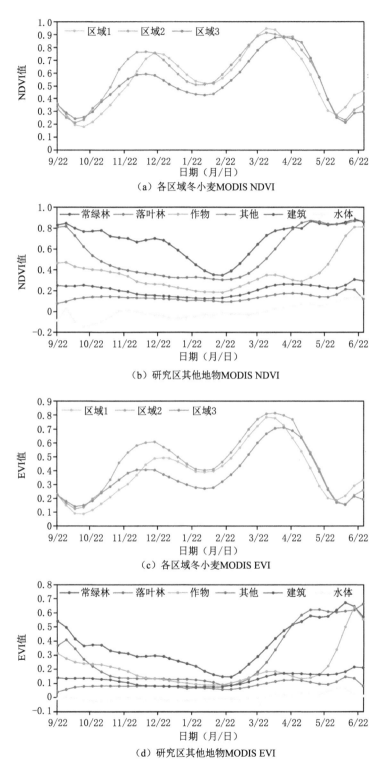

（a）各区域冬小麦MODIS NDVI

（b）研究区其他地物MODIS NDVI

（c）各区域冬小麦MODIS EVI

（d）研究区其他地物MODIS EVI

图 5-18　2019 年河南省各类型地物时序植被指数曲线

量难以得到保证,无法精准地获取观测时间段内的所有遥感影像。一般通过增大影像合成时间窗,或者使用线性插值对缺失的像元进行预测,进而合成完整的影像。但是较大的影像合成时间窗会跨越更多的生育期,合成的影像不具有代表性,无法精准反映该时间段内作物的变化情况,从而无法精准获取冬小麦的物候变化特征。为确保数据的真实可靠性,可根据MODIS时序植被指数确定影像合成时间窗,完成影像合成。研究绘制了各类地物 NDVI/EVI 的平均值曲线图,用来描述地物随时间的变化情况。

以 2019 年的植被指数曲线为例进行分析。随着时间的推移,水体、建筑和其他的NDVI/EVI 曲线上下浮动比较小,很容易与冬小麦进行区分。其中水体的植被指数一般为负值,可以很清楚地与其他类型的地物进行区分,在区间[0,−1]中上下浮动,一般不会超过−1。但是水体的植被指数曲线仍拥有正值,这可能与混合像元和水质有关。建筑的植被指数与其他曲线特征比较相近,两种地物的植被指数曲线非常相似,一般情况下不易区分,但是建筑的植被指数值一般会比其他的值大。

受物候和天气影响,冬小麦和植被均表现出其特有的植被指数曲线特征。冬小麦在越冬期前,随着植株的生长,土壤背景信息的影响逐渐减弱,植被指数呈现增加的趋势,并在越冬分蘖期时到达第一个波峰。冬小麦进入越冬期后,植株基本停止生长,植株体内的叶绿素含量降低,NDVI/EVI 曲线呈现降低趋势,并在越冬期到达谷峰。冬小麦进入返青期后,受光合作用的影响,植株生长迅速,植株体内的叶绿素含量大幅度增加,并在抽穗期前,冬小麦植被指数曲线均呈现增高的趋势,直至出现第二个波峰。此后,冬小麦开花,植株开始衰老,植株体内的叶绿素含量和含水率迅速降低,并在成熟期植被指数值降低到最小。冬小麦的植被指数曲线的“双峰一谷”特性,很容易与其他类型的地物进行区分。

河南省的植被类型以落叶林为主,只有极少部分的常绿林分布在研究区的南部。经比较发现,虽然越冬前的冬小麦植被指数特征与落叶林具有相似性,但是落叶林在越冬前的植被指数值远大于冬小麦,两者易于区分。越冬后的冬小麦生长迅速,落叶林的 NDVI/EVI 曲线变化趋势与植被类似。但是 4 月初期的冬小麦曲线开始呈现下降趋势,而落叶林的特征曲线比较平稳,这与冬小麦的衰老以及叶绿素的含量降低有关。常绿林的特征曲线与落叶林相似,但是在冬小麦越冬期,常绿林的植被指数较落叶林大;其他作物的植被特征变化较小,易于与冬小麦进行区分。越冬前和越冬后的冬小麦植被指数曲线均呈现增加的趋势。冬小麦的越冬期维持了两个月,但是该时期的卫星影像受雨雪天气的影响较大,很难合成一期完整的光学影像,且植被指数特征变化不明显,不具有代表性。

综合考虑冬小麦的物候期,在冬小麦植被指数值增加的时间段筛选影像的合成时间窗,完成影像的合成。这样不仅对冬小麦的物候时期进行了筛选,增强了遥感影像信息,也降低了平台的数据运算时间,提升了影像的处理效率。

5.1.3.6 影像合成时间窗口以及影像可用性分析

以滤波后的植被指数曲线为依据,综合考虑 NDVI 和 EVI 的变化趋势,两种植被指数曲线均呈现“双峰一谷”的特性。选取植被指数增加区的时间段作为影像合成时间窗(表 5-11),并取影像集的中值进行合成。第一个植被指数上升期在冬小麦越冬前,包含冬小麦的播种期、出苗期和分蘖期;第二个植被指数上升期在冬小麦的越冬后,包含冬小麦的返青期和拔节期。分别定义两个影像的合成时间窗为“越冬前”和“越冬后”。

表 5-11　河南省各年份遥感影像合成时间窗

年份	越冬前(年-月-日)	越冬后(年-月-日)
2002	2000-10-16—2000-12-03 2001-10-16—2001-12-03 2002-10-16—2002-12-03	2001-01-17—2001-03-30 2002-01-17—2002-03-30 2003-01-17—2003-03-30
2006	2004-10-24—2004-12-11 2005-10-24—2005-12-11 2006-10-24—2006-12-11	2005-01-17—2005-03-30 2006-01-17—2006-03-30 2007-01-17—2007-03-30
2011	2009-10-24—2009-12-11 2010-10-24—2010-12-11 2011-10-24—2011-12-11	2010-02-02—2010-04-07 2011-02-02—2011-04-07 2012-02-02—2012-04-07
2016	2014-10-24—2014-12-11 2015-10-24—2015-12-11 2016-10-24—2016-12-11	2015-02-01—2015-03-29 2016-02-01—2016-03-29 2017-02-01—2017-03-29
2019	2018-10-24—2018-12-11	2019-02-10—2019-03-30

受卫星发射时间的影响,本研究使用的各种传感器类型的影像均无法覆盖所有的观测时期。Landsat 系列卫星的重访周期为 16 d,受时间分辨率和云雨天气等的影响,一年的卫星影像很难覆盖整个研究区。通过统计年鉴数据可以得到,研究区内的冬小麦种植面积(图 5-19)在相邻的年份变化很小,因此本研究将影像筛选时间前后各推一年,进而合成高质量的卫星影像。Sentinel-2 卫星发射后,得益于其高时间分辨率,对于 2019 年冬小麦遥感监测数据源的选择不采取该策略。因此本研究选取 2000—2003 年相应时间段的影像作为 2002 年冬小麦遥感监测的数据源;选取 2004—2007 年相应时间段的影像作为 2006 年冬小麦遥感监测的数据源;选取 2009—2012 年相应时间段的影像作为 2011 年冬小麦遥感监测的数据源;选取 2014—2017 年相应时间段的影像作为 2016 年冬小麦遥感监测的数据源;选取 2018—2019 年相应时间段的影像作为 2019 年冬小麦遥感监测的数据源。

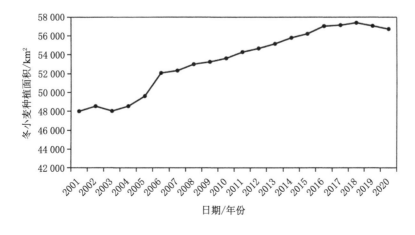

图 5-19　河南省各年份冬小麦种植面积

为了解各类卫星遥感数据在研究区的具体覆盖情况,使用 GEE 云平台的 filter( )函数对影像的数量进行统计,分别统计了 2002、2006、2011、2016 和 2019 等年份的高质量卫星影像数量和分布情况。图 5-20 所示为各时期的影像数量以及越冬前和越冬后的影像数量。受卫星重访周期的影响,遥感影像在 2016 年及以前的观测时期,数量均在 320 景以下。其中,2011 年的最少,仅有 221 景;2006 年的影像最多,为 314 景。在 Sentinel-2 卫星成功发射后,遥感影像的数量剧增,上升至 468 景,这与 Sentinel-2 卫星的高时间分辨率有关。

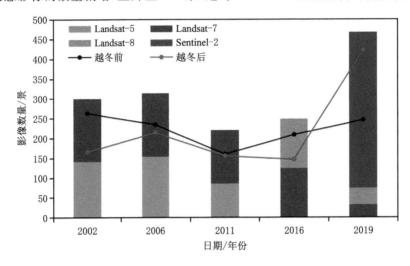

图 5-20　河南省各观测时期高质量遥感影像数量统计

分别对越冬前和越冬后的卫星数量进行统计,不同的观测时间段,越冬后与越冬前的卫星影像数量相差较大。2006 年和 2011 年,研究区内的越冬前和越冬后的遥感影像数量相近;2002 年和 2016 年,研究区内的越冬前遥感影像较越冬后遥感影像数量多;2019 年,研究区内的越冬前遥感影像较越冬后遥感影像数量少。受气候的影响,越冬前的河南省阴雨天气比较多,因此获取的影像云分数比较高,合成影像的质量劣于越冬后影像。

同时,使用 count( )函数统计了各观测阶段高质量遥感影像的覆盖情况。受限于 GEE 云平台的运算能力,本研究导出空间分辨率为 100 m 的影像频次图进行分析。图 5-21 为研究区内各监测时期的遥感影像频次图,结果显示河南省的所有区域均有影像覆盖。在遥感影像的重叠区域,影像频次比较高。各观测年份,遥感影像的最高覆盖频次均在 40～60 景不等。研究区内的冬小麦主产区,影像的覆盖程度属于中等水平,充足的影像数量有利于冬小麦信息提取。

5.1.3.7　河南省冬小麦空间分布信息提取结果

（1）特征选择结果

以制作 2019 年冬小麦空间分布信息图为例,将冬小麦与其他 4 种地物类型进行组合,共有 4 种组合,分别为冬小麦-植被、冬小麦-水体、冬小麦-建筑和冬小麦-其他。其中 3 种植被特征、3 种主成分特征、4 种纹理特征由光谱特征计算得来,4 种地形特征由 DEM 数据计算得来。对各类计算得到的特征,求取特征的可分离性（表 5-12）。为降低数据的冗余,增大数据的处理效率,本研究将 J-M 距离大于 1 的特征变量保留,完成特征变量筛选,最终从 31 个特征变量中得到 20 个最优特征（表 5-13）。

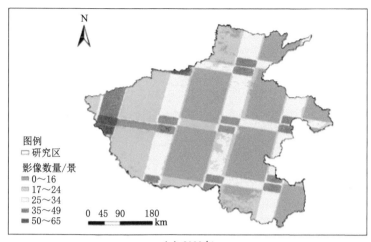

（a）2002 年

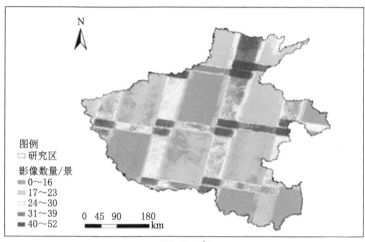

（b）2006 年

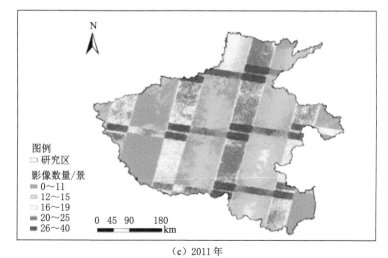

（c）2011 年

图 5-21　河南省各观测时期高质量遥感影像频次图

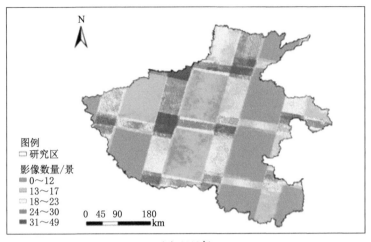

（d）2016年

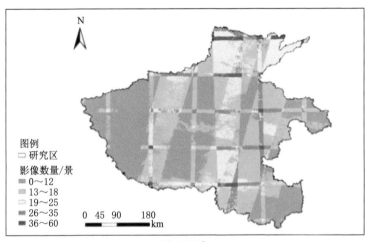

（e）2019年

图 5-21 （续）

表 5-12 原始特征变量下的 J-M 距离

特征变量	冬小麦-植被	冬小麦-水体	冬小麦-建筑	冬小麦-其他
$PC_{1\text{-越冬前}}$	0.877	1.027	1.036	1.212
$PC_{2\text{-越冬前}}$	0.872	1.309	0.687	0.993
$PC_{3\text{-越冬前}}$	0.482	0.928	0.870	0.871
$PC_{1\text{-越冬后}}$	0.799	1.137	0.555	0.957
$PC_{2\text{-越冬后}}$	0.481	1.088	0.923	0.882
$PC_{3\text{-越冬后}}$	0.752	1.010	0.821	0.630
$NDVI_{\text{越冬前}}$	0.946	1.234	1.221	1.264
$NDVI_{\text{-contrast-越冬前}}$	0.239	1.193	0.944	0.953
$NDVI_{\text{-asm-越冬前}}$	0.472	0.981	0.796	1.017

表 5-12(续)

特征变量	冬小麦-植被	冬小麦-水体	冬小麦-建筑	冬小麦-其他
$NDVI_{-ent-越冬前}$	0.387	0.880	0.710	0.875
$NDVI_{-corr-越冬前}$	0.169	0.695	0.549	0.530
$EVI_{越冬前}$	0.831	1.343	1.211	1.301
$EVI_{-contrast-越冬前}$	1.375	1.396	0.852	1.300
$EVI_{-asm-越冬前}$	0.614	0.697	0.880	1.241
$EVI_{-ent-越冬前}$	0.586	0.598	0.854	1.173
$EVI_{-corr-越冬前}$	0.227	0.698	0.353	0.106
$NDVI_{越冬后}$	0.451	1.038	1.002	0.912
$NDVI_{-contrast-越冬后}$	0.704	0.641	0.353	0.543
$NDVI_{-asm-越冬后}$	0.380	0.943	0.518	0.942
$NDVI_{-ent-越冬后}$	0.440	0.783	0.487	0.720
$NDVI_{-corr-越冬后}$	0.243	0.689	0.489	0.516
$EVI_{越冬后}$	1.057	1.186	0.921	0.981
$EVI_{-contrast-越冬后}$	1.407	1.408	1.281	0.809
$EVI_{-asm-越冬后}$	0.280	0.760	0.417	1.166
$EVI_{-ent-越冬后}$	0.279	0.543	0.412	1.063
$EVI_{-corr-越冬后}$	0.468	0.778	0.438	0.325
$NDVI_{increase}$	1.250	1.124	1.168	1.402
Elevation	1.150	0.718	0.663	0.313
Slope	1.088	0.621	0.167	0.313
Aspect	0.204	0.646	0.080	0.325
Hillshade	0.950	0.710	0.180	0.180

表 5-13　原始和优化后的特征变量 J-M 距离

特征变量	原始		优化后	
	特征	数量/个	特征	数量/个
植被特征	$NDVI_{越冬前}$，$EVI_{越冬前}$，$NDVI_{越冬后}$，$EVI_{越冬后}$，$NDVI_{increase}$	5	$NDVI_{越冬前}$，$EVI_{越冬前}$，$NDVI_{越冬后}$，$EVI_{越冬后}$，$NDVI_{increase}$	5
纹理特征	$NDVI_{-contrast-越冬前}$　$NDVI_{-asm-越冬前}$ $NDVI_{-ent-越冬前}$　$NDVI_{-corr-越冬前}$ $EVI_{-contrast-越冬前}$　$EVI_{-asm-越冬前}$ $EVI_{-entV越冬前}$　$EVI_{-corr-越冬前}$ $NDVI_{-contrast-越冬后}$　$NDVI_{-asm-越冬后}$ $NDVI_{-ent-越冬后}$　$NDVI_{-corr-越冬后}$ $EVI_{-contrast-越冬后}$　$EVI_{-asm-越冬后}$ $EVI_{-ent-越冬后}$　$EVI_{-corr-越冬后}$	16	$NDVI_{-contrast-越冬前}$　$NDVI_{-asm-越冬前}$ $EVI_{-contrast-越冬前}$　$EVI_{-asm-越冬前}$ $EVI_{-ent-越冬前}$　$EVI_{-contrast-越冬后}$ $EVI_{-asm-越冬后}$　$EVI_{-ent-越冬后}$	8

表 5-13(续)

特征变量	原始		优化后	
	特征	数量/个	特征	数量/个
主成分特征	$PC_{1-越冬前}$，$PC_{2-越冬前}$，$PC_{3-越冬前}$，$PC_{1-越冬后}$，$PC_{2-越冬后}$，$PC_{3-越冬后}$	6	$PC_{1-越冬后}$，$PC_{2-越冬前}$，$PC_{1-越冬后}$，$PC_{2-越冬后}$，$PC_{3-越冬后}$	5
地形特征	Elevation，Slope，Aspect，Hillshade	4	Elevation，Slope	2
总计		31		20

加入光谱特征后，分别计算各种同类型特征变量集下各类别间的 J-M 距离。由表 5-14 可以得到，不同特征集下的 J-M 距离均拥有较高的值，代表着类别间的可分性比较高，但是还拥有提升空间。总体来说，地形特征较差，纹理特征最好。本研究将各种类型的特征变量进行组合，计算组合特征下各类别的可分性，组合特征下，各类别间的 J-M 距离均为 1.414，非常接近 $\sqrt{2}$，可见在该基础上类别的可分性最大。因此选择优化后的特征变量(共 24 个特征变量)提取河南省 2019 年的冬小麦种植面积。

表 5-14　最优特征组合下各类别间的 J-M 距离

优选特征	冬小麦-植被	冬小麦-水体	冬小麦-建筑	冬小麦-其他
光谱特征	1.012	1.214	1.120	1.085
植被特征	1.305	1.411	1.348	1.398
纹理特征	1.413	1.414	1.396	1.413
主成分特征	1.206	1.402	1.337	1.356
地形特征	1.274	0.825	0.675	0.707
组合特征	1.414	1.414	1.414	1.414

（2）不同分类方法冬小麦信息提取精度对比

以 2019 年的影像和相同的样本数据为基础，将约 70% 的样本数据作为训练样本，约 30% 的样本数据作为验证样本，分别使用 CART、SVM 和 RF 算法对河南省的冬小麦种植区进行提取，并以此来评估分类器性能。3 种机器学习算法的误差矩阵和精度评价指标分别如表 5-15、表 5-16 和表 5-17 所示。

表 5-15　决策树分类结果

地物类型	分类结果							
	冬小麦	植被	建筑	水体	其他	总数	制图精度	F_1测度
冬小麦	244	19	0	0	0	263	92.78%	0.935
植被	15	215	5	0	0	235	91.49%	0.900
建筑	0	9	141	0	0	150	94.00%	0.937
水体	0	0	0	63	1	64	98.00%	0.992

表 5-15(续)

地物类型	分类结果						制图精度	F_1测度
	冬小麦	植被	建筑	水体	其他	总数		
其他	0	0	5	0	98	103	95.15%	0.970
总数	259	243	151	63	99		总体精度	Kappa 系数
用户精度	94.21%	88.48%	93.38%	100.00%	98.99%		为 93.37%	为 0.912

表 5-16 支持向量机分类结果

地物类型	分类结果						制图精度	F_1测度
	冬小麦	植被	建筑	水体	其他	总数		
冬小麦	259	2	1	1	0	263	98.48%	0.920
植被	41	75	117	2	0	235	31.91%	0.439
建筑	0	0	149	1	0	150	99.33%	0.661
水体	0	28	34	2	0	64	3.13%	0.057
其他	0	2	0	0	101	103	98.06%	0.990
总数	300	107	301	6	101		总体精度	Kappa 系数
用户精度	86.33%	70.09%	49.50%	33.33%	100%		为 71.90%	为 0.630

表 5-17 随机森林分类结果

地物类型	分类结果						制图精度	F_1测度
	冬小麦	植被	建筑	水体	其他	总数		
冬小麦	251	12	0	0	0	263	95.44%	0.949
植被	15	216	3	1	0	235	91.91%	0.927
建筑	0	3	147	0	0	150	98.00%	0.980
水体	0	0	0	63	1	64	98.00%	0.969
其他	0	0	0	2	101	103	98.06%	0.985
总数	266	231	150	66	102		总体精度	Kappa 系数
用户精度	94.36%	93.51%	98.00%	95.45%	99.02%		为 95.46%	为 0.940

使用误差矩阵和精度评价指标对 2019 年河南省冬小麦空间分布信息提取结果进行精度评定。根据表 5-15、表 5-16 和表 5-17 的误差矩阵可知,很小一部分的冬小麦被误分为植被。各种模型下均存在将植被误分为冬小麦的现象,而且植被是被误分为冬小麦最多的一种地物,从数量上看,SVM 模型最为严重,而且该模型的建筑、植被和水体之间的误分、漏分现象非常严重。因此,RF 模型的分类效果优于 CART 模型,而 CART 模型的分类效果比 SVM 模型好,表明 RF 模型较 CART 和 SVM 模型在冬小麦种植面积的提取上有较大提升。仅仅依靠误差精度,无法完成全面分析,因此引入精度评价指标。根据精度评价指标可知,CART、SVM 和 RF 的总体精度分别为 93.37%、71.90%和95.46%,Kappa 系数分别为 0.912、0.630 和 0.940,冬小麦的制图精度分别为 92.78%、98.48%和95.44%,冬小麦的用

户精度分别为 94.21%、86.33% 和 94.36%,冬小麦的 F_1 测度分别为 0.935、0.920 和 0.949。CART 和 RF 模型的总体精度和 Kappa 系数高于 SVM 模型,且前两者的参数相差不大,因此 CART 和 RF 模型在冬小麦种植面积的提取上更具有优势。这三种模型的冬小麦制图精度、用户精度和 F_1 测度均在 85% 以上,说明机器学习模型在冬小麦种植面积提取时比较稳定。其他地物分类时,CART 和 RF 模型的精度较高,SVM 模型的精度较低,其中 SVM 模型对植被分类的制图精度仅为 31.91%,很难满足制图要求。综上分析,SVM 模型很难满足冬小麦空间分布图的绘制要求。RF 模型的分类精度评价结果明显高于其他模型,表明 RF 模型因较好的稳定性和最佳的提取效果更适用于冬小麦种植面积的提取。随机森林算法提高了冬小麦种植面积的提取精度,是一种最理想的分类模型,对本研究更具优势和实用性。

图 5-22 表示使用三种机器学习算法获得的冬小麦空间分布信息提取结果,图 5-23 表示使用三种机器学习获得的典型区域冬小麦种植空间分布图,其中 I (113.98°N,34.40°E) 为集中连片耕种的冬小麦种植区域,II (112.83°N,32.98°E) 为碎布零星耕种的冬小麦种植区域。下面分别对图 5-22 和图 5-23 进行分析,评估三种机器学习算法在冬小麦种植面积提取中的性能。

分析图 5-22 可知,研究区的冬小麦种植区一般集中在河南省北部、南阳盆地和中西部的平原。用 CART 和 RF 算法绘制的冬小麦空间分布图基本一致,用 SVM 算法提取的冬小麦种植区较广于 CART 和 RF 算法。对比三种分类结果与实际空间的分布情况,本研究结合河南省统计年鉴数据进行分析。开封市的冬季作物以冬小麦和大蒜为主,且冬小麦的种植面积未覆盖全市面积的 90%,SVM 分类的冬小麦种植区域与实际不符合,远远超出统计年鉴的数据,其原因可能是大蒜被误分为冬小麦;信阳市位于河南省南部,主要农作物为水稻,冬季种植作物主要为冬小麦和油菜,但是冬小麦的种植区域一般集中在信阳市北部,在 SVM 提取结果中,信阳南部出现了大量的冬小麦种植区,大部分植被被误分为冬小麦,这与实际情况不符合。因此,使用 SVM 提取的冬小麦空间分布图的精度较低,这与表 5-16 的结论保持一致。由于 RF 和 CART 的提取精度和效果基本保持一致,仅通过这些条件无法精准筛选更优的分类算法,因此本研究结合典型的冬小麦空间分布区域图做进一步分析。

图 5-23 中的假彩色影像是越冬后的影像,由 NIR、Red、Green(NIR 为近红外、Red 为红色、Blue 为蓝色)波段合成,植被在该影像合成方案下为红色,颜色越深的地方表明该区域的 NDVI 值越大,植被越健康。区域 I 为集中连片的耕种类型,三种分类方案中,CART 和 RF 算法均很好地将冬小麦进行提取,边界清晰,效果较优,而 SVM 算法的冬小麦边界比较模糊,部分冬小麦种植区无法识别,将大片的建筑区识别成冬小麦,进而造成冬小麦的种植面积被高估;区域 II 为碎布零星的耕种类型,对于三种分类方案,CART 和 RF 算法的提取效果均优于 SVM,与区域 I 的分类情况相似,并和上述的精度评定结果保持一致,因此 CART 和 RF 算法更适合河南省时序冬小麦数据产品的制作。上述三种方案均无法精准提取线状地物,这与原始影像的空间分辨率有关,30 m 空间分辨率的影像不易提取线状地物。对比 CART 和 RF 算法的提取结果可以发现,两者的提取精度均较高且相似,而且两种算法的提取结果中都存在"椒盐噪声"现象。椒盐噪声是提取结果中一种较小的图斑,随机分布,类似于椒盐,这与模型的精准性有关。与 RF 算法相比,CART 算法结果中的椒盐噪声

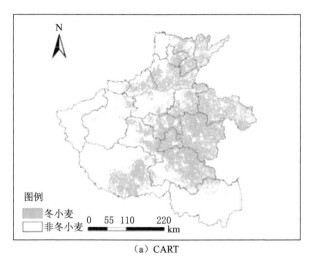
（a）CART

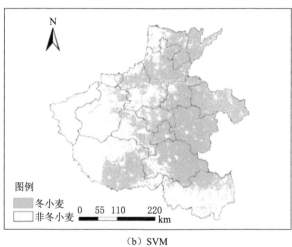
（b）SVM

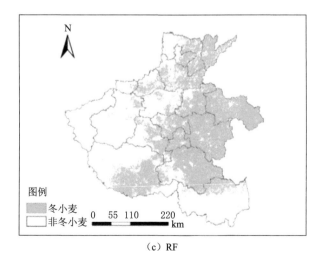
（c）RF

图 5-22　三种分类效果图

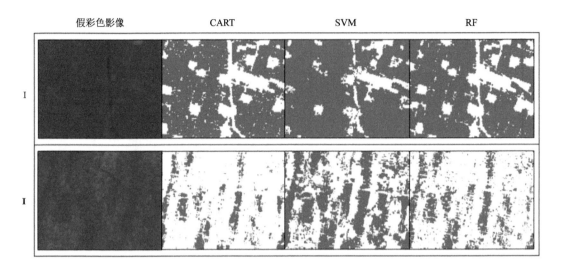

图 5-23 三种分类方法下典型区域的细节对比

更多,且提取效果没有 RF 算法好。因此,RF 算法是一种更稳定且提取效果更好的算法,下文将使用 RF 算法制作的时序冬小麦数据产品作为时空变化分析的数据源。

5.1.3.8 基于随机森林算法的河南省时序冬小麦数据产品制作

（1）河南省冬小麦提取结果

基于 GEE 云平台,使用分类效果和提取精度最优的随机森林算法,绘制近 20 年河南省冬小麦种植空间分布图（图 5-24）,包括 2002 年、2006 年、2011 年、2016 和 2019 年,其中绿色部分为冬小麦,白色部分为其他类型的地物。

（2）精度评价分析

使用 OA、Kappa 系数、UA、PA 和 F_1 等精度评价指标对各观测时期冬小麦提取结果进行评定（表 5-18）,对市级统计年鉴面积和提取面积作回归分析。结果显示:随机森林算法对各年份的总体精度和 Kappa 系数均在 85% 和 0.80 以上,总体分类效果最好。F_1 测度均在 0.90 以上,除 2011 年,其他时期的 R^2 均在 0.8 以上,其中 2019 年的 R^2 为 0.961,表示提取结果稳定可靠。从误差矩阵（表 5-19 至表 5-23）上看,植被会被误分为冬小麦,这可能是因为植被与冬小麦在光谱特征上相似。其他、建筑和水体的 PA 与 UA 比较高,相互之间的误分现象比较少,这与可分离性结果相符合。

表 5-18 2002、2006、2011、2016 和 2019 等年份随机森林精度评价分析表

年份	冬小麦提取面积/km²	R^2	冬小麦制图精度/%	冬小麦用户精度/%	F_1测度	总体精度/%	Kappa 系数
2002	54372	0.889	91.33%	93.52%	0.924	93.57%	0.913
2006	54866	0.966	92.66%	92.66%	0.927	85.36%	0.805
2011	54537	0.784	92.19%	91.51%	0.919	91.41%	0.885
2016	58493	0.908	93.23%	92.19%	0.927	91.74%	0.890
2019	58579	0.961	95.44%	94.36%	0.949	95.46%	0.940

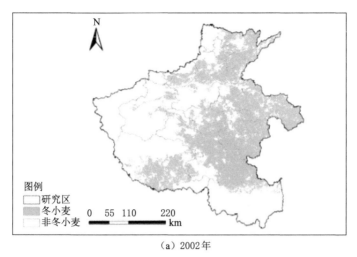

（a）2002 年

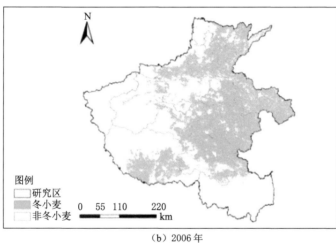

（b）2006 年

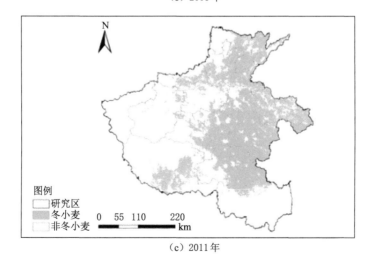

（c）2011 年

图 5-24　各年份河南省冬小麦空间分布图（RF 算法）

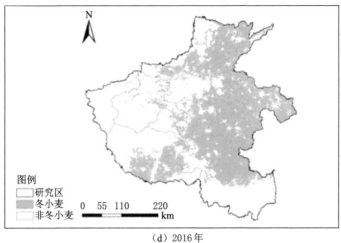

（d）2016年

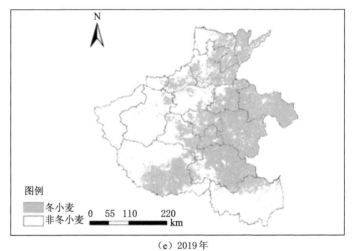

（e）2019年

图 5-24 （续）

表 5-19　2002 年随机森林分类混淆矩阵

地物类型	分类结果						制图精度	F_1 测度
	冬小麦	植被	建筑	水体	其他	总数		
冬小麦	274	26	0	0	0	300	91.33%	0.924
植被	19	243	3	0	1	266	91.35%	0.900
建筑	0	5	133	0	0	138	96.38%	0.967
水体	0	0	0	62	0	62	100%	1
其他	0	0	1	0	89	90	98.89%	0.989
总数	293	274	137	62	90		总体精度	Kappa 系数
用户精度	93.52%	88.69%	97.08%	100.00%	98.89%		为 93.57%	为 0.913

表 5-20　2006 年随机森林分类混淆矩阵

地物类型	分类结果							
	冬小麦	植被	建筑	水体	其他	总数	制图精度	F_1 测度
冬小麦	240	18	1	0	0	259	92.66%	0.927
植被	19	215	6	3	5	248	86.69%	0.862
建筑	0	9	120	2	10	141	85.11%	0.789
水体	0	2	5	60	0	67	89.55%	0.909
其他	0	7	31	0	53	91	58.24%	0.667
总数	259	251	163	65	68		总体精度	Kappa 系数
用户精度	92.66%	85.66%	73.62%	92.31%	77.94%		为 85.36%	为 0.805

表 5-21　2011 年随机森林分类混淆矩阵

地物类型	分类结果							
	冬小麦	植被	建筑	水体	其他	总数	制图精度	F_1 测度
冬小麦	248	21	0	0	0	269	92.19%	0.919
植被	23	223	1	1	1	249	89.56%	0.875
建筑	0	6	131	0	4	141	92.91%	0.953
水体	0	5	0	62	0	67	93.00%	0.954
其他	0	6	2	0	81	89	91.01%	0.926
总数	271	261	134	63	86		总体精度	Kappa 系数
用户精度	91.51%	85.44%	97.76%	98.41%	94.19%		为 91.41%	为 0.885

表 5-22　2016 年随机森林分类混淆矩阵

地物类型	分类结果							
	冬小麦	植被	建筑	水体	其他	总数	制图精度	F_1 测度
冬小麦	248	16	2	0	0	266	93.23%	0.927
植被	21	221	3	0	1	246	89.84%	0.904
建筑	0	2	136	0	3	141	96.45%	0.916
水体	0	1	1	65	0	67	97.00%	0.985
其他	0	3	14	0	74	91	81.32%	0.876
总数	269	243	156	65	78		总体精度	Kappa 系数
用户精度	92.19%	90.95%	87.18%	100.00%	94.87%		为 91.74%	为 0.890

表 5-23　2019 年随机森林分类混淆矩阵

地物类型	分类结果							
	冬小麦	植被	建筑	水体	其他	总数	制图精度	F_1 测度
冬小麦	251	12	0	0	0	263	95.44%	0.949
植被	15	216	3	1	0	235	91.91%	0.927

表 5-23(续)

地物类型	分类结果							
	冬小麦	植被	建筑	水体	其他	总数	制图精度	F_1测度
建筑	0	3	147	0	0	150	98.00%	0.980
水体	0	0	0	63	1	64	98.00%	0.969
其他	0	0	0	2	101	103	98.06%	0.985
总数	266	231	150	66	102		总体精度	Kappa 系数
用户精度	94.36%	93.51%	98.00%	95.45%	99.02%		为 95.46%	为 0.940

5.2 河南省冬小麦时空变化及其驱动因素分析

掌握区域农作物分布的时空变化信息,不仅可以帮助政府制订粮食政策和经济计划,也可以帮助农户进行作物种植选择。分析冬小麦种植结构的变化,对于保障国家粮食安全具有十分重要的意义。目前,以统计年鉴数据了解国内的粮食种植变化情况,很难获取冬小麦的空间分布信息以及在空间上的变化情况。因此使用时序冬小麦数据产品进行时空变化分析显得尤为重要。本研究基于河南省时序冬小麦数据产品,分析冬小麦种植面积在省级尺度和市级尺度上的变化情况,以及冬小麦种植在空间格局和重心位置上的变化情况,同时对影响冬小麦种植面积变化的驱动因子进行分析。

5.2.1 农作物时空变化及其驱动因子分析研究

农作物的空间格局可以反映区域农作物的种植结构、种植方式等信息,包括农作物的布局和组成。了解农作物种植信息的变化,对于保障国家粮食安全、制定粮食策略和调整作物种植结构具有重要意义。冬小麦作为我国的主要粮食作物之一,已有许多学者对我国冬小麦主产区的时空变化格局进行了分析。邓荣鑫等以 MODIS NDVI 影像为数据源,并结合统计年鉴数据,使用阈值法对 2004—2013 年河南省冬小麦空间分布情况进行提取,分析了冬小麦的时间变化特征和空间分布特征;安塞等以空间分辨率为 250 m 的 MODIS NDVI 影像为数据源,将时间序列谐波分析法滤波和像元二分模型相结合,获取了 2011—2016 年河北平原的冬小麦空间分布信息,并对种植面积的整体变化情况进行了分析;郭新等以 MODIS NDVI 影像为数据源,使用 NDVI 重构增幅算法和光谱突变斜率构建冬小麦提取模型,实现了关中地区冬小麦空间分布信息的提取,并对其时空变化规律进行了分析;李方杰等使用 MODIS NDVI 时序影像,基于 CART 算法对河南省 2001—2015 年的作物种植空间分布信息进行提取,并分析河南省冬小麦时空变化情况及影响因素。目前的研究中,低空间分辨率的遥感影像在作物种植结构的提取中使用较多。得益于云平台的数据处理能力,中高分辨率的遥感影像逐渐被应用在作物时空变化分析中。周珂等使用 GEE 云平台,合成 Landsat-8 NDVI 最大值影像,并基于随机森林算法提取了 2017—2020 年河南省的冬小麦空间分布信息,同时结合 MODIS 数据对冬小麦的长势进行了监测;Zhang 等使用 Landsat TM/ETM+/OLI 卫星影像,基于随机森林算法对 1999—2019 年华北平原的冬小麦种植信息进行提取,并分析了冬小麦变化的时空动态特征。针对河南省冬小麦的大块连片和细部碎耕的种植格局,使用中高分辨率的遥感影像提取冬小麦种植区是本研究的关键。

农作物时空变化驱动因素分析是指将多种因素与农作物时空变化情况进行结合,找到对作物时空变化影响最大的因素,进而为农业结构的调整和指导提供精准依据。柯映明等将作物的物候信息与多季节遥感影像相结合,提取了沙雅县 1994—2018 年的农作物种植结构,并从水资源、耕地与胡杨林转化等角度对作物种植面积的变化原因进行分析;高永道等对 2000—2018 年内蒙古河套灌区作物种植结构进行了提取,得到了作物种植面积的变化与引黄水量、人口活动、气温、社会经济发展等因素有关的结论;王静等使用历史统计资料,探讨了中国南方主要经济作物种植面积变化的时序特征,得到风雹灾和水灾灾害程度对种植面积影响最大的结论;常存等以塔里木河源流区为研究区,分析了塔里木河各源流区耕地演变时空特征,得到地表水资源消耗量和水资源利用效率是干旱区耕地扩张的关键因素,起到驱动作用。针对不同地区的作物种植结构,选择合理的驱动因素非常重要。冬小麦是研究区内的最主要夏收作物,且种植面积稳居全国第一,因此需要因地制宜地选择驱动因子。

5.2.2　河南省冬小麦种植面积变化分析

5.2.2.1　动态度

在一定时间段内,作物种植面积的变化速率会受到自然经济和社会经济的影响,进而表现出不同的变化趋势和变化程度。为了解河南省冬小麦种植区的变化速率和总体变化情况,对种植面积的动态度进行了计算,算法如式(5-9)所示。

$$X = \frac{Y_1 - Y_2}{Y_2} \times \frac{1}{T} \times 100\% \tag{5-9}$$

式中,X 为冬小麦种植面积变化的动态度;Y_1 和 Y_2 分别为研究末期和研究初期的冬小麦种植面积;T 为研究的时间段,单位为年。

5.2.2.2　省级尺度

使用 ArcGIS 分别对 2002—2019 年河南省冬小麦的种植面积进行计算(图 5-25)。根据统计结果,结合动态度,对河南省冬小麦种植面积在省级尺度的变化情况进行分析。

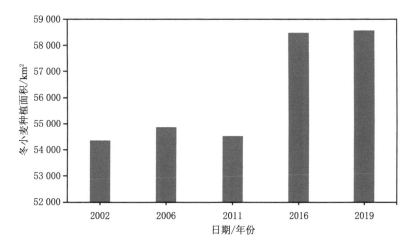

图 5-25　河南省 2002—2019 年冬小麦种植面积

图 5-25 显示了研究区内 2002 年、2006 年、2011 年、2016 年和 2019 年各时期的冬小麦种植面积。近 20 年,河南省的冬小麦种植情况呈增加的变化趋势,种植面积从 2002 年的 54 372 km² 增加至 2019 年的 58 579 km²。种植面积的增加与国家农业种植补贴的提高和普及相关,农业生产者种植冬小麦的积极性得到提高,致使种植面积逐年增大。对于各个时间段,2011—2016 年的冬小麦种植面积变化量最大,为 3 956 km²。图 5-26 展示了研究区内 2002—2006 年、2006—2011 年、2011—2016 年、2016—2019 年和 2002—2019 年冬小麦种植面积动态度,用于分析冬小麦种植的变化速率。对冬小麦种植面积动态度进行分析,可知 2002 年到 2019 年河南省冬小麦种植区的动态为 0.46%,表明近 20 年河南省冬小麦的种植范围整体呈增加趋势。其中:2006 年到 2011 年的动态度为 -0.12%,结合当年的气候进行分析,2010 年年底到翌年 2 月,河南省降水较少,导致农作物受灾严重,冬小麦种植面积提取结果较差。2002 年到 2006 年的增幅较大,为 0.23%,表明该时间段的国家政策、人类活动等因素对冬小麦种植影响最大。2016 年到 2019 年的增幅较小,仅为 0.05%。

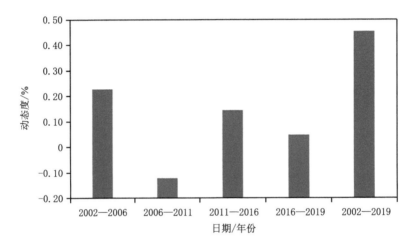

图 5-26　河南省 2002—2019 年冬小麦种植面积动态度

5.2.2.3　市级尺度

分别对各市的冬小麦种植面积进行统计,并根据统计结果和相邻年份的种植面积对市级尺度的变化进行分析。图 5-27 直观地展示了市级尺度下河南省冬小麦种植面积的变化情况,其中红色区域表示冬小麦种植面积的正增长区域,绿色区域表示冬小麦种植面积的负增长区域。

根据图 5-27 可以得到如下结论:① 2002—2006 年,河南省冬小麦种植面积总体是增加的,增加的区域有豫东(周口市、商丘市、开封市),豫北(安阳市、鹤壁市、焦作市、济源市、新乡市、濮阳市)的安阳市、鹤壁市、焦作市和济源市,豫南(信阳市、驻马店市、南阳市)的南阳市,豫中(郑州市、许昌市、漯河市、平顶山市)的许昌市、漯河市和郑州市;减少的区域有豫西(洛阳市、三门峡市),豫中的平顶山市,豫南的驻马店市、信阳市,豫北的新乡市、濮阳市。② 2006—2011 年,河南省冬小麦种植面积总体是减少的。增加的区域有豫东的开封市和周口市,豫中的郑州市、许昌市和漯河市,豫南的驻马店市和信阳市,豫北的鹤壁市、濮阳市和安阳市;减少的区域有豫南的南阳市,豫西,豫中的平顶山市,豫北的济源市、信阳市和焦

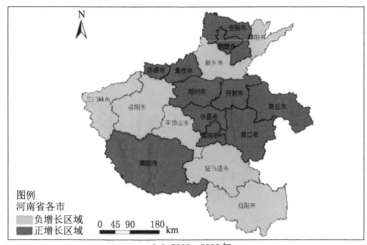

（a）2002—2006 年

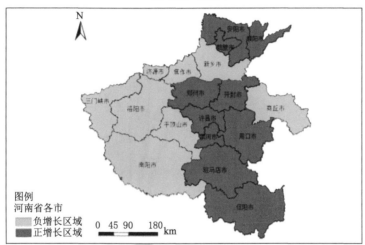

（b）2006—2011 年

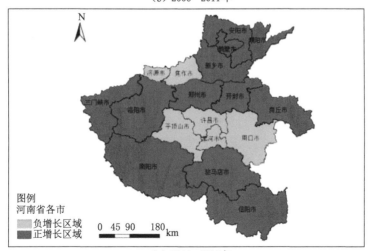

（c）2011—2016 年

图 5-27　河南省各市冬小麦种植面积变化图

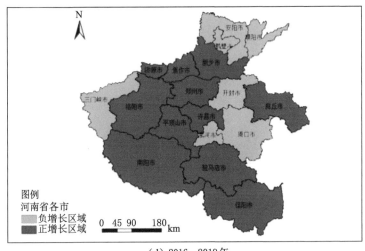

（d）2016—2019年

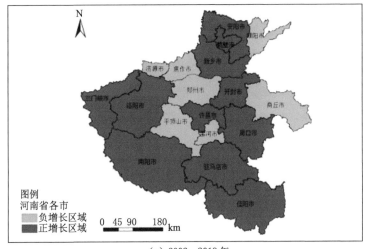

（e）2002—2019年

图 5-27 （续）

作市,豫东的商丘市。③ 2011—2016 年,河南省冬小麦种植面积总体是增加的。增加的区域有豫东的开封市和商丘市,豫南,豫西,豫中的郑州市,豫北的安阳市、鹤壁市、濮阳市和新乡市;减少的区域有豫北的济源市和焦作市,豫东的周口市,豫中的平顶山市、漯河市和许昌市。④ 2016—2019 年,河南省冬小麦种植面积总体是增加的。增加的区域有豫北的新乡市、济源市和焦作市,豫东的商丘市,豫西的洛阳市,豫中的郑州市、许昌市和平顶山市,豫南;减少的区域有豫西的三门峡市,豫中的漯河市,豫东的开封市和周口市,豫北的安阳市、鹤壁市和濮阳市。⑤ 2002—2019 年,河南省冬小麦种植面积整体上是增加的。整体增加的区域有豫东的开封市和周口市,豫北的安阳市、鹤壁市和新乡市,豫南,豫西,豫中的许昌市;整体减少的区域有豫东的商丘市,豫中的郑州市、平顶山市和漯河市,豫北的济源、焦作市和濮阳市。

5.2.3　河南省冬小麦种植空间变化分析

5.2.3.1　重心模型

可利用物理学中的重心模型分析河南省冬小麦种植面积空间变化特征。作物的空间分布重心是指作物种植面积在几何空间范围内各方向达到平衡的点。随着时间的推移,受自然因素、社会因素等影响,冬小麦的种植面积将发生不断的变化,其重心不断地移动,种植面积的重心反映了冬小麦种植的移动轨迹。因此分析冬小麦的重心位置可以帮助研究者了解冬小麦种植区的变化趋势和方向,计算方法如式(5-10)和式(5-11)所示。

$$X = \frac{\sum_{t=1}^{n} x_t a_t}{\sum_{t=1}^{n} a_t} \tag{5-10}$$

$$Y = \frac{\sum_{t=1}^{n} y_t a_t}{\sum_{t=1}^{n} a_t} \tag{5-11}$$

式中,X、Y 分别表示研究时间段冬小麦种植区重心的经度和纬度;x_t、y_t 分别表示第 t 个冬小麦种植区斑块的经度和纬度;a_t 表示第 t 个冬小麦种植区斑块的面积;n 表示冬小麦种植区斑块的总数目。

5.2.3.2　空间格局变化分析

对分类后的影像进行掩模可提取研究区内的冬小麦种植区。使用 ArcGIS 软件对相邻年份的冬小麦种植信息进行减法运算,即将时间在后的年份与时间在前的年份进行作差,从而获取了冬小麦种植区新增、减少和不变的影像。图 5-28 展示了河南省近 20 年冬小麦种植信息的变化情况,图中红色区域表示冬小麦种植面积增加的地方,绿色区域表示冬小麦种植面积减少的地方。从该图中可以看出,河南省近 20 年冬小麦的主要种植区变化不大,主要集中在豫东和豫西南(南阳盆地),地势比较平坦,适合冬小麦的耕种,呈现集中连片的特征。受地形因素的影响,豫西、豫北和豫南部分山地区域的冬小麦种植比较少,冬小麦种植呈减少趋势,且冬小麦的种植区呈现碎部细耕的特点。作为河南省经济中心的郑州市,城市扩张迅速,城镇化率较高,冬小麦种植面积呈减小趋势。

5.2.3.3　冬小麦分布重心分析

使用重心模型,分别计算 2002—2019 年河南省冬小麦种植区的重心。对冬小麦种植区的重心进行分析,可以帮助研究者了解该地区冬小麦种植的重点地区,便于分析影响其变化的驱动因子。首先,使用 ArcGIS 软件中的方向分布工具绘制了冬小麦种植区的标准差椭圆,然后根据标准差椭圆使用平均中心工具计算了各观测时间的冬小麦种植重心。由图 5-29 可知 2002—2019 年河南省冬小麦种植区的重心位置分别在许昌市和漯河市。其中 2002—2006 年冬小麦种植区的重心位置变化最大,这与该时期冬小麦种植面积动态度最大有关,也与统计中全省的冬小麦种植面积一致,说明了冬小麦种植用地的增加导致了冬小麦种植重心的转移。

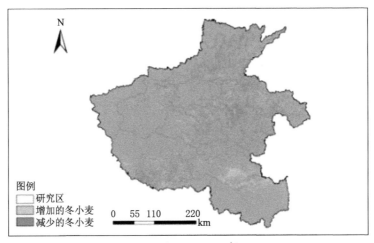

（a）2002—2006 年

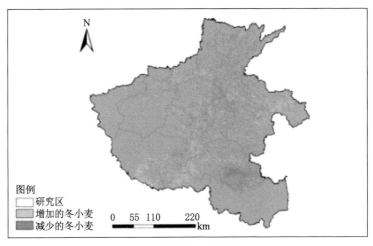

（b）2006—2011 年

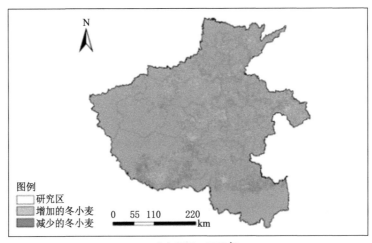

（c）2011—2016 年

图 5-28　河南省冬小麦种植空间变化图

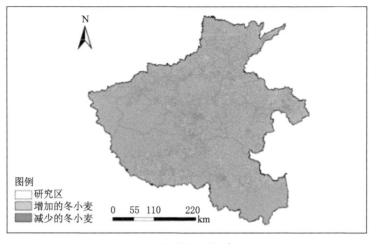

（d）2016—2019 年

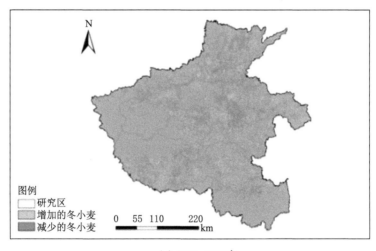

（e）2002—2019 年

图 5-28　（续）

5.2.4　河南省冬小麦种植面积变化驱动因素分析

5.2.4.1　皮尔逊相关性分析

皮尔逊相关系数（又称皮尔逊积矩相关系数）是检验两个变量之间相关程度的指标，算法如式（5-12）所示。

$$r = \frac{\sum\limits_{i=1}^{n}(X_i - \overline{X})(Y_i - \overline{Y})}{\sqrt{\sum\limits_{i=1}^{n}(X_i - \overline{X})^2 \sum\limits_{i=1}^{n}(Y_i - \overline{Y})^2}} \tag{5-12}$$

式中，r 表示皮尔逊相关系数，X_i 和 Y_i 分别表示变量 $\overline{X}$ 和 $\overline{Y}$ 的第 i 个值，$\overline{X}$ 和 $\overline{Y}$ 分别表示变量 X 和 Y 的均值，n 为变量个数。皮尔逊相关性系数 r 一般取值为（$-1,1$）。当 $r>0$ 时，表

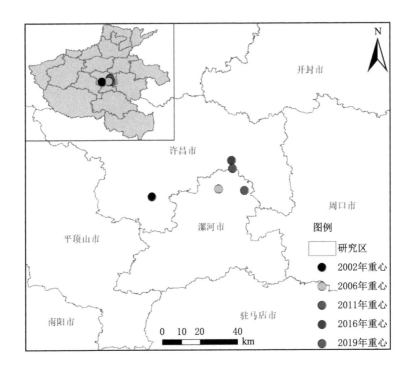

图 5-29 各观测时期冬小麦种植重心

示两连续变量具有相关性,呈正相关;当 $r<0$ 时,表明两连续变量具有相关性,呈负相关;当 $r=0$ 时,表示两连续变量不具有相关性。将皮尔逊相关性程度按表 5-24 进行划分。

表 5-24 皮尔逊相关性划分对照表

取值范围	相关性程度
$\lvert r \rvert \geqslant 0.8$	高度相关
$0.5 \leqslant \lvert r \rvert < 0.8$	中度相关
$0.3 \leqslant \lvert r \rvert < 0.5$	低度相关
$\lvert r \rvert < 0.3$	弱相关

5.2.4.2 驱动因素的选择

一般情况下,河南省冬小麦种植面积的变化会受到自然、农业生产投入、社会、经济等因素的影响。科学理解各种驱动因子对冬小麦种植面积的影响程度,可以帮助政府迅速地作出判断并制定相关规划。因此,本研究使用皮尔逊相关性分析对这些驱动因子进行分析。考虑研究区概况和各类驱动因子可获取性,本研究共选取 3 类 8 种驱动因子(表 5-25)。

社会经济因子包括:乡村总人口数(Rural Total Population,RTP)、城镇化率(Urbanization Proportion,UP)、农民人均收入(Per Capita Income of Farmers,PCIF);农业生产投入因子包括:灌溉面积(Irrigated Area,IA)、化肥使用折纯量(Consumption of

Chemical Fertilizer by 100% Effective Component, CCFEC)、农用机械总动力(Total Power of Agricultural Machinery, TPAM);区域自然因子包括:平均降水量(Mean Precipitation, MP)、平均气温(Mean Temperature, MT)。其中,社会经济因子和农业生产投入因子均来自 2001—2019 年《河南省统计年鉴》;区域自然因子无法直接获得,本研究使用气象数据计算河南省冬小麦各观测时期的平均降水量和平均气温。

下面对各种驱动因子进行解释。乡村总人口数是指研究时间段和研究区内拥有农村户口的个人总和;城镇化率是城镇人口和总人口的比值,可以反映以非农产业为主的城镇地区的扩张程度;农民人均收入是指农村居民家庭中全年收入的总和,分配到每个人身上的平均收入。灌溉面积是评判农业生产单位和地区水利化程度和农业生产稳定程度的指标,可以反映更低抗旱能力;化肥施用折纯量是将实际用于农业生产的化肥按照含氮、含五氧化二磷、含氧化钾的百分之一百成分进行折算后的数量;农用机械总动力指的是用于种植业、畜牧业、农产品初加工和农田基本建设等活动的机械及设备的额定功率之和。平均气温和平均降水量指的是一段时间内气温和降水量的平均值。

表 5-25 河南省冬小麦种植面积变化驱动因子

类型	驱动因素	单位	英文简称	数据来源
社会经济因子	乡村总人口数	万人	RTP	历史统计年鉴
	城镇化率	%	UP	历史统计年鉴
	农民人均收入	元	PCIF	历史统计年鉴
农业生产投入因子	灌溉面积	km²	IA	历史统计年鉴
	化肥施用折纯量	万吨	CCFEC	历史统计年鉴
	农用机械总动力	千万瓦	TPAM	历史统计年鉴
区域自然因子	平均降水量(观测期间)	m	MP	气象数据
	平均气温(观测期间)	℃	MT	气象数据
因变量	冬小麦种植面积	km²	WWA	遥感影像

5.2.4.3 区域自然因子的计算

无法直接从统计年鉴数据中获取区域自然因子,这是因为其中的年平均气温和年平均降水量不符合本研究的要求。因此使用 ERA5 数据获取冬小麦观测期间的平均降水量和平均气温。区域自然因子包括两个方面:基于 ERA5 月度数据,使用 Reducer.mean() 函数获取 2001 年 9 月至 2019 年 7 月各月份河南省的月平均气温[图 5-30(a)]和月总降水量[图 5-30(b)];以河南省冬小麦的生育期为观测时间段(10 月—翌年 6 月),完成平均值的求取(表 5-26),同时将开尔文转换为摄氏度,作为冬小麦观测期的区域自然因子。

5.2.4.4 冬小麦种植面积变化与驱动因子相关性分析结果

使用 R 语言就上述三类驱动因子对冬小麦种植面积的影响进行皮尔逊相关性分析,得到各种驱动因子对因变量冬小麦种植面积的影响程度,进而获取影响冬小麦种植信息时空变化的驱动因子。首先,对各种驱动因子的相关性程度进行分析,并对结果进行可视化呈现(图 5-31);其次,对每一种驱动因子相关性的显著性进行检验,得到各驱动因子的显著性结

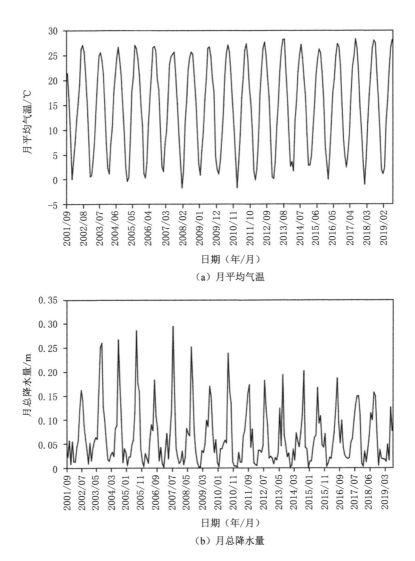

（a）月平均气温

（b）月总降水量

图 5-30　月区域自然因子

表 5-26　各观测时期区域自然因子

区域自然因子	2001 年	2006 年	2011 年	2016 年	2019 年
平均降水量/m	0.058 67	0.038 44	0.024 89	0.046 10	0.033 56
平均气温/℃	12.057	11.717	11.489	11.697	11.846

果（表 5-27）。椭圆图可表示变量间的相关性，椭圆的形状表示变量间的相关性。两个变量的相关性越大，图中椭圆被拉伸的程度会越大且颜色会越红。椭圆的对角线表示相关性的正负，相关性为正则对角线往右倾，相关性为负则对角线往左倾。

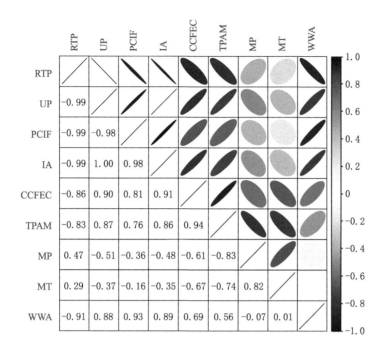

图 5-31　冬小麦种植面积变化驱动因子相关性可视化

表 5-27　各驱动因子间的显著性结果

驱动因子	RTP	UP	PCIF	IA	CCFEC	TPAM	MP	MT	WWA
RTP	NA	0.000 4	0.001 9	0.001 2	0.063 3	0.081 6	0.427 7	0.633 4	0.031 2
UP	0.000 4	NA	0.004 2	0.000 2	0.036 5	0.052 5	0.376 9	0.544 0	0.047 7
PCIF	0.001 9	0.004 2	NA	0.003 3	0.098 4	0.134 3	0.549 4	0.795 0	0.021 5
IA	0.001 2	0.000 2	0.003 3	NA	0.033 6	0.060 1	0.418 1	0.568 7	0.043 7
CCFEC	0.063 3	0.036 5	0.098 4	0.033 6	NA	0.017 0	0.279 4	0.218 0	0.196 7
TPAM	0.081 6	0.052 5	0.134 3	0.060 1	0.017 0	NA	0.083 8	0.148 6	0.330 8
MP	0.427 7	0.376 9	0.549 4	0.418 1	0.279 4	0.083 8	NA	0.091 1	0.906 0
MT	0.633 4	0.544 0	0.795 0	0.568 7	0.218 0	0.148 6	0.091 1	NA	0.981 2
WWA	0.031 2	0.047 7	0.021 5	0.043 7	0.196 7	0.330 8	0.906 0	0.981 2	NA

　　根据各种驱动因子的类别,分别就社会经济因子、农业生产投入因子和区域自然因子对冬小麦种植面积的影响程度进行分析。

　　(1) 社会经济因子

　　河南省的主要生产以农业为主,人类的活动是冬小麦的种植面积变化的重要因素。驱动河南省冬小麦种植的社会经济因子主要有乡村总人口数(RTP)、城镇化率(UP)和农民人均收入(PCIF)。社会经济驱动因子分析结果表明:乡村总人口数与冬小麦种植呈高度负相关,通过了显著性检验(0.031 2),若定量分析,则乡村总人口数每增加 1%,冬小麦种植面积减少 0.91%;城镇化率与冬小麦种植呈高度正相关,通过了显著性检验(0.047 7),则城镇化率每增加 1%，冬小麦种植面积增加 0.88%；农民人均收入与冬小麦种植呈高度正相关，通过了显著性检验(0.021 5)，表示当农民人均收入每提高 1%，冬小麦种植面积增加 0.93%。

（2）农业生产投入因子

选取灌溉面积(IA)、化肥使用折纯量(CCFEC)和农用机械总动力(TPAM)3 个农业生产投入因子对河南省冬小麦种植面积进行相关性分析。农业生产投入驱动因子分析结果表明：灌溉面积与冬小麦种植呈高度正相关，通过了显著性检验(0.043 7)，表示当有效灌溉面积提高 1%，冬小麦种植面积增加 0.89%；化肥使用折纯量与冬小麦种植呈中度正相关，通过了显著性检验(0.196 7)，则化肥使用折纯量每增加 1%，冬小麦种植面积增加 0.69%；农用机械总动力与冬小麦种植呈中度正相关，通过了显著性检验(0.330 8)，说明农用机械劳动力每提升 1%，冬小麦种植面积增加 0.56%。综上所述，三种农业生产投入因子均对冬小麦的种植产生了正面影响。农业生产投入的增加，在一定程度上对冬小麦的种植产生了积极的影响。

（3）区域自然因子

选取平均降水量(MP)和平均气温(MT)2 个区域自然因子对河南省冬小麦种植面积进行相关性分析。结果显示：平均降水量与冬小麦种植呈弱负相关，通过了显著性检验(0.906 0)，说明当平均降水量每提高 1%时，冬小麦种植面积减少 0.07%；平均气温与冬小麦种植呈弱正相关，通过了显著性检验(0.981 2)，即平均气温每增加 1%，冬小麦种植面积增加 0.01%。

参 考 文 献

安塞,沈彦俊,赵彦茜,等.基于时间序列数据的冬小麦种植面积提取[J].江苏农业科学, 2019,47(15):236-240.

白燕英,高聚林,张宝林.基于Landsat8影像时间序列NDVI的作物种植结构提取[J].干旱 区地理,2019,42(4):893-901.

保铮,邢孟道,王彤.雷达成像技术[M].北京:科学出版社,2004.

蔡耀通,刘书彤,林辉,等.基于多源遥感数据的CNN水稻提取研究[J].国土资源遥感, 2020,32(4):97-104.

常存,包安明,李均力.塔里木河四源区耕地时空演变的驱动分析[J].干旱区研究,2016,33 (2):239-245.

陈波.基于GEE云平台的云贵高原水稻种植区遥感影像识别与监测研究[D].昆明:云南师 范大学,2020.

陈成,卢刚,石晓峰.基于SVM的资源三号测绘卫星影像分类[J].地理空间信息,2013,11 (3):11-13.

陈实.中国北部冬小麦种植北界时空变迁及其影响机制研究[D].北京:中国农业科学 院,2020.

陈曙辉.机器学习[M].北京:机械工业出版社,2003.

邓乃扬,田英杰.数据挖掘中的新方法:支持向量机[M].北京:科学出版社,2004.

邓荣鑫,王文娟,魏义长,等.河南省冬小麦种植面积遥感监测及其时空特征研究[J].灌溉排 水学报,2019,38(09):49-54.

董金玮,吴文斌,黄健熙,等.农业土地利用遥感信息提取的研究进展与展望[J].地球信息科 学学报,2020,22(4):772-783.

董金玮.遥感云计算与科学分析:应用与实践[M].北京:科学出版社,2020.

高永道,乔荣荣,季树新,等.内蒙古河套灌区作物种植结构变化及其驱动因素[J].中国沙 漠,2021,41(3):110-117.

宫鹏.拓展与深化中国全境的环境变化遥感应用[J].科学通报,2012,57(16):1379-1387.

古丽努尔·依沙克,买买提·沙吾提,马春玥.基于多时相双极化SAR数据的作物种植面积 提取[J].作物学报,2020,46(7):1099-1111.

郭虎,王瑛,王芳.旱灾灾情监测中的遥感应用综述[J].遥感技术与应用,2008,23(1): 111-116.

郭新,王乃江,张玲玲,等.基于Google Earth Engine平台的关中冬小麦面积时空变化监测 [J].干旱地区农业研究,2020,38(3):275-280.

韩冰冰.吉林省大宗作物分布遥感制图[D].长春:吉林大学,2020.

韩林果.基于高分一号卫星影像的冬小麦种植面积提取方法研究[D].开封:河南大

学,2019.

何维灿,苏梓璇,武文娇,等.境外区域资源三号 DEM 与 SRTM1 DEM 质量对比分析[J].遥感信息,2021,36(6):94-102.

何昭欣,张淼,吴炳方,等.Google Earth Engine 支持下的江苏省夏收作物遥感提取[J].地球信息科学学报,2019,21(5):752-766.

侯红英,高甜,李桃.图像分割方法综述[J].电脑知识与技术,2019,15(5):176-177.

康军梅.多源遥感土地覆被产品一致性评价及要素提取分析应用研究[D].西安:长安大学,2020.

柯映明,沈占锋,李均力,等.1994-2018 年新疆塔河干流农作物播种面积时空变化及影响因素分析[J].农业工程学报,2019,35(18):180-188.

李弼程,彭天强,彭波.智能图像处理技术[M].北京:电子工业出版社,2004.

李方杰,任建强,吴尚蓉,等.河南省冬小麦种植频率时空变化及影响因素分析[J].中国农业科学,2020,53(9):1773-1794.

李红莲,王春花,袁保宗.一种改进的支持向量机 NN-SVM[J].计算机学报,2003,26(8):1015-1020.

李蓉,叶世伟,史忠植.SVM-KNN 分类器:一种提高 SVM 分类精度的新方法[J].电子学报,2002,30(5):745-748.

李瑞娟.RGB 到 CIEXYZ 色彩空间转换的研究[J].包装工程,2009,30(3):79-81.

李长春,陈伟男,王宇,等.基于多源 Sentinel 数据的县域冬小麦种植面积提取[J].农业机械学报,2021,52(12):207-215.

李忠德.基于 Sentinel:2A 遥感影像和 POI 数据的城市土地利用分类研究:以长春市为例[D].延吉:延边大学,2021.

廖俊必,袁中凡,徐彧.图像匹配中噪声分析和预处理[J].光电工程,2002,29(6):61-66.

林卉,梁亮,张连蓬,等.基于支持向量机回归算法的小麦叶面积指数高光谱遥感反演[J].农业工程学报,2013,29(11):139-146.

刘保利,田铮.基于灰度共生矩阵纹理特征的 SAR 图像分割[J].计算机工程与应用,2008,44(4):4-6.

刘纯.基于区域的马尔可夫随机场在高分辨率遥感影像分类中的应用研究[D].昆明:云南师范大学,2015.

刘峰,张立民,张瑞峰.基于粗糙集支持向量机的遥感影像分类算法研究[J].电子设计工程,2013,20(23):44-46.

刘昊.基于 Sentinel-2 影像的河套灌区作物种植结构提取[J].干旱区资源与环境,2021,35(2):88-95.

刘健庄,涂予青.使用高效 C 均值聚类算法的图像阈值化方法[J].电子科学学刊,1992,14(4):424-427.

刘江华,程君实,陈佳品.支持向量机训练算法综述[J].信息与控制,2002,31(1):45-50.

刘警鉴,李洪忠,华璀,等.基于 Sentinel-1A 数据的临高县早稻面积提取[J].国土资源遥感,2020,32(1):191-199.

刘婷婷,朱秀芳,郭锐,等.ERA5 再分析降水数据在中国的适用性分析[J].干旱区地理,

2022,45(1):66-79.

刘振华,于文震,毛士艺.SAR 图像组合降斑算法[J].电子学报,2004,32(3):363-367.

刘志刚,李德仁,秦前清,等.支持向量机在多类分类问题中的推广[J].计算机工程与应用,2004,40(7):10-13.

刘志刚.支撑向量机在光谱遥感影像分类中的若干问题研究[D].武汉:武汉大学,2004.

刘治国.支持向量机算法在 TM 多光谱图像分类中的应用与实现[D].北京:中国地质大学(北京),2006.

骆成凤,王长耀,刘永洪,等.利用 BP 算法进行新疆 MODIS 数据土地利用分类研究[J].干旱区地理,2005,28(2):258-262.

吕妙儿.城市绿地监测遥感应用[J].中国园林,2000,16(5):41.

马会敏.几种特征加权支持向量机方法的比较研究[D].保定:河北大学,2010.

马战林,刘昌华,薛华柱,等.GEE 环境下融合主被动遥感数据的冬小麦识别技术[J].农业机械学报,2021,52(9):195-205.

梅安新,彭望璟,秦其明,等.遥感导论[M].北京:高等教育出版社,2001.

苗旺元.基于 Landsat 影像的文山州三七种植区遥感监测研究[D].昆明:云南师范大学,2021.

任琼.基于 SVM 的余杭生态公益林类型的遥感分类研究[D].南京:南京林业大学,2008.

邵亚婷,王卷乐,严欣荣.蒙古国植被物候特征及其对地理要素的响应[J].地理研究,2021,40(11):3029-3045.

沈照庆,舒宁,陶建斌.一种基于 NPA 的加权"1Vm"SVM 高光谱影像分类算法[J].武汉大学学报(信息科学版),2009,34(12):1444-1447.

石美红,申亮,龙世忠,等.从 RGB 到 HSV 色彩空间转换公式的修正[J].纺织高校基础科学学报,2008,21(3):351-356.

宋宏利,雷海梅,尚明.基于 Sentinel 2A/B 时序数据的黑龙港流域主要农作物分类[J].江苏农业学报,2021,37(1):83-92.

孙德山,吴今培.支持向量回归中的预测信任度[J].计算机科学,2003,30(8):126-127.

谭琨,杜培军.基于支持向量机的高光谱遥感图像分类[J].红外与毫米波学报,2008,27(2):123-128.

唐春生,金以慧.基于全信息矩阵的多分类器机集成方法[J].软件学报,2003,16(6):1103-1109.

唐伟,周志华.基于 Bagging 的选择性聚类集成[J].软件学报,2005,16(4):496-502.

王德军,姜琦刚,李远华,等.基于 Sentinel-2 A/B 时序数据与随机森林算法的农耕区土地利用分类[J].国土资源遥感,2020,32(4):236-243.

王东广,肖鹏峰,宋晓群,等.结合纹理信息的高分辨率遥感图像变化检测方法[J].国土资源遥感,2012,24(4):76-81.

王华英.中国农作物时空格局变化及驱动因素研究:以湖北、湖南为例[D].徐州:中国矿业大学,2015.

王静,方锋,王莺.中国南方主要经济作物播种面积变化时序特征及驱动因素分析[J].中国农学通报,2022,38(1):114-124.

王静,何建农.基于 K 型支持向量机的遥感图像分类新算法[J].计算机应用,2012,32(10):2832-2835.

王九中,田海峰,邬明权,等.河南省冬小麦快速遥感制图[J].地球信息科学学报,2017,19(6):846-853.

王雷光,刘国英,梅天灿,等.一种光谱与纹理特征加权的高分辨率遥感纹理分割算法[J].光学学报,2009,29(11):3010-3017.

王秋萍,张志祥,朱旭芳.图像分割方法综述[J].信息记录材料,2019,20(7):12-13.

王小明,毛梦祺,张昌景,等.基于支持向量机的遥感影像分类比较研究[J].测绘与空间地理信息,2013,36(4):17-20.

王璇.基于 MODIS 时间序列的河南主要农作物种植信息提取[D].开封:河南大学,2019.

魏玲.基于支持向量机集成的分类[D].西安:西安交通大学,2004.

吴炳方,张淼,曾红伟,等.全球农情遥感速报系统 20 年[J].遥感学报,2019,23(6):1053-1063.

吴静,吕玉娜,李纯斌,等.基于多时相 Sentinel-2A 的县域农作物分类[J].农业机械学报,2019,50(9):194-200.

夏瑜.基于结构的纹理特征及应用研究[D].合肥:中国科学技术大学,2014.

向大芳.支持向量机云检测方法的稳定性分析研究[J].计算机应用与软件,2013,30(1):226-228.

肖文娟.基于 GEE 的近 10 年来云南省耕地变化遥感监测研究[D].昆明:云南师范大学,2020.

熊元康,张清凌.基于 NDVI 时间序列影像的天山北坡经济带农业种植结构提取[J].干旱区地理,2019,42(5):1105-1114.

徐晗泽宇,刘冲,王军邦,等.Google Earth Engine 平台支持下的赣南柑橘果园遥感提取研究[J].地球信息科学学报,2018,20(3):396-404.

徐佳,陈嫒嫒,黄其欢,等.综合灰度与纹理特征的高分辨率星载 SAR 图像建筑区提取方法研究[J].遥感技术与应用,2012,27(5):692-698.

许青云,杨贵军,龙慧灵,等.基于 MODIS NDVI 多年时序数据的农作物种植识别[J].农业工程学报,2014,30(11):134-144.

严学强,刘济林,郭小军,等.基于空间频率域的纹理分割算法[J].浙江大学学报(自然科学版),1998,32(6):726-731.

杨蕙宇,王征强,白建军,等.基于多特征提取与优选的冬小麦面积提取[J].陕西师范大学学报(自然科学版),2020,48(1):40-49.

杨娜,秦志远,张俊.基于支持向量机无限集成学习方法的遥感图像分类[J].测绘科学,2013,38(1):47-50.

杨闫君,占玉林,田庆久,等.利用时序数据构建冬小麦识别矢量分析模型[J].遥感信息,2016,31(5):53-59.

叶芗芸,戚飞虎,朱国霞.一种多极分类器集成的字符识别方法[J].电子学报,1998,26(11):15-19.

余鹏,张震龙,侯至群.基于高斯马尔科夫随机场混合模型的纹理图像分割[J].测绘学报,

2006,35(3):224-228.

张贝贝,何中市.基于支持向量数据描述算法的 SVM 多分类新方法[J].计算机应用研究,
2007,24(11):46-48.

张贝贝.支持向量机多分类方法的研究及应用[D].重庆:重庆大学,2007.

张超,童亮,刘哲,等.基于多时相 GF-1WFV 和高分纹理的制种玉米田识别[J].农业机械学
报,2019,50(2):163-168.

张澄波.综合孔径雷达:原理、系统分析与应用[M].北京:科学出版社,1989.

张森.基于支持向量机的遥感分类对比研究[D].昆明:昆明理工大学,2007.

张艳宁,张江滨,廖熠,等.基于支持向量机的遥感图像目标识别[J].西北工业大学学报,
2002,20(4):536-539.

张懿,刘旭,李海峰.数字 RGB 与 YCbCr 颜色空间转换的精度[J].江南大学学报(自然科学
版),2007,6(2):200-202.

张勇.基于 SVM 遥感图像专题信息提取研究[D].长沙:中南大学,2005.

张增祥,汪潇,温庆可,等.土地资源遥感应用研究进展[J].遥感学报,2016,20(5):
1243-1258.

赵忠明,高连如,陈东,等.卫星遥感及图像处理平台发展[J].中国图象图形学报,2019,24
(12):2098-2110.

赵子娟,刘东,杭中桥.作物遥感识别方法研究现状及展望[J].江苏农业科学,2019,47(16):
45-51.

郑士伟,杨飞,黄敏.京津冀地区农产品集聚及时空演变特征[J].中国农业资源与区划,
2018,39(12):112-120.

周珂,柳乐,张俨娜,等.GEE 支持下的河南省冬小麦面积提取及长势监测[J].中国农业科
学,2021,54(11):2302-2318.

周涛,潘剑君,韩涛,等.基于多时相合成孔径雷达与光学影像的冬小麦种植面积提取[J].农
业工程学报,2017,33(10):215-221.

周稳.气候变化背景下基于多遥感指数的北半球植被物候及其驱动机制研究[D].金华:浙
江师范大学,2021.

周忠伟,孟长军,王磊,等.液晶显示器广色域技术的研究[J].发光学报,2015,36(9):
1071-1075.

周壮,李盛阳,张康,等.基于 CNN 和农作物光谱纹理特征进行作物分布制图[J].遥感技术
与应用,2019,34(4):694-703.

朱洁尔.结合空间信息的高光谱图像支持向量机分类研究[D].杭州:浙江大学,2013.

AGUILAR R,ZURITA-MILLA R,IZQUIERDO-VERDIGUIER E,et al. A cloud-based
multi-temporal ensemble classifier to map smallholder farming systems[J]. Remote
Sensing,2018,10(5):729.

ALKAABI S,DERAVI F. Iterative corner extraction and matching for mosaic construction
[C]//The 2nd Canadian Conference on Computer and Robot Vision . Victoria,BC,
Canada. IEEE,2005:468-475.

ANTONINI M,BARLAUD M,MATHIEU P,et al. Image coding using wavelet transform

[J]. IEEE Transactions on Image Processing,1992,1(2):205-220.

BENTOUTOU Y, TALEB N, KPALMA K, et al. An automatic image registration for applicationsin remote sensing [J]. IEEE Transactions on Geoscience and Remote Sensing,2005,43(9):2127-2137.

BESAG J. Spatial interaction and the statistical analysis of lattice systems[J]. Journal of the Royal Statistical Society Series B:Statistical Methodology,1974,36(2):192-225.

BESAG J. Statistical analysis of non-lattice data[J]. The Statistician,1975,24(3):179.

BESAG J. On the statistical analysis of dirty pictures[J]. Journal of the Royal Statistical Society Series B:Statistical Methodology,1986,48(3):259-279.

BONI G,CASTELLI F,FERRARIS L,et al. High resolution COSMO/SkyMed SAR data analysis for civil protection from flooding events [J]. International Geoscience and Remote Sensing Symposium (IGARSS),2007:6-9.

BORKAR V S. Equation of state calculations by fast computing machines[J]. Resonance, 1953,27:1263-1269.

BOUMAN C A, SHAPIRO M. A multiscale random field model for Bayesian image segmentation[J]. IEEE Transactions on Image Processing: a Publication of the IEEE Signal Processing Society,1994,3(2):162-177.

BRÉMAUD B P. Markov Chains:Gibbs Fields,Monte Carlo Simulation,and Queues[M]. New York:Springer New York,1999.

BRUZZONE L, SERPICO S B. An iterative technique for the detection of land-cover transitions in multitemporal remote-sensing images [J]. IEEE Transactions on Geoscience and Remote Sensing,1997,35(4):858-867.

BRUZZONE L,CHI M,MARCONCINI M. A novel transductive SVM for semisupervised classification of remote-sensing images [J]. IEEE Transactions on Geoscience and Remote Sensing,2006,44(11):3363-3373.

BUJOR F,TROUVE E,VALET L,et al. Application of log-cumulants to the detection of spatiotemporal discontinuities in multitemporal SAR images[J]. IEEE Transactions on Geoscience and Remote Sensing,2004,42(10):2073-2084.

CAI Y T, LIN H, ZHANG M. Mapping paddy rice by the object-based random forest method using time series Sentinel-1/Sentinel-2 data[J]. Advances in Space Research, 2019,64(11):2233-2244.

CAMPS-VALLS G, MARTÍN-GUERRERO J D, ROJO-ÁLVAREZ J L, et al. Fuzzy sigmoid kernel for support vector classifiers[J]. Neurocomputing,2004,62:501-506.

CAMPS-VALLS G,GOMEZ-CHOVA L,MUNOZ-MARI J,et al. Kernel-based framework for multitemporal and multisource remote sensing data classification and change detection[J]. IEEE Transactions on Geoscience and Remote Sensing, 2008, 46 (6): 1822-1835.

ČERNÝ V. Thermodynamical approach to the traveling salesman problem: an efficient simulation algorithm[J]. Journal of Optimization Theory and Applications,1985,45(1):

41-51.

CHAVEZ P S, MACKINNON D J. Automatic detection of vegetation changes in the southwestern united using remote sensed images [J]. Photogram Engineer Remote Sensing,1994(60):1285-1294.

CHEN J,CHEN J,LIAO A P,et al. Global land cover mapping at 30m resolution:a POK-based operational approach[J]. ISPRS Journal of Photogrammetry and Remote Sensing, 2015,103:7-27.

CHEN S B,USEYA J,MUGIYO H. Decision-level fusion of Sentinel-1 SAR and Landsat 8 OLI texture features for crop discrimination and classification: case of Masvingo, Zimbabwe[J]. Heliyon,2020,6(11):e05358.

CHEN T,MA K K,CHEN L H. Tri-state Median filter for image denoising[J]. IEEE Transactions on Image Processing,1999,8(12):1834-1838.

COHEN F S,COOPER D B. Simple parallel hierarchical and relaxation algorithms for segmenting noncausal Markovian random fields [J]. IEEE Transactions on Pattern Analysis and Machine Intelligence,1987,9(2):195-219.

DAUBECHIES I. Ten Lectures on Wavelets[M]. Philadelphia:Society for Industrial and Applied Mathematics,1992.

DEMPSTER A P,LAIRD N M,RUBIN D B. Maximum likelihood from incomplete data via the EM algorithm[J]. Journal of the Royal Statistical Society Series B:Statistical Methodology,1977,39(1):1-22.

DESCOMBES X,SIGELLE M,PRETEUX F. Estimating Gaussian Markov random field parameters in a nonstationary framework:application to remote sensing imaging[J]. IEEE Transactions on Image Processing,1999,8(4):490-503.

DIERKING W,SKRIVER H. Change detection for thematic mapping by means of airborne multitemporal polarimetric SAR imagery [J]. IEEE Transactions on Geoscience and Remote Sensing,2002,40(3):618-636.

DONG B,CAO C,LEE S E. Applying support vector machines to predict building energy consumption in tropical region[J]. Energy and Buildings,2005,37(5):545-553.

DONG Q,CHEN X H,CHEN J,et al. Mapping winter wheat in North China using sentinel 2A/B data:a method based on phenology-time weighted dynamic time warping[J]. Remote Sensing,2020,12(8):1274.

DUBES R C,JAIN A K. Random field models in image analysis[J]. Journal of Applied Statistics,1989,16(2):131-164.

FAUVEL M,CHANUSSOT J,BENEDIKTSSON J. A combined support vector machines classification based on decision fusion [C]//2006 IEEE International Symposium on Geoscience and Remote Sensing. Denver,CO,USA. IEEE,2006:2494-2497.

FJORTOFT R, LOPES A, BRUNIQUEL J, et al. Optimal edge detection and edge localization in complex SAR images with correlated speckle [J]. IEEE Transactions onGeoscience and Remote Sensing,1999,37(5):2272-2281.

FOODY G M, MATHUR A. The use of small training sets containing mixed pixels for accurate hard image classification: training on mixed spectral responses for classification by a SVM[J]. Remote Sensing of Environment, 2006, 103(2): 179-189.

FROST V S, STILES J A, SHANMUGAN K S, et al. A model for radar images and its application to adaptive digital filtering of multiplicative noise[J]. IEEE Transactions on Pattern Analysis and Machine Intelligence, 1982, 4(2): 157-166.

GEMAN D, GEMAN S, GRAFFIGNE C, et al. Boundary detection by constrained optimization[J]. IEEE Transactions on Pattern Analysis and Machine Intelligence, 1990, 12(7): 609-628.

GEMAN S, GEMAN D. Stochastic relaxation, Gibbs distributions, and the Bayesian restoration of images [J]. IEEE Transactions on Pattern Analysis and Machine Intelligence, 1984, 6(6): 721-741.

GILARDI G. Analisi tre[M]. Milano: McGraw-Hill Italia, 1994.

GITELSON A A, MERZLYAK M N. Remote sensing of chlorophyll concentration in higher plant leaves[J]. Advances in Space Research, 1998, 22(5): 689-692.

GORELICK N, HANCHER M, DIXON M, et al. Google Earth Engine: planetary-scale geospatial analysis for everyone[J]. Remote Sensing of Environment, 2017, 202: 18-27.

GOWARD SAMUEL N, BRIAN M, DYE DENNIS G, et al. Normalized difference vegetation index measurements from the advanced very high resolution radiometer[J]. Remote Sensing of Environment, 1991, 35(2/3): 257-277.

HAME T, HEILER I, SAN MIGUEL-AYANZ J. An unsupervised change detection and recognition system for forestry[J]. International Journal of Remote Sensing, 1998, 19(6): 1079-1099.

HAZEL G G. Multivariate Gaussian MRF for multispectral scene segmentation and anomaly detection[J]. IEEE Transactions on Geoscience and Remote Sensing, 2000, 38(3): 1199-1211.

HE Y, WANG C L, CHEN F, et al. Feature comparison and optimization for 30-M winter wheat mapping based on landsat-8 and sentinel-2 data using random forest algorithm[J]. Remote Sensing, 2019, 11(5): 535.

HOLLAND J H. Adaptation in Natural and Artificial Systems[M]. [S. l.]: University of Michigan Press, 1992.

HUETE A R, HUA G, QI J, et al. Normalization of multidirectional red and NIR reflectances with the SAVI[J]. Remote Sensing of Environment, 1992, 41(2/3): 143-154.

KAPUR J N, SAHOO P K, WONG A K C. A new method for gray-level picture thresholding using the entropy of the histogram[J]. Computer Vision, Graphics, and Image Processing, 1985, 29(3): 273-285.

KASETKASEM T, VARSHNEY P K. An image change detection algorithm based on Markov random field models[J]. IEEE Transactions on Geoscience and Remote Sensing,

2002,40(8):1815-1823.

KIRKPATRICK S,GELATT C D Jr,VECCHI M P. Optimization by simulated annealing [J]. Science,1983,220(4598):671-680.

KITTLER J,ILLINGWORTH J. On threshold selection using clustering criteria[J]. IEEE Transactions on Systems,Man,and Cybernetics,1985,15(5):652-655.

KITTLER J,ILLINGWORTH J. Minimum error thresholding[J]. Pattern Recognition, 1986,19(1):41-47.

KUAN D T,SAWCHUK A A,STRAND T C,et al. Adaptive noise smoothing filter for images with signal-dependent noise[J]. IEEE Transactions on Pattern Analysis and Machine Intelligence,1985,7(2):165-177.

KYBIC J. High-dimensional mutual information estimation for image registration[C]// 2004 International Conference on Image Processing. Singapore. IEEE,2005:1779-1782.

LAARHOVEN P J M,AARTS E H L. Simulated annealing:theory and applications[M]. Dordrecht:Springer Netherlands,1987.

LEE J S. Digital image enhancement and noise filtering by use of local statistics[J]. IEEE Transactions on Pattern Analysis and Machine Intelligence,1980,2(2):165-168.

LI C C,CHEN W N,WANG Y L,et al. Mapping winter wheat with optical and SAR images based on google earth engine in Henan Province,China[J]. Remote Sensing, 2022,14(2):284.

LI S Z. Markov random field modeling in image analysis[M]. Tokyo:Springer,2001.

LI W,LEUNG H. A maximum likelihood approach for image registration using control point and intensity[J]. IEEE Transactions on Image Processing:a Publication of the IEEE Signal Processing Society,2004,13(8):1115-1127.

LIEW S C,KAM S P,TUONG T P,et al. Application of multitemporal ERS-2 synthetic aperture radar in delineating rice cropping systems in the Mekong River Delta,Vietnam [J]. IEEE Transactions on Geoscience and Remote Sensing,1998,36(5):1412-1420.

LIN J H,JIN X B,REN J,et al. Rapid mapping of large-scale greenhouse based on integrated learning algorithm and google earth engine[J]. Remote Sensing, 2021, 13 (7):1245.

LIU X K,ZHAI H,SHEN Y L,et al. Large-scale crop mapping from multisource remote sensing images in google earth engine[J]. IEEE Journal of Selected Topics in Applied Earth Observations and Remote Sensing,2020,13:414-427.

MENG S Y,ZHONG Y F,LUO C,et al. Optimal temporal window selection for winter wheat and rapeseed mapping with sentinel-2 images:a case study of Zhongxiang in China [J]. Remote Sensing,2020,12(2):226.

MOSER G, ZERUBIA J, SERPICO S B. SAR amplitude probability density function estimation based on a generalized Gaussian model[J]. IEEE Transactions on Image Processing,2006,15(6):1429-1442.

MOSER G, SERPICO S B. Generalized minimum-error thresholding for unsupervised change detection from SAR amplitude imagery[J]. IEEE Transactions on Geoscience and Remote Sensing,2006,44(10):2972-2982.

MOUSSOURIS J. Gibbs and Markov random systems with constraints[J]. Journal of Statistical Physics,1974,10(1):11-33.

NASON G P,SILVERMAN B W. The stationary wavelet transform and some statistical applications[M]//Lecture Notes in Statistics. New York:Springer New York,1995:281-299.

OLIVER C,QUEGAN S. Understanding System Aperture Radar Image[M]. Norwood: Artech House,1998.

OTSU N. A threshold selection method from gray-level histograms[J]. IEEE Transactions on Systems,Man,and Cybernetics,1979,9(1):62-66.

PAL N R,PAL S K. A review on image segmentation techniques[J]. Pattern Recognition, 1993,26(9):1277-1294.

PAN L,XIA H M,YANG J,et al. Mapping cropping intensity in Huaihe Basin using phenology algorithm,all Sentinel-2 and Landsat images in Google Earth Engine[J]. International Journal of Applied Earth Observation and Geoinformation, 2021, 102:102376.

PAN L,XIA H M,ZHAO X Y,et al. Mapping winter crops using a phenology algorithm, time-series sentinel-2 and landsat-7/8 images, and google earth engine[J]. Remote Sensing,2021,13(13):2510.

PANJWANI D K, HEALEY G. Markov random field models for unsupervised segmentation of textured color images[J]. IEEE Transactions on Pattern Analysis and Machine Intelligence,1995,17(10):939-954.

PAPOULIS A,PILLAI S U. Probability,random variables,and stochastic processes[M]. 4th ed. Boston:McGraw-Hill,2002.

PÉREZ J F, GÓMEZ A, GIRALDO J H, et al. Automatic segmentation of coral reefs implementing textures analysis and color features with Gaussian mixtures models[C]// 6th Latin-American Conference on Networked and Electronic Media (LACNEM 2015). Medellin,Colombia. Institution of Engineering and Technology,2015:1-6.

PETERSON C,SÖDERBERG B. A new method for mapping optimization problems onto neural networks[J]. International Journal of Neural Systems,1989,1(1):3-22.

PUN T. Entropic thresholding: a new approach[J]. Computer Graphics and Image Processing,1981,16(3):210-239.

QIU B W,LUO Y H,TANG Z H,et al. Winter wheat mapping combining variations before and after estimated heading dates[J]. ISPRS Journal of Photogrammetry and Remote Sensing,2017,123:35-46.

RADCLIFFE N J,SURRY P D. Formal memetic algorithms[M]//FOGARTY T C. Lecture Notes in Computer Science. Berlin,Heidelberg:Springer Berlin Heidelberg, 1994:1-16.

RIDD M K,LIU J J. A comparison of four algorithms for change detection in an urban environment[J]. Remote Sensing of Environment,1998,63(2):95-100.

ROY D P, KOVALSKYY V, ZHANG H K, et al. Characterization of Landsat-7 to Landsat-8 reflective wavelength and normalized difference vegetation index continuity [J]. Remote Sensing of Environment,2016,185(1):57-70.

RUDIN W. Principles of mathematical analysis [M]. 3th ed. New York: McGraw-Hill,1976.

SAKAMOTO T, YOKOZAWA M, TORITANI H, et al. A crop phenology detection method using time-series MODIS data[J]. Remote Sensing of Environment,2005,96(3/4):366-374.

SOH L K,TSATSOULIS C. Segmentation of satellite imagery of natural scenes using data mining[J]. IEEE Transactions on Geoscience and Remote Sensing, 1999, 37 (2): 1086-1099.

SOLBERG A H S,TAXT T,JAIN A K. A Markov random field model for classification of multisource satellite imagery[J]. IEEE Transactions on Geoscience and Remote Sensing, 1996,34(1):100-113.

SONOBE R, YAMAYA Y, TANI H, et al. Crop classification from Sentinel-2-derived vegetation indices using ensemble learning[J]. Journal of Applied Remote Sensing,2018, 12(2):1-3.

TESEI A,REGAZZONI C S. HOS-based generalized noise pdf models for signal detection optimization[J]. Signal Processing,1998,65(2):267-281.

TIAN H F,PEI J,HUANG J X,et al. Garlic and winter wheat identification based on active and passive satellite imagery and the google earth engine in northern China[J]. Remote Sensing,2020,12(21):3539.

TISON C, NICOLAS J M, TUPIN F, et al. A new statistical model for Markovianclassification of urban areas in high-resolution SAR images [J]. IEEE Transactions on Geoscience and Remote Sensing,2004,42(10):2046-2057.

TOUZI R,LOPES A,BOUSQUET P. A statistical and geometrical edge detector for SAR images[J]. IEEE Transactions on Geoscience and Remote Sensing,1988,26(6):764-773.

VAN TREES H L. Detection,Estimation,and Modulation Theory,Part I[M]. New York, USA:John Wiley & Sons,Inc. ,2001.

VAPNIK V N. The Nature of Statistical Learning Theory[M]. New York:Springer New York,1995.

WAGLE N, ACHARYA T D, KOLLURU V, et al. Multi-temporal land cover change mapping using google earth engine and ensemble learning methods[J]. Applied Sciences, 2020,10(22):8083.

WHITE R G. Change detection in SAR imagery[J]. International Journal of Remote Sensing,1991,12(2):339-360.

WINKLER G. Image Analysis,Random Fields and Dynamic Monte Carlo Methods[M].

Berlin, Heidelberg: Springer Berlin Heidelberg, 1995.

XIA M H, LIU B. Image registration by "Super-curves"[J]. IEEE Transactions on Image Processing, 2004, 13(5): 720-732.

XU F, LI Z F, ZHANG S Y, et al. Mapping winter wheat with combinations of temporally aggregated Sentinel-2 and Landsat-8 data in Shandong Province, China [J]. Remote Sensing, 2020, 12(12): 2065.

XU L, ZHANG H, WANG C, et al. Crop classification based on temporal information using sentinel-1 SAR time-series data[J]. Remote Sensing, 2018, 11(1): 53-56.

ZHANG J. The mean field theory in EM procedures for Markov random fields[J]. IEEE Transactions on Signal Processing, 1992, 40(10): 2570-2583.

ZHANG W M, BRANDT M, PRISHCHEPOV A V, et al. Mapping the dynamics of winter wheat in the North China Plain from dense landsat time series (1999 to 2019) [J]. Remote Sensing, 2021, 13(6): 1170.

ZHAO X N, REYES M G, PAPPAS T N, et al. Structural texture similarity metrics for retrieval applications [C]//2008 15th IEEE International Conference on Image Processing. San Diego, CA. IEEE, 2008: 1196-1199.

ZHOU T, PAN J J, ZHANG P Y, et al. Mapping winter wheat with multi-temporal SAR and optical images in an urban agricultural region[J]. Sensors, 2017, 17(6): 1210.

ZOKAI S, WOLBERG G. Image registration using log-polar mappings for recovery of large-scale similarity and projective transformations[J]. IEEE Transactions on Image Processing, 2005, 14(10): 1422-1434.